沭河重沟站水文特征

杜庆顺　邱岳阳　王　建　樊孔明　张煜煜　王　宁　著

黄 河 水 利 出 版 社

· 郑 州 ·

内 容 提 要

本书较为全面、客观、系统地描述了沭河流域特征和水利工程概况，对重沟水文站的建设过程进行了回顾，介绍了测站的基本情况，并对重沟水文站信息化建设情况进行了总结。着重对重沟水文站的观测项目——降水、蒸发、水位、流量和暴雨等进行了详细的特征分析，并在重沟水文站洪水分析研究的基础上，对历年洪水过程、水位-流量关系、洪水组成、洪水重现期、沭河重沟河段糙率和重沟水文站历年大断面等进行了更为深入的探讨。最后对重沟水文站现代化建设规划与今后的发展进行了展望。

本书可供水文水资源、水旱灾害防御、水利工程管理、规划设计和水利信息化等相关领域工作者阅读参考，也可供高等院校相关专业的师生参阅。

图书在版编目(CIP)数据

沭河重沟站水文特征/杜庆顺等著.—郑州：黄河水利出版社，2023.8

ISBN 978-7-5509-3726-0

Ⅰ.①沭…　Ⅱ.①杜…　Ⅲ.①水文站-介绍-山东　Ⅳ.①P336.252

中国国家版本馆 CIP 数据核字(2023)第 169397 号

沭河重沟站水文特征

SHUHE CHONGGOUZHAN SHUIWENTEZHENG

组稿编辑：田丽萍　电话：0371-66025553　E-mail：912810592@qq.com

责任编辑：冯俊娜　责任校对：周倩　封面设计：黄瑞宁　责任监制：常红昕

出版发行：黄河水利出版社

地址：河南省郑州市顺河路 49 号　邮政编码：450003

网址：www.yrcp.com　E-mail：hhslcbs@126.com

发行部电话：0371-66020550

承印单位：河南新华印刷集团有限公司

开本：787 mm×1 092 mm　1/16

印张：14

字数：325 千字

版次：2023 年 8 月第 1 版　　印次：2023 年 8 月第 1 次印刷

定价：56.00 元

前　言

重沟水文站(简称重沟站)是淮河水利委员会目前直接管理的唯一国家基本水文站。该站自 2011 年建成运行以来,积累了丰富的水文资料,填补了该站下游大官庄水利枢纽调度无根据站的空白,在水利管理的各个方面发挥了重要作用。

重沟水文站从无到有,经历了艰苦的建设和十多年运行历程,积累了大量水文资料,也取得了许多宝贵的经验和研究成果,为了更好地为水利等行业提供科学、丰富的水文资料,提高重沟水文站的现代化水平,重沟水文站组织编写了本书。

本书主要内容包括流域概况、重沟水文站概况、重沟水文站信息化建设、重沟水文站水文特征、重沟水文站暴雨洪水专题分析、重沟水文站建设规划与发展展望等 6 章。全书以重沟水文站 10 多年来测验的水文资料为基础,较全面地分析计算了该站的降水、蒸发、水位和流量等水文特征,分析研究了该站的历年洪水过程、水位-流量关系、洪水组成、洪水重现期、与历史洪水比较、河段糙率和大断面变化等,取得了一些初步的学术成果,可供有关领导和水利工作人员参考使用。

本书中水文资料截至 2021 年底,工程资料截至 2020 年底,流域社会经济情况根据苏鲁两省 2020 年统计年鉴资料统计。

沭河水系目前使用多种高程系统,为统一高程系统,本书中水文报汛水位高程采用水文冻结基面,其他除标明者外,均采用 1985 国家高程系统。

在本书的编制过程中,得到了淮河水利委员会水文局(信息中心)、沂沭泗水利管理局水文局(信息中心)和沭河水利管理局等单位的大力支持,沂沭泗水利管理局水文局(信息中心)原局长(主任)、正高级工程师屈璞同志对本书的编写给予了很多的指导和帮助,谨在此一并表示感谢!

尽管在编写的过程中做了多方面的努力,但由于编者水平有限,本书中难免存在不妥之处,敬请批评指正。

本书中的资料均属内部资料,请读者妥善保管。

编　者

2023 年 6 月

前言

[illegible]……重要作用。

[illegible]

[illegible]

[illegible]……1985 国家高程基准。

[illegible]

[illegible]……但由于编者水平有限，书中难免存在不妥之处，敬请批评指正。

[illegible]

编者

2023 年 5 月

目 录

第一章 流域概况

沭河属于淮河流域沂沭泗水系，重沟水文站位于沭河中游。淮河流域位于长江流域和黄河流域之间，又分为淮河干流水系和沂沭泗水系。淮河流域面积 27 万 km^2，其中淮河干流水系和沂沭泗水系的流域面积分别约为 19 万 km^2 和 8 万 km^2。沂沭泗水系包括沂河、沭河、泗运河和滨海诸河等，其中沭河流域面积最小，河流最短。沭河水系由沭河、老沭河和新沭河等组成，河道长度约 380 km，流域面积约 9 250 km^2。

第一节 淮河流域概况

一、自然地理

（一）地理位置

淮河流域地处我国东部，位于东经 111°55′～121°20′，北纬 30°55′～36°20′，西起桐柏山、伏牛山，东临黄海，南以大别山、江淮丘陵、通扬运河及如泰运河南堤与长江流域分界，北以黄河南堤和沂蒙山脉与黄河流域毗邻。流域地跨鄂、豫、皖、苏、鲁五省，流域面积为 27 万 km^2。

（二）地形、地貌

淮河流域地形总体为由西北向东南倾斜，淮南山丘区、沂沭泗山丘区分别向北和向南倾斜。流域西、南、东北部为山丘区，面积约占流域总面积的 1/3；其余为平原（含湖泊和洼地），面积约占流域总面积的 2/3。

流域西部的伏牛、桐柏山区，高程一般为 200～300 m，沙颍河上游尧山（石人山）为全流域最高峰，高程 2 153 m；南部大别山区，高程一般为 300～500 m，淠河上游白马尖高程 1 774 m；东北部沂蒙山区，高程一般为 200～500 m，沂蒙山龟蒙顶高程 1 156 m。丘陵主要分布在山区的延伸部分，高程西部为 100～200 m，南部为 50～100 m，东北部一般为 100 m 左右。淮河干流以北为广大冲、洪积平原，高程为 15～50 m；南四湖湖西为黄泛平原，高程为 30～50 m；里下河水网区高程为 2～5 m。

（三）土壤、植被

淮河流域西部伏牛山区主要为棕壤和褐土，丘陵区主要为褐土。淮南山区主要为黄棕壤，其次为棕壤和水稻土；丘陵区主要为水稻土，其次为黄棕壤。沂蒙山丘区多为褐土和棕壤。淮北平原北部主要为黄潮土，其间零星分布着小面积的盐化潮土和盐碱土；淮北平原中部和南部主要为砂礓黑土，其次为黄潮土和棕潮土等。淮河下游平原水网区为水稻土。

淮河流域自然植被分布具有明显的地带性特点。伏牛山区及偏北的泰沂山区主要为落叶阔叶、针叶松混交林；中部的低山丘陵一般为落叶阔叶、常绿阔叶混交林；南部大别山区主要为常绿阔叶、落叶阔叶、针叶松混交林，并夹有竹林，山区腹地有部分原始森林。平原区除苹果、梨、桃等果树林外，主要为刺槐、泡桐、白杨等零星树林；滨湖沼泽地有芦苇、蒲草等。栽培植物的地带性更为明显，淮南及下游平原水网区以稻、麦(油菜)为主，淮北以旱作物为主，有小麦、玉米、棉花、大豆和红薯等。

(四)河流水系

12世纪之前淮河为直接入海的河流，后因黄河多次迁徙侵淮，尤其是1194年黄河夺淮至1855年，历时660多年，造成淮河河道发生重大变化。黄河北迁后留下的废黄河，把淮河流域分为淮河和沂沭泗河两大水系，集水面积分别为19万 km^2 和8万 km^2。淮河水系主要处于豫、皖、苏三省，包括淮河上中游干支流及洪泽湖以下的入江水道、里下河地区。沂沭泗河水系主要处于苏、鲁两省，是沂、沭、泗(运)三条河流水系的总称。京杭大运河、分淮入沂水道和徐洪河贯通其间，沟通两大水系。

淮河发源于河南省桐柏山，东流经鄂、豫、皖、苏四省，主流在三江营入长江，全长1 000 km，总落差200 m。

淮河干流洪河口以上为上游，长360 km，地面落差178 m，流域面积3.06万 km^2。淮凤集以上河床宽深，两岸地势较高。干流堤防自淮凤集开始。

洪河口至中渡为中游，长490 km，落差16 m，中渡以上流域面积15.82万 km^2。淮河中游按地形和河道特性又分为正阳关以上和以下两个河段。洪河口至正阳关河段，长155 km，正阳关以上流域面积8.86万 km^2，占中渡以上流域面积的56%，而洪水来量却占中渡以上洪水总量的60%~80%，几乎包括了淮河水系的所有山区来水，是淮河上中游洪水的汇集区；正阳关至中渡长335 km，区间集水面积6.96万 km^2。正阳关以上沿淮地形呈两岗夹一洼地形，淮河蜿蜒其间，正阳关以下南岸为丘陵岗地，筑有淮南、蚌埠城市及矿区防洪圈堤；北岸为广阔的淮北平原，淮北大堤为其重要的防洪屏障。

中渡以下至三江营为下游入江水道，长150 km，地面落差约6 m，三江营以上流域面积为16.51万 km^2。洪泽湖的排水出路除入江水道外，还有入海水道、苏北灌溉总渠和分淮入沂水道。

淮河上中游支流众多。南岸支流多发源于大别山区及江淮丘陵区，源短流急，流域面积在2 000 km^2 以上的有浉河、竹竿河、潢河、白露河、史灌河、淠河、东淝河、池河。北岸支流主要有洪汝河、沙颍河、西淝河、涡河、奎濉河，其中除洪汝河、沙颍河、奎濉河上游有部分山丘区外，其余都是平原排水河道；沙颍河流域面积约4万 km^2，为淮河流域最大支流，其他都在3 000~16 000 km^2。在淮北平原还开辟有茨淮新河、怀洪新河和新汴河等大型人工河道。

淮河下游里运河以东，有射阳港、黄沙港、新洋港、斗龙港等独流入海河道，承泄里下河及滨海地区的来水，流域面积为2.24万 km^2。

二、气候特征

淮河流域地处我国南北气候过渡地带，以淮河和入海水道为界，以北属暖温带半湿润

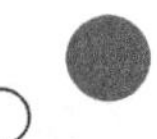

季风区，以南属亚热带湿润季风区。淮河流域自北往南形成了暖温带南部向亚热带北部过渡的气候类型，冷暖气团活动频繁，冬、夏季时间长，春、秋过渡季节短。夏半年空气湿度大，盛夏酷热，降雨丰沛，冬半年以冷空气活动为主，降水少，空气干燥，年内气温变化大。由于受季风变化的影响，降水年际变化较大。

淮河受东亚季风影响十分明显。冬季盛行东北季风，受冷高压影响，干冷的偏北风占主导地位，降水少。夏季盛行西南季风，受副热带高压和印度季风槽影响，来自海洋的水汽源源不断地输送到我国东部地区，为雨季提供了必要的水汽条件。春秋两季为冬季风和夏季风的相互转换时期，它们转换的迟早、强弱和维持时间的长短直接影响着淮河流域四季降水的多寡。这种季风的进退与转换，形成了四季的明显差异，春季温暖风多，夏季炎热多雨，秋季天高气爽，冬季寒冷干燥。根据统计分析，淮河流域春、夏、秋、冬各季开始日分别在每年的3月26日、5月26日、9月15日、11月11日前后。冬季时间最长，平均超过135 d；夏季次之，110 d左右；春秋两季较短，都只有60 d左右。

淮河流域年平均气温为14.5 ℃，淮河以北为14.2 ℃，淮河以南为15.1 ℃。全年气温最高月份为7月，多年平均为27.1 ℃；最低月份为1月，多年平均为0.3 ℃。气温分布呈现南部高于北部，同纬度地区内陆高于沿海，平原高于山区的特点。流域的极端最高气温44.5 ℃，发生在1966年6月20日河南汝州市，极端最低气温-24.3 ℃，出现在1969年2月6日安徽固镇县。气温日变化较大，最高气温一般出现在午后，最低气温出现在04:00~06:00。在一年内冬季各地气温差异大，夏季各地气温差异小。

淮河流域相对湿度较大，多年平均值为61%~81%（1980—2010年）。空间分布为南大北小、东大西小；年内的时间分布是夏季、秋季、春季、冬季依次减小，夏季一般超过80%，由于雨热同季，天气湿闷。冬季约为65%，降水少，天干物燥。

流域的无霜期为200~240 d，日照时数为1 990~2 650 h。

影响本流域的天气系统众多，既有北方的西风槽、冷涡、冷高压，又有热带地区的台风、东风波，也有副热带地区的副热带高压、南支槽，还有本地产生的江淮切变线、气旋波等，因此淮河流域气候复杂，天气变化剧烈。在东亚季风作用下，淮河有雨季（汛期）和旱季（非汛期）之分。

三、社会经济

（一）行政区划及人口

根据2010年统计资料，淮河流域包括湖北、河南、安徽、江苏、山东5省的40个地级市156个县（市、区），总人口1.74亿人，约占全国总人口的13%；其中城镇人口6 580万人，约占全国城镇人口的9%，城镇化率37.2%。流域平均人口密度为645人/km^2，是全国平均人口密度的4.5倍。

（二）工农业

淮河流域的工业以煤炭、电力、食品、轻纺、医药等为主，近年来化工、化纤、电子、建材、机械制造等有很大的发展。工业增加值为7 296亿元，占全国的比重约为8%，对本区GDP（国内生产总值）的贡献率达42.3%。

淮河流域气候、土地、水资源等条件较优越，适宜发展农业，是我国重要的粮、棉、油主产区之一。淮河流域农作物分为夏、秋两季,夏收作物主要有小麦、油菜等,秋收作物主要有水稻、玉米、薯类、大豆、棉花、花生等。淮河流域的总耕地面积为 1.9 亿亩(1 亩 = 1/15 hm^2,下同),约占全国总耕地面积的 11.7%,人均耕地面积 1.12 亩,低于全国人均耕地面积。有效灌溉面积 1.4 亿亩,约占全国有效灌溉面积的 16.5%,耕地灌溉率 72.6%。年均粮食总产量 9 490 万 t,约占全国粮食总产量的 17.4%,人均粮食产量 559 kg,高于全国人均粮食产量。

(三)矿产及能源

淮河流域矿产资源丰富、品种繁多,其中分布广泛、储量丰富、开采和利用历史悠久的矿产资源有煤、石灰岩、大理石、石膏、岩盐等。煤炭资源主要分布在淮南、淮北、豫东、豫西、鲁南、徐州等矿区,探明储量为 700 亿 t,煤种齐全,质量优良,是我国黄河以南地区最大的火电能源中心、华东地区主要的煤电供应基地。石油、天然气主要分布在中原油田延伸区和苏北南部地区,河南兰考和山东东明是中原油田延伸区;苏北已探明的油气田主要分布在金湖、高邮、溱潼三个凹陷区,已探明石油工业储量近 1 亿 t,天然气工业储量近 27 亿 m^3。河南、安徽、江苏均有储量丰富的岩盐资源,河南舞阳、叶县、桐柏,估算岩盐储量达 2 000 亿 t 以上;安徽定远 1991 年底氯化钠保有储量为 12.43 亿 t;江苏苏北岩盐探明储量 33 亿 t。

(四)交通运输

淮河流域交通发达。京沪、京九、京广三条南北铁路大动脉从流域东、中、西部通过,新建成的京沪高铁纵穿流域东部,著名的欧亚大陆桥——陇海铁路及晋煤南运的主要铁路干线新(乡)石(臼)铁路横贯流域北部;流域内还有合(肥)蚌(埠)、新(沂)长(兴)、宁西等铁路。流域内公路四通八达,近些年高等级公路建设发展迅速。连云港、日照等大型海运港口直达全国沿海港口,并通往海外。内河水运南北向有年货运量居全国第二的京杭运河,东西向有淮河干流;平原各支流及下游水网区水运也很发达。流域内有郑州新郑国际机场,是国内干线运输机场和国家一类航空口岸,还有开封、连云港、徐州、临沂等国内航空港口。

第二节 沂沭泗河概况

一、自然地理

(一)流域范围

沂沭泗水系是沂、沭、泗(运)三条水系的总称,位于淮河流域东北部。流域范围北起沂蒙山,东临黄海,西至黄河右堤,南以废黄河与淮河水系为界。全流域介于东经 114°45′~120°20′、北纬 33°30~36°20′,东西方向平均长约 400 km,南北方向平均宽不足 200 km。流域面积 7.96 万 km^2,占淮河流域面积的 29%,包括江苏、山东、河南、安徽 4 省 15 个地(市),共 77 县(市、区)。

(二)地质地貌

沂沭泗流域地形大致由西北向东南逐渐降低,由低山丘陵逐渐过渡为倾斜冲积平原、

滨海平原。区域内地貌可分为中高山区、低山丘陵、岗地和平原四大类。山地丘陵区面积占31%,平原区面积占67%,湖泊面积占2%。

北中部的中高山区(沂蒙山)是沂、沭、泗河的发源地,既有海拔800多m的高山(沂河上游最高峰龟蒙顶海拔达1 156 m),也有低山丘陵。长期以来,地壳较为稳定或略有上升,地面以剥蚀作用为主,形成广阔、平坦和向东南微微倾斜的山麓面,加之流水侵蚀破坏而支离破碎,形成波状起伏高差不大的丘岗和洼地。岗地分布在赣榆中部、东海西部、新沂东部、灌云西部陡沟一带和宿迁的东北部及沭阳西部等地。岗地多在低山丘陵的外围,是古夷平面经长期侵蚀、剥蚀,再经流水切割形成的岗、谷相间排列的地貌形态,其平面呈波浪起伏状。

平原区主要由黄泛平原、沂沭河冲积平原、滨海沉积平原组成。黄泛平原分布于流域西、南部,地势高仰,延伸于黄河故道两侧,由于历史上黄河多次决口、改道,微地貌发育,地势起伏、高低相间。沂沭河冲积平原分布于黄泛平原和低山丘陵、岗地之间,由黄河泥沙和沂沭河冲积物填积原来的湖荡形成,地势低平。滨海沉积平原分布在东部沿海一带,由黄河和淮河及其支流挟带的泥沙受海水波浪作用沉积而成,地势低平。平原区近代沉积物甚厚,南四湖湖西平原的第四纪沉积物在100 m以上。

山丘区主要是地壳垂直升降运动形成的。根据其断裂褶皱构造在平面上的排列形式及延伸方向,沂河以东为新华夏构造区,其河流、山脉及海岸地形曲折与延伸方向均受这一构造体影响;沂河以西为鲁西旋转构造与新华夏构造复合构造区。沂沭河大断裂带是一条延展长、规模大、切割深、时间长的复杂断裂带,为郯庐断裂带的一段,由昌邑—大店、安丘—莒县、沂水—汤头、鄌郚—葛沟四条平行断裂组成,纵贯鲁东。鲁西南断陷区以近南北和东西向的两组断裂为主,形成近似网格的构造。山区除马陵山为中生代红色砂砾岩和页岩外,其余主要为古老的寒武纪深度变质岩和花岗岩。

沂沭泗流域部分地区为强震区,根据《中国地震动参数区划图》(GB 18306—2015),南四湖两侧的任城、嘉祥、金乡、丰县一带及东南部的灌云、灌南、涟水、响水等县(市、区)地震动峰值加速度为0.05g,相应地震基本烈度为Ⅵ度;鄄城、东明、宿城、宿豫、邳州、新沂、郯城、临沭、兰山、罗庄、河东、莒南、沂水、莒县等县(市、区)地震动峰值加速度为(0.2~0.3)g,相应地震基本烈度为Ⅷ度;其余地区地震动峰值加速度为(0.10~0.15)g,相应地震基本烈度为Ⅶ度。

沂沭泗流域图见图1-1。

二、气象水文

(一)气象特征

沂沭泗流域属暖温带半湿润季风气候区,具有大陆性气候特征。夏热多雨,冬寒干燥,春旱多风,秋旱少雨,冷暖和旱涝较为突出。气候特征介于黄淮之间,而较接近于黄河流域。

1. 气温

年平均气温13~16 ℃,由北向南,由沿海向内陆递增,年内最高气温达43.3 ℃(1955年7月15日发生在徐州),最低气温为-23.3 ℃(1969年2月6日发生在徐州)。

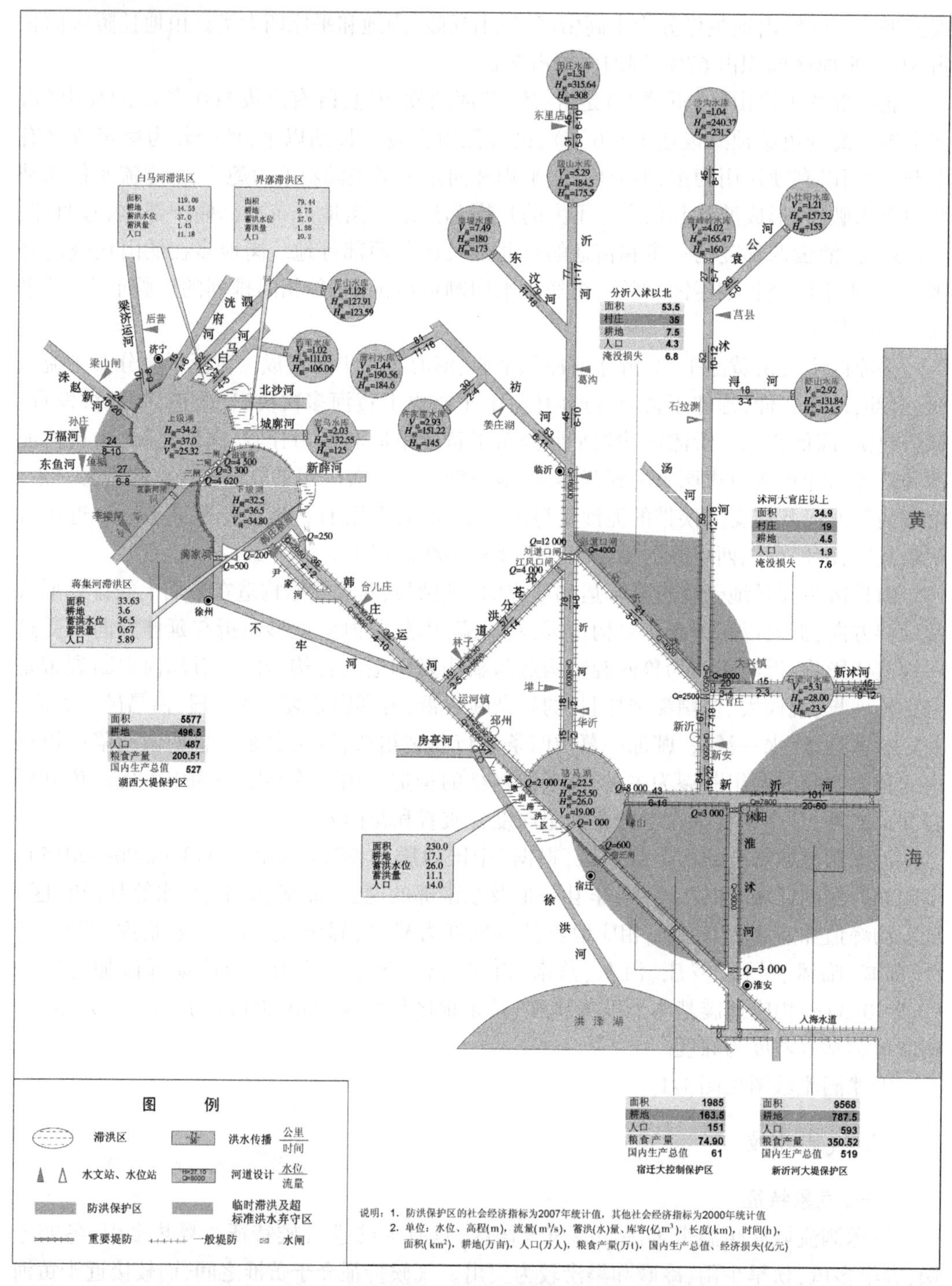

图 1-1　沂沭泗水系防洪基本情况概化图

2. 霜冻、霜期

流域南部在 11 月上旬到次年 3 月中旬为霜期，平均一年无霜期为 230 d。流域北部在 10 月下旬到次年 4 月上旬为霜期，平均一年无霜期为 200 d，山区一般为 180~190 d。

3. 蒸发量

流域南部小,北部大,自南向北,多年平均水面蒸发量为 1 180~1 320 mm。历年最高为 1 755 mm(韩庄闸站),历年最低为 903 mm(响水口站)。

4. 日照

全流域年平均日照时间为 2 100~2 400 h,由南向北递增。

5. 风

本流域为季风区,随季节而转移,冬季盛行东北风与西北风,夏季盛行东南风与西南风。年平均风速 2.5~3.0 m/s,最大风速为 23.4 m/s。

(二)水文特征

1. 年降水量

沂沭泗流域多年平均降水量为 790 mm。年际变化较大,最大年降水量为 1 174 mm(2003 年),最小年降水量为 492 mm(1988 年)。年内分布不均,多集中在汛期,多年平均春季(3—5 月)降水量为 126 mm,占全年的 15.9%;夏季即汛期(6—9 月)降水量为 560 mm,占全年的 70.9%;秋季(10—12 月)降水量为 75 mm,占全年的 9.5%;冬季(1—2 月)降水量为 29 mm,占全年的 3.7%。

2. 暴雨特性

沂沭泗流域暴雨成因主要是黄淮气旋、台风及南北切变。长历时降雨多数由切变线和低涡接连出现造成。台风主要影响沂沭河及南四湖湖东区。暴雨移动方向由西向东较多。降雨一般自南向北递减,沿海多于内陆,山地多于平原。

3. 时段暴雨

根据新中国成立后的历年统计资料,流域内最大日降雨量为 563.1 mm(2000 年 8 月 30 日在江苏响水口站),次之为 478.8 mm(2012 年 8 月 10 日在江苏小尖站);最大 3 d 降雨量为 877.4 mm(2000 年 8 月 28—30 日在江苏响水口站),次之为 575.8 mm(1971 年 8 月 8—10 日在山东微山站);最大 7 d 降雨量为 1 046.3 mm(2000 年 8 月 24—30 日在江苏响水口站),次之为 676.8 mm(1963 年 7 月 18—24 日在山东前城子站)。2000 年 8 月 30 日,响水口站 24 h 降雨量 825 mm。

4. 径流

全流域多年平均径流深为 181 mm,年径流系数为 0.23。年径流分布与降水分布相似,南大北小,沿海大于内陆,同纬度山区大于平原。沂沭河上中游年径流深 250~300 mm,年径流系数 0.3~0.4;南四湖湖东年径流深 75~250 mm,年径流系数为 0.2~0.3,南四湖湖西年径流深 50~100 mm,年径流系数 0.1~0.2;中运河及新沂河南北年径流深 200~250 mm,年径流系数 0.2~0.3。

5. 泥沙

沂沭泗上游沂蒙山区植被覆盖差,水土流失严重。据统计,沂河临沂站多年平均含沙量 0.615 kg/m³,多年平均输沙率 58.1 kg/s,多年平均输沙量 183 万 t。沭河莒县站多年平均含沙量 0.984 kg/m³,多年平均输沙率 14.5 kg/s,多年平均输沙量 45.8 万 t(沭河莒县站 1992 年之后含沙量及输沙率已停测)。沭河大官庄(新)站多年平均含沙量 0.572 kg/m³,多年平均输沙率 15.4 kg/s,多年平均输沙量 48.5 万 t。中运河运河站多年平均含沙量 0. 126 kg/m^3，多年平均输沙率 10. 6 kg/s，多年平均输沙量 33. 6 万 t。沂沭泗部分控制站泥沙特征见表 1-1。

表 1-1　沂沭泗部分控制站泥沙特征

河名	站名	输沙率/(kg/s)		多年平均输沙量/万 t	含沙量/(kg/m^3)		统计年数/a
		多年平均	年平均最大		多年平均	年平均最大	
沂河	葛沟	24. 3	265	76. 8	0. 489	2. 74	57
	临沂	58. 1	689	183	0. 615	3. 55	59
	港上	20. 6	126	64. 9	0. 428	1. 46	48
沭河	莒县	14. 5	119	45. 8	0. 984	4. 36	35(已停测)
	大官庄(新)	15. 4	153	48. 5	0. 572	2. 76	57
	新安镇	5. 05	65. 2	15. 9	0. 289	1. 47	43
泗河	东风	5. 29	34. 6	17. 3	0. 453	1. 800	58
新沭河	大兴镇	12. 7	111	40. 0	0. 658	2. 92	52
东鱼河	鱼城	13. 0	101	41. 0	1. 150	6. 52	47
新沂河	嶂山闸下	6. 41	60. 3	20. 2	0. 062	0. 208	36
中运河	运河	10. 6	57. 6	33. 6	0. 126	0. 750	47

6. 洪水

沂沭泗流域地处我国南北气候过渡地带，天气形势复杂多变，降雨时空分布不均；流域北中部的沂蒙山区是淮河流域 3 大暴雨中心之一；流域内河流多为扇形网状水系结构，洪水集流迅速，洪涝灾害多发易发。

沂沭泗水系的洪水多发生在 7—8 月。沂、沭河上中游均为山丘区，洪水陡涨陡落，往往暴雨过后几小时，主要控制站便可出现洪峰。南四湖湖东与沂、沭河相似，涨落也很快；南四湖湖西河道则洪水过程平缓。邳苍地区河道坡陡、源短，洪水也较迅猛。洪水汇集至中下游后，河道比降减小，行洪不畅，洪水过程缓慢。

三、社会经济

沂沭泗流域气候温和，土地辽阔，资源丰富，是我国工农业重点发展地区之一。根据 2016 年苏、鲁、豫、皖 4 省有关市(县、区)统计年鉴、政府公开信息等资料汇总统计，流域内人口 6 019 万人，生产总值 23 302 亿元，粮食作物播种面积 7 047 万亩，粮食产量 3 121 万 t，是我国商品粮棉基地之一，国家重点投资的商品粮基地县中，沂沭泗流域有铜山、鱼台等 11 个县(市、区)。流域内煤炭资源丰富，主要分布在南四湖滨湖地区，初步探明储量为 65 亿 t。南四湖周边兖州、滕州、济宁、大屯、徐州矿区为国家煤炭生产和建设重点地区之一。流域内建成多处大型矿口电厂，为华东地区的主要能源基地。

沂沭泗流域交通发达。公路、铁路交通网密布，京杭大运河纵贯南北。铁路方面由京

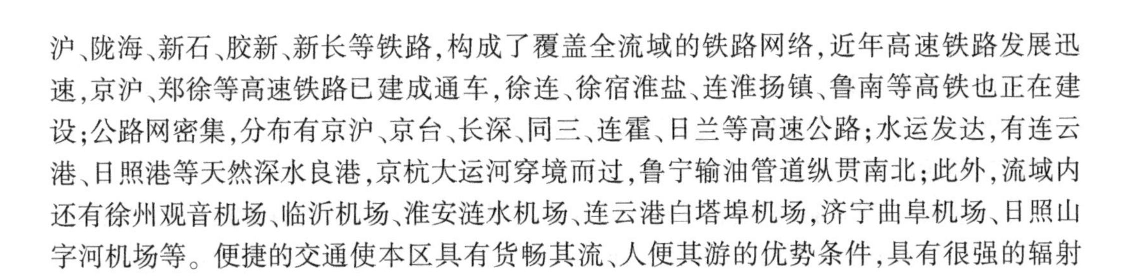

沪、陇海、新石、胶新、新长等铁路，构成了覆盖全流域的铁路网络，近年高速铁路发展迅速，京沪、郑徐等高速铁路已建成通车，徐连、徐宿淮盐、连淮扬镇、鲁南等高铁也正在建设；公路网密集，分布有京沪、京台、长深、同三、连霍、日兰等高速公路；水运发达，有连云港、日照港等天然深水良港，京杭大运河穿境而过，鲁宁输油管道纵贯南北；此外，流域内还有徐州观音机场、临沂机场、淮安涟水机场、连云港白塔埠机场，济宁曲阜机场、日照山字河机场等。便捷的交通使本区具有货畅其流、人便其游的优势条件，具有很强的辐射作用。

四、河流水系

沂沭泗水系是沂、沭、泗（运）三条水系的总称。流域内有干支流河道 510 余条，其中流域面积超过 500 km^2 的河流有 47 条，流域面积超过 1 000 km^2 的河流有 26 条，河网密布，主要河道相通互连，水系复杂。沂沭泗水系通过中运河、徐洪河和淮沭河与淮河水系沟通。

（一）泗运河水系

泗运河水系由泗河、南四湖、韩庄运河、伊家河、中运河及入河入湖支流组成。流域面积约 40 000 km^2。

泗河古称泗水，是淮河下游的最大支流，受黄河夺泗夺淮的影响，中下游河道已沦为废黄河。如今泗河发源于山东省新泰市太平顶山西，流经泰安市的新泰，济宁市的泗水、曲阜、兖州、任城、邹城、微山等县（市、区），于济宁市微山县鲁桥镇辛闸、仲浅两村之间入南四湖，全长 159 km，其中较大支流有小沂河、济河、黄沟河、石漏河、崄河等，流域面积 2 338 km^2。

南四湖由南阳湖、独山湖、昭阳湖、微山湖 4 个相连的湖泊组成，兴建二级坝枢纽工程后将其分为上下两级湖。流域面积约 31 180 km^2，湖面面积 1 280 km^2，总容积 60.12 亿 m^3，是我国第六大淡水湖。南四湖汇集沂蒙山区西部及湖西平原各支流洪水，经韩庄运河、伊家河及不牢河入中运河。入湖支流共 53 条，其中湖东主要有洸府河、白马河、北沙河、城漷河、新薛河等；湖西主要有梁济运河、洙赵新河、万福河、东鱼河、复新河、大沙河、郑集河等。经多年治理，南四湖已成为兼具调节洪水、蓄水灌溉、发展水产、航运交通、南水北调、改善生态环境等多功能综合利用的大型湖泊，主要水利工程有二级坝枢纽、韩庄枢纽、蔺家坝枢纽、复新河闸、湖西大堤、湖东堤等。

韩庄运河自微山湖湖口至苏鲁边界的陶沟河口，长 42.5 km，右岸有伊家河、左岸有峄城大沙河等汇入。

中运河上接韩庄运河，下至淮阴杨庄接里运河，并与废黄河、二河、淮沭河等交汇，长 179.1 km，左岸有陶沟河、邳苍分洪道、城河等汇入，右岸有不牢河、房亭河、民便河及邳洪河等汇入。中运河在二湾至皂河闸段与骆马湖间断相通。

京杭运河自北至南纵贯沂沭泗流域，由梁济运河、南四湖湖内航道、韩庄运河（包括伊家河、不牢河）和中运河等四段组成，兼具航运、防洪、排涝和灌溉多种功能，也是南水北调东线的输水通道。

房亭河与徐洪河在刘集立交，由刘集地涵沟通，骆马湖洪水可经中运河、房亭河和徐洪河相机泄入洪泽湖。

泗运河水系干支流上游建有尼山、西苇、岩马、马河、会宝岭、贺庄等6座大型水库和8座中型水库,另有大型水库——庄里水库在建。

(二)沂河水系

沂河水系由沂河、骆马湖、新沂河以及入河入湖支流组成,流域面积约14 800 km²。

沂河是沂沭泗水系中最大的山洪河道,为国家一级河流。其发源于沂蒙山区的鲁山南麓,南流经沂源、沂水、沂南、兰山、河东、罗庄、兰陵、郯城、邳州、新沂等县(市、区),在江苏省新沂苗圩入骆马湖。较大支流有东汶河、蒙河、祊河、白马河等,大部分由右岸汇入。沂河源头至骆马湖,河道全长333 km,流域面积11 820 km²,其中,山东境内河道长287.5 km、流域面积10 772 km²,江苏境内河道长45.5 km、流域面积1 048 km²。沂河在彭家道口向东辟有分沂入沭水道,分沂河洪水入沭河;在江风口辟有邳苍分洪道,分沂河洪水入中运河。

骆马湖位于沂河末端,中运河东侧,跨新沂、宿豫(湖滨新区)两县(市、区),上承沂河并接纳泗运水系和邳苍地区来水,集水面积约51 200 km²,骆马湖来水由嶂山闸控制东泄经新沂河入海,由皂河闸及宿迁闸泄部分洪水入中运河。骆马湖在湖水位24.83 m时,湖面面积318 km²,容积14.8亿m³,是防洪、灌溉、航运、水产养殖和改善生态环境等综合利用的平原湖泊,也是南水北调东线的调节水库。

新沂河自嶂山闸流经江苏省宿豫、新沂、沭阳、灌南、灌云等县(市)由灌河口入海,全长146.0 km,是沂沭泗流域主要排洪入海通道。新沂河两岸汇入支流较少,除老沭河、淮沭河外,还有北岸的新开河、南岸的柴沂河汇入,区间流域面积约2 500 km²。

淮沭河在淮阴杨庄上接二河,可相机分泄洪泽湖洪水经新沂河入海。

沂河干支流上游山丘区建有田庄、跋山、岸堤、唐村、许家崖等5座大型水库和22座中型水库,总库容约22.5亿m³,控制流域面积约5 180 km²,约占沂河流域总流域面积的43%。

(三)沭河水系

沭河水系由沭河、新沭河以及入河支流组成,流域面积约9 250 km²。

沭河发源于沂蒙山区的沂山南麓,与沂河平行南下,流经沂水、莒县、莒南、河东、临沭、东海、郯城、新沂等县(市、区),河道全长300 km,流域面积约6 400 km²。沭河自源头至临沭大官庄枢纽河道长196.3 km,区间流域面积4 519 km²。较大支流,有左岸的袁公河、浔河、高榆河和右岸的汤河、分沂入沭水道等汇入。沭河在大官庄分两支,一支南下,为老沭河(江苏境内称总沭河),流经临沭、东海、郯城和新沂市,在新沂市口头入新沂河,河道长度104 km(其中江苏境内47 km),区间流域面积1 881 km²(其中江苏境内1 048 km²);另一支东行,称新沭河,分沭河及沂河东调洪水经石梁河水库于临洪口入海,河道长度80 km,其中山东境内20 km,江苏境内60 km(含石梁河水库库区段15 km),区间流域面积2 850 km²,主要支流有蔷薇河、夏庄河(苍源河)、朱范河。

沭河干支流上游修建了沙沟、青峰岭、小仕阳、陡山等4座大型水库和4座中型水库,总库容10.63亿m³,控制流域面积1 651 km²,占沭河流域面积的26%。新沭河干支流建有安峰山和石梁河等2座大型水库和6座中型水库,总库容7.63亿m³,控制流域面积

1 280 km^2，占新沭河流域面积的45%。

（四）废黄河及滨海诸河

废黄河位于沂沭泗流域南缘，是历史上黄河长期夺泗夺淮后逐渐演变遗留下来的黄河故道，是淮河水系和沂沭泗水系的分水岭。上起河南省兰考东坝头，经河南省兰考、民权、宁陵、梁园、虞城县，又沿山东省东明、曹县、单县进入安徽省砀山县，再沿江苏省丰县和安徽省萧县边界入江苏省铜山区，经徐州市鼓楼、泉山、云龙、睢宁、宿迁市宿豫、宿城、泗阳、淮安市淮阴、淮安、涟水、盐城市阜宁、响水、滨海等县（市、区），于江苏省滨海县套子口入黄海。废黄河全长728.3 km，全河已不贯通，河内集水总面积4 291 km^2。二坝头以上河段213 km，集水面积2 571 km^2，河内集水分别经东鱼河、大沙河入南四湖；二坝头至淮阴杨庄段329.3 km，集水面积1 189 km^2，河内集水分泄入中运河和洪泽湖；杨庄以下河段186 km仍直通入海，集水面积531 km^2。

沂沭泗流域滨海独流入海主要河流14条，分布北起山东省日照市，南至江苏省滨海县（废黄河入海口），总流域面积13 573 km^2。新沭河以北地区主要有范河、朱稽河、青口河、兴庄河、龙王河、绣针河、巨峰河、傅疃河等。新沭河和新沂河之间主要有五图河、牛墩界圩河、车轴河、古泊善后河、烧香河。新沂河以南地区为灌河水系，包括灌河干流、南六塘河、北六塘河、柴米河、沂南河、盐河等。

废黄河及滨海诸河建有小塔山和日照2座大型水库和16座中型水库。

五、规划治理

沂、沭、泗河原属淮河水系，沂水、沭水入泗，泗水入淮，是我国开发水利最早的地区之一，自春秋战国以来，兴建了许多著名的水利工程。在南宋以前，沂沭泗河河道浚深，排水通畅，泗河是沟通黄、淮的主要通道。公元1194—1855年黄河夺泗夺淮，逐步淤废了淮河下游及泗水干流河道，逼淮入江，沂、沭、泗诸河洪水出路受阻，泗水在徐州与济宁间逐渐潴蕴成南四湖，沂水在马陵山西侧逐渐潴蕴成骆马湖，洪水无出路而漫流的局面给该地区带来了频繁的水旱灾害。元、明、清三代，视南北漕运为根本，治水重点为治河保运。民国时期，除低标准地整治少数河道外，水利建设无大作为。

从1948年开始，在中国共产党和人民政府的领导下，苏、鲁两省分别进行了“导沂整沭”和“导沭整沂”工程，为沂沭泗水系排洪入海打开了出路，拉开了新中国治淮事业的序幕。在此基础上又进行了多次大规模规划治理。截至目前，沂沭泗水系建设各类水库2 000余座，总库容约77亿 m^3，其中大型水库19座，控制流域面积9 401 km^2，总库容48.91亿 m^3，防洪库容27.31亿 m^3；在中下游，开辟了新沂河、新沭河入海通道，开挖了邳苍分洪道、分沂入沭水道，调整了水系，兴建了南四湖、骆马湖控制工程、黄墩湖滞洪区和南四湖湖东滞洪区，整治河道，培修堤防，兴建控制性水闸，基本建成了由水库、河湖堤防、控制性水闸、分洪河道及蓄滞洪工程等组成的拦、泄、分、蓄、滞功能完善的防洪工程体系，改变了洪水漫流、水旱灾害频繁的局面。

目前，沂沭泗骨干河湖中下游防洪标准达到50年一遇，主要支流防洪标准基本达到20年一遇。根据2000年统计数据，防洪保护区面积达42 358 km^2，人口3 382万人，耕地253万 hm^2，国内生产总值3 604亿元，粮食总产量1 626万 t，工农业总产值2 585亿元。

防洪保护区面积占沂沭泗河水系面积的53.2%，人口占沂沭泗河流域人口的60.6%，国内生产总值占沂沭泗河流域的56.2%，耕地占沂沭泗河流域的65.7%，粮食总产量占68.4%，工农业总产值占沂沭泗河流域的31.4%。

沂沭泗河洪水规划治理原则是“上蓄、下排，统筹兼顾，合理调度”，核心是沂沭泗河洪水“东调南下”，总体部署是扩大沂沭河洪水东调和南四湖洪水南下的出路，将沂沭河洪水尽量就近东调入海，腾出骆马湖部分蓄洪和新沂河部分泄洪能力接纳南四湖及邳苍地区南下洪水，以提高沂沭泗河中下游地区的防洪标准。与此项部署相关的工程简称“沂沭泗洪水东调南下工程”。从1948年开始，沂沭泗河规划与治理共经历以下几个时期。

(一)“导沂整沭”和“导沭整沂”规划与实施

1. 规划情况

治淮初期，1947年始至1953年华东水利部领导沂沭汶泗规划和治理，按照“苏鲁两省兼顾，治泗必先治沂，治沂必先治沭”和“沂沭分治”的原则，苏鲁两省分别制定并实施了“导沂整沭”和“导沭整沂”规划，着重整治河道，开辟入海通道，扩大排洪能力，以减轻水患。山东省“导沭整沂”规划包括切开马陵山，开辟新沭河，导沭经沙于临洪口入海，兴建大官庄沭河大坝、人民胜利堰控制导沭分流；整修加固山东境内沂沭河堤防，开挖分沂入沭水道，疏浚沂河淤浅段等。江苏省导沂整沭包括嶂山切岭，开辟新沂河，导沂沭泗洪水于灌河口入海，修建骆马湖初期控制工程，培修加固了江苏境内沂沭河堤防等。

2. 实施情况

山东省导沭整沂工程主要包括：导沭经沙入海开辟新沭河，兴建沭河大坝、胜利堰等建筑物，开挖分沂入沭水道，整修加固沂沭河堤防。导沭工程：开挖新沭河，从大官庄向东开挖一条14.2 km的引河，分沭河洪水入沙河，经临洪口入海，全长80 km，大官庄分洪流量2 800 m^3/s，加沙河区间洪水共3 800 m^3/s；经胜利堰下泄老沭河流量1 700 m^3/s，加分沂入沭水道来水1 000 m^3/s、老沭河区间洪水300 m^3/s，共3 000 m^3/s。整沂工程：包括开挖分沂入沭水道、疏浚沂河浅滩及培修加固堤防，治理标准是沂河临沂站设计洪水流量6 000 m^3/s，分沂入沭分洪1 000 m^3/s，江风口分洪道分洪1 500 m^3/s，下余3 500 m^3/s由李庄以下沂河下泄。

江苏省导沂整沭工程主要包括：自华沂开始开辟新沂河，全长183 km，华沂至骆马湖段设计流量3 000 m^3/s，嶂山至灌河口3 500 m^3/s；修建华沂束水坝，控制老沂河下泄500 m^3/s，修建骆马湖初期控制工程，修筑加固沂、沭河堤防。

(二)1954年沂沭汶泗洪水处理意见

1. 规划情况

1953年底沂沭汶泗规划及治理开始由淮河水利委员会(简称淮委)统一领导，1954年淮委编制了《沂沭汶泗流域洪水处理初步意见》。规划提出南四湖和沂沭运地区洪水处理方案；修建南四湖洪水控制工程(一级湖方案)，建设滨湖排涝工程；修建龙门、傅旺庄、东里店及石岗等水库；修建江风口分洪闸和老沂河华沂分洪闸，扩大分沂入沭和新沂河，加固江风口以下沂河堤防和新沭河。

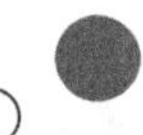

2. 实施情况

1954—1957 年,沂沭泗治理完成的工程主要包括:整治了南四湖的万福河、复新河、大沙河、杨屯河及惠河等,疏浚了伊家河;按分洪 1 500 m^3/s 扩挖分沂入沭水道;兴建了江风口分洪闸、李庄拦河坝、华沂节制闸和黄墩湖小闸,整治了沭河的一些排水河道;疏浚了新沂河南偏泓,培修加固了沂河、新沂河、中运河和骆马湖堤防。

(三)1957 年沂沭泗流域规划报告

1. 规划情况

1957 年 3 月,淮委会同苏鲁两省编制了《沂沭泗流域规划报告(初稿)》。7 月,沂沭泗地区发生特大洪水,灾情严重,水利部技术委员会针对规划中的问题,组织淮委及苏鲁两省对规划进行修订,于 1957 年 12 月提出《沂沭泗流域规划初步修正成果及 1962 年以前工程安排意见(草案)》。规划以防止水灾,发展灌溉为主,规划标准为:南四湖和中运河为 100 年一遇防洪标准,沂沭河为 50 年一遇防洪标准,骆马湖、新沂河为 300 年一遇防洪标准,次要河流达到 50 年一遇防洪标准。主要内容为:在沂蒙山区开展水土保持,在山区修建水库;修建南四湖(二级湖方案)、骆马湖平原综合利用水库;扩大和巩固韩庄运河、中运河、新沂河、新沭河行洪能力;治理平原区河道,调整水系;发展农业灌溉。

2. 实施情况

1958 年淮委被撤销,规划所列工程由各省分别负责。

山东省修建的工程包括:在沂沭泗上游山丘区修建了会宝岭、日照、唐村、许家崖、田庄、小仕阳、陡山、尼山、岩马、跋山、沙沟、岸堤、马河、西苇、青峰岭等 15 座大型水库和 32 座中型水库,并增修塘坝,灌溉面积 200 万亩。南四湖按堤顶高程 38.79 m 修建了湖西大堤,修筑了二级坝枢纽,把南四湖分成上、下级湖,兴建了韩庄闸、伊家河闸,疏浚了惠河、万福河、洙水河、赵王河,开挖洙赵新河和东鱼河调整水系;修筑邳苍分洪道堤防,修筑加固沂河李庄以下、沭河堤防。还修建了引黄灌溉工程。

江苏省修建的工程包括:在山丘区修建了安峰山、石梁河、小塔山等 3 座大型水库、10 座中型水库,水库塘坝增灌面积约 100 万亩,完成邳苍分洪道工程;建成了宿迁闸、六塘河闸、嶂山闸和骆马湖宿迁控制线,骆马湖建成常年蓄水水库,黄墩湖辟为临时滞洪区;中运河西堤退建,设计运河镇水位 26.33 m,行洪能力扩大到 5 000 m^3/s;新沂河按行洪 6 000 m^3/s 加高培厚堤防,新沭河堤防按行洪能力 3 800 m^3/s 加固;实施了跨流域调水工程,开辟了淮沭新河。航运规划大运河庙山子以下至淮安段已实施,其余未实施。水土保持规划未实施。

(四)1971 年治淮战略性骨干工程规划

1. 规划情况

1969 年国务院成立治淮规划小组,领导和组织流域规划工作。治淮规划小组于 1971 年提出《关于贯彻执行毛主席"一定要把淮河修好"的情况报告》及其附件《治淮战略性骨干工程说明》。规划的标准是南四湖可防御 1957 年洪水,沂、沭河可防御 50~100 年一遇洪水,骆马湖、新沂河可防御 100 年一遇洪水。规划的总体部署是"沂沭泗洪水东调南下工程",主要内容包括增建山区水库,扩大南四湖、沂沭河洪水出路,治理南四湖和骆马湖,提高韩庄运河、中运河和新沂河的行洪能力。

2. 实施情况

山东省完成的主要工程:①防洪工程:建成了大官庄新沭河泄洪闸,按 6 000 m^3/s 设计、7 000 m^3/s 校核标准扩挖了新沭河闸下游 6.4 km 新沭河的石方段;建成分沂入沭入口的彭道口分洪闸,按 4 000 m^3/s 标准完成了分沂入沭上段 8.5 km 的加深拓宽工程;增建二级坝三、四闸,开挖了三闸下游西股引河中段 9.4 km 和二闸下游东股引河 23.3 km;按微山湖水位 33.29 m 时设计泄量 2 050 m^3/s 扩建韩庄闸;扩挖了韩庄闸下 9 km 河槽的大部分;同时实施了病险水库的加固工程。②排涝工程:治理南四湖地区 11 条排水河道,并在滨湖洼地实行机电排灌;在分沂入沭和新沭河以北,治理了黄白排水沟、牛腿沟等排水沟渠。灌溉工程,设计水库灌区 374 万亩,到 1980 年有效灌溉面积达 165 万亩。南四湖机电排灌面积达 300 万亩,其中水稻 100 万亩;湖西的东鱼河、新老万福河、洙赵新河上均建闸分级拦蓄,灌溉 55 万亩;湖东诸河发展灌溉 18 万亩。

江苏省完成的主要工程:防洪工程方面,按 6 000 m^3/s 设计、7 000 m^3/s 校核,开挖石梁河水库至太平庄段新沭河中泓,并加固两岸堤防及建太平庄闸等,1980 年堤防加固停缓建;完成了新沂河两岸堤防加固,沭阳以下可行洪 6 000 m^3/s,强迫行洪 7 000 m^3/s;完成淮沭新河土方工程;另外,还加固石梁河、小塔山水库。除涝工程,在南四湖,与山东省共同全面治理了复新河,疏浚河道 54 km、筑堤 108 km。开挖了顺堤河和苏北堤河,顺堤河从姚楼河(山东境内称东边河)开始,下至蔺家坝下入不牢河,长 72 km;苏北堤河自大沙河至郑集河,先后与杨屯河、沿河、鹿口河、郑集河平交,各河之间自成排、引系统。在新沭河以北治理了朱稽河和范河,采用上截、中改、下调尾的治理方式,将上游山水引入小塔山水库、青口河及新沭河,中游将朱稽河和范河改入朱稽副河,下游疏浚调尾和建挡潮闸;在新沭河南建成临洪西站,抽排乌龙河流域的涝水,并把鲁兰河截入新沭河,临洪东站开工后因资金等问题停缓建。在新沂河以北的直接入海水道上均建了挡潮闸等工程。灌溉航运工程,续建京杭运河,以利航运和江水北调。先后兴建了泗阳、刘老涧、皂河、刘山、解台及郑集 6 个扬水站,可抽江水 300 m^3/s 入骆马湖,经中运河、不牢河送水 100 m^3/s 入微山湖。在中运河、不牢河上修建了 6 处船闸。在老沭河上修建了塔山闸,蓄水灌溉,设计过闸流量 3 000 m^3/s。

1981—1990 年,除南四湖部分工程和新沂河加固工程外,“东调南下”工程停缓建,多数工程处于“半拉子”状况,中运河扩大工程尚未动工。

(五)1991 年沂沭泗河洪水东调南下工程近期规划

1. 规划情况

1990 年淮委完成了《淮河流域修订规划纲要(送审稿)》。1991 年江淮发生大洪水,国务院治淮治太会议作出了《关于进一步治理淮河和太湖的决定》,确定治淮 19 项骨干工程建设任务,明确“续建沂沭泗河洪水东调南下工程,‘八五’期间达到 20 年一遇的防洪标准,‘九五’期间达到 50 年一遇的防洪标准”。根据治淮治太会议精神,1992 年淮委完成了《淮河流域综合规划纲要(1991 年修订)》,确定沂沭泗河防洪标准为沂沭河防御 50 年一遇洪水;南四湖湖西大堤及湖东特大矿区段防御 1957 年洪水,其他堤防防御 50 年一遇洪水;骆马湖和新沂河防御 100 年一遇洪水。沂沭泗河近期防洪工程先按 20 年一遇洪水标准实施。

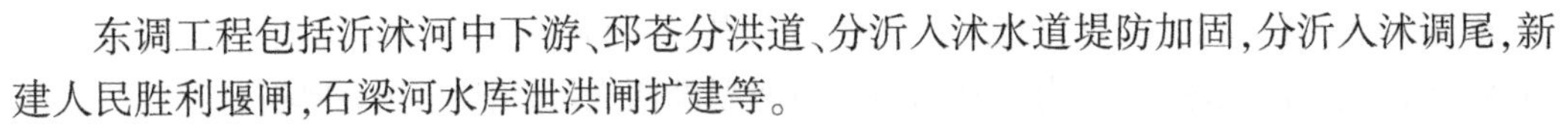

东调工程包括沂沭河中下游、邳苍分洪道、分沂入沭水道堤防加固，分沂入沭调尾，新建人民胜利堰闸，石梁河水库泄洪闸扩建等。

南下工程包括南四湖湖内清障，湖腰扩大，开挖西股引河上段，续建湖内庄台，加固湖西大堤，修建加固湖东堤，扩大韩庄运河、中运河，建设中运河临时控制工程，新沂河除险等。

2. 实施情况

1991年“东调南下”工程复工。

东调工程：按设计流量2 500 m^3/s兴建人民胜利堰闸；按分洪2 500 m^3/s，扩建分沂入沭水道，并将尾部改由人民胜利堰闸上入沭河（亦称调尾工程）；新沭河按新沭河闸泄洪5 000 m^3/s规模扩大和除险；加固和扩建石梁河水库泄洪闸；沂河祊河口—刘家道口、刘家道口—江风口、江风口—骆马湖按12 000 m^3/s、10 000 m^3/s、7 000 m^3/s标准对堤防进行培修加固；沭河汤河口—大官庄、大官庄—塔山闸、塔山闸—口头段按行洪5 750 m^3/s、2 500 m^3/s、3 000 m^3/s除险加固；邳苍分洪道按东泇河以上行洪3 000 m^3/s、东泇河以下4 500 m^3/s加固堤防；加固江风口闸。

南下工程：加固南四湖湖西堤和修建湖东堤，开挖湖内浅槽。湖西大堤大沙河至蔺家坝段按防御1957年洪水标准加固（上级湖洪水水位36.99 m，下级湖洪水水位36.49 m），大沙河以上段除老运河—梁济运河段约3 km按1957年洪水标准加固外，其余均按20年一遇防洪标准加固；山东境内按微山湖水位33.29 m时韩庄出口泄量1 900 m^3/s（含伊家河200 m^3/s、老运河250 m^3/s），微山湖水位35.79 m时韩庄出口排洪4 000 m^3/s（含伊家河400 m^3/s、老运河500 m^3/s）规模扩大韩庄运河，修建了老运河闸，开挖韩庄闸上喇叭口。按运河镇水位26.33 m行洪5 500 m^3/s规模扩大中运河，修建了中运河临时水资源控制设施。新沂河按行洪7 000 m^3/s除险加固，并兴建了海口控制工程。南四湖湖东堤、部分湖西堤、西股引河上段开挖和湖腰扩大未实施。

1991年以来，沂沭泗流域还进行了病险水库和病险水闸除险加固、湖西平原河道疏浚、农田灌溉、拓宽航道等一系列治理工程，使沂沭泗流域的防洪、除涝、灌溉、航运标准有了较大提高。

（六）2003年沂沭泗河洪水东调南下续建工程实施规划

1. 规划情况

2002年国务院办公厅批转水利部《关于加强淮河流域2001—2010年防洪建设的若干意见》（国办发〔2002〕6号），2003年水利部和相关省召开省部联席会议，对沂沭泗河洪水东调南下续建工程进行了统筹安排。根据省部联席会议纪要和水利部前期工作安排，淮委编制了《沂沭泗河洪水东调南下续建工程实施规划》。

规划主要包括：沂河东汶河口至祊河口河段、沭河浔河口至汤河口河段按20年一遇防洪标准治理，沂河祊河口以下河段、沭河汤河口以下河段、分沂入沭、新沭河、邳苍分洪道、韩庄运河、中运河、新沂河按50年一遇防洪标准治理。南四湖总体防洪标准为50年一遇，治理范围为湖内及环湖堤防，湖西堤按防御1957年洪水加固，湖东堤大型矿区和城镇段堤防防御1957年洪水，其他堤段按防御50年一遇防洪修建加固，在湖东部分洼地设置滞洪区。骆马湖防洪标准为50年一遇。主要支流除涝标准为3～5年一遇，防洪标准为20年一遇。包括刘家道口枢纽、南四湖湖东堤、韩中骆堤防、新沂河整治、新沭河治理、沂沭邳治理、分沂入沭扩大、南四湖湖内及南四湖湖西大堤加固等9个单项。

东调工程:沂河东汶河口—蒙河口、蒙河口—祊河口、祊河口—刘家道口、刘家道口—江风口及江风口—苗圩分别按行洪9 000 m^3/s、10 000 m^3/s、16 000 m^3/s、12 000 m^3/s、8 000 m^3/s对堤防进行加高加固,局部疏通河槽;扩大分沂入沭水道,使其排洪能力达到4 000 m^3/s;扩大新沭河,使太平庄闸上下河道的行洪能力分别达到6 000 m^3/s和6 400 m^3/s,兴建三洋港挡潮闸,设计流量6 400 m^3/s;沭河浔河口—高榆河口、高榆河口—汤河口、汤河口—大官庄及大官庄—口头分别按5 000 m^3/s、5 800 m^3/s、8 150 m^3/s及2 500~3 000 m^3/s对堤防进行加高加固;修建刘家道口闸,设计流量12 000 m^3/s;扩建江风口分洪闸,设计流量4 000 m^3/s。

南下工程:在南阳镇附近和二级坝上、下扩挖4条浅槽,湖西堤按防御1957年洪水加固;修建湖东堤,大型矿区和城镇段堤防防御1957年洪水,其他堤段按防御50年一遇洪水修建加固;设置湖东滞洪区;按行洪4 600~5 400 m^3/s扩大韩庄运河,续建韩庄闸上喇叭口工程,按行洪5 600~6 700 m^3/s扩大中运河;按行洪7 500~7 800 m^3/s扩大新沂河。

2. 实施情况

自2005年开始,沂沭泗河洪水东调南下续建工程陆续开工建设,至2016年各单项工程相继通过竣工验收,基本完成设计任务、实现规划目标。同期,流域还进行了病险水库和病险水闸除险加固、涝洼地及支流治理、城市防洪及航道等一系列治理工程,使沂沭泗流域的防洪、除涝、灌溉、航运标准有了较大提高。

(七)2013年《淮河流域综合规划(2012—2030年)》

根据《国务院办公厅转发水利部关于开展流域综合规划修编工作意见的通知》(国办发〔2007〕44号)和水利部的总体部署,淮委组织流域各省开展了新一轮流域综合规划修编工作,2013年国务院批复了《淮河流域综合规划(2012—2030年)》。

规划安排沂沭泗河水系在既有东调南下工程格局的基础上,进一步巩固完善防洪湖泊和骨干河道防洪工程体系,扩大南下工程的行洪规模。近期按20年一遇加固沂沭泗河上游堤防,完善南四湖防洪体系,进一步巩固和完善其他防洪湖泊和骨干河道防洪工程体系。远期安排南四湖、韩庄运河、中运河、骆马湖、新沂河的防洪标准逐步提高到100年一遇,其他骨干河道防洪标准为50年一遇,重要支流防洪标准达到20~50年一遇。100年一遇设计水位南四湖上级湖(南阳)36.99 m,下级湖(微山)36.49 m,骆马湖100年一遇设计水位24.83 m,相应扩大韩庄运河、中运河和新沂河的排洪能力,中运河苏鲁省界行洪规模5 600 m^3/s、运河镇行洪规模7 200 m^3/s,新沂河沭阳行洪规模8 600 m^3/s。

(八)沂沭泗河提标工程规划

1. 防洪标准

沂河跋山水库至东汶河口段防洪标准为20年一遇,目前该段正在按照20年一遇防洪标准实施加固堤防工程;沂河东汶河口至蒙河口维持20年一遇不变,蒙河口至祊河口、祊河口至刘家道枢纽、刘家道枢纽至苗圩防洪保护区防洪标准提高至100年一遇。

沭河青峰岭水库至浔河口段防洪标准为20年一遇,目前该段正在按照20年一遇防洪标准实施加固堤防工程;浔河口至汤河口段堤防防洪标准维持20年一遇。汤河口以下

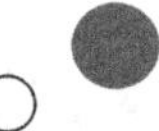

至大官庄枢纽段、大官庄枢纽以下至口头段堤防现状为50年一遇,本次规划右堤堤防防洪保护区防洪标准提高至100年一遇;左堤堤防防洪保护区防洪标准维持50年一遇。

邳苍分洪道左堤堤防防洪保护区防洪标准提高至100年一遇;邳苍分洪道右堤堤防防洪保护区防洪标准维持50年一遇。分沂入沭防洪保护区防洪标准提高至100年一遇。新沭河石梁河水库至新沭河泄洪闸段维持50年一遇防洪标准;新沭河石梁河以下段右岸堤防防洪标准提高至100年一遇;石梁河以下段左岸堤防防洪标准维持50年一遇。

南四湖湖西大堤现状防洪标准为90年一遇,防洪标准提高到100年一遇。南四湖湖东堤保护区石佛—泗河及城郭河—新薛河两段提高至100年一遇;泗河—青山、垤斛—二级坝及新薛河—郗山段维持50年一遇防洪标准。

泗河金口坝以下右堤防洪标准为100年一遇,金口坝以下左堤防洪标准50年一遇。

韩庄运河、中运河堤防防洪标准由50年一遇提高至100年一遇。

骆马湖由50年一遇防洪标准提高至100年一遇。新沂河大堤现状防洪标准为50年一遇,新沂河大堤保护区防洪标准提高至100年一遇。

祊河(姜庄湖拦河坝以下至入沂河河口)防洪保护区防洪标准提高至100年一遇;汤河防洪保护区防洪标准为20年一遇。

2. 洪水安排与工程规模

预报沂河临沂站设计洪水19 000 m^3/s时,分沂入沭汤河分洪道设计流量为1 400 m^3/s;沂河临沂站设计洪水为17 600 m^3/s时,分沂入沭设计流量为4 000 m^3/s,刘家道口至江风口设计流量为13 600 m^3/s,由沂河和邳苍分洪道共同分泄,其中沂河下泄9 600 m^3/s,邳苍分洪道分泄4 000 m^3/s。沭河大官庄枢纽以上来水由大官庄以上沭河来水和分沂入沭来水叠加,沭河汤河口至大官庄枢纽设计洪水为10 660 m^3/s,分沂入沭来水0~4 000 m^3/s,大官庄以上入流最大11 300 m^3/s,由人民胜利堰闸和新沭河泄洪闸分泄。沭河人民胜利堰下泄3 000 m^3/s(塔山闸以下考虑区间入流设计流量为3 500 m^3/s)。新沭河泄洪闸下泄8 300 m^3/s。新沭河石梁河水库泄洪闸以下河道规模由石梁河水库控制,100年一遇洪水石梁河水库下泄7 000 m^3/s,新沭河临洪河以下规模为7 600 m^3/s。南四湖保持上级湖设计防洪水位36.99 m,下级湖的设计防洪水位36.49 m(同1957年防洪水位)不变,同时湖东滞洪区启用条件不变,通过扩大韩庄运河、中运河行洪规模下泄超额洪水;骆马湖维持的设计防洪水位24.83 m(同50年一遇防洪水位)不变,通过扩大新沂河行洪规模下泄超额洪水,新沂河嶂山闸—口头设计流量8 800 m^3/s,口头—入海口设计流量9 100 m^3/s。根据洪水安排,确定骨干河道工程规模。

沂沭泗骨干河道设计流量见表1-2。

3. 主要工程内容

1)河道堤防工程

(1)沂河:扩挖铁路桥至苗圩段14.67 km河道,扩挖沂河入骆马湖段河道6.0 km。

(2)分沂入沭水道:疏浚彭家道口闸下—沭河裹头河道;扩挖汤河分洪道30.3 km等。

(3)沭河:扩挖陇海铁路桥—塔山闸段河道,长约10 km等。

表 1-2　沂沭泗骨干河道设计流量

河名	河段	设计流量/(m^3/s)
韩庄运河	韩庄闸—大沙河	4 600~5 100
	大沙河—伊家河口	5 600
	伊家河口—省界	6 000
中运河	省界—大王庙	6 200
	大王庙—房亭河	7 200
	房亭河—骆马湖	7 400
新沂河	嶂山闸—口头	8 800
	口头—入海口	9 100
沂河	祊河口—刘家道口	17 600
	刘家道口—江风口	13 600
	江风口以下	9 600
现状分沂入沭	彭家道口闸	4 000
分沂入沭汤河分洪道	汤河分洪闸	1 400
邳苍分洪道	江风口闸	4 000
沭河	汤河口—大官庄	10 660
	大官庄以下	3 000
新沭河	新沭河泄洪闸—石梁河水库	8 300
	石梁河水库—临洪河河口	7 000
	临洪河河口—入海口	7 600

(4)新沭河:扩挖新沭河闸—大兴镇段(桩号 7+220~9+220)河道,长度约 2 km;对 14+220~19+220 段堤防进行复堤,长约 5 km;扩挖石梁河水库以下段(桩号 5+000~42+134)河道,长约 40.13 km 等。

(5)南四湖:扩挖南阳湖浅槽一(24+000~32+000)、浅槽二(24+000~30+000)、浅槽三(78+000~92+000)、浅槽四(54+000~67+000),长约 41 km。

(6)韩庄运河、中运河:扩挖桩号 9K—大王庙段(9+000~54+957)河道,长约 46.92 km 等。

(7)骆马湖:骆马湖二线堤防加固;一线堤防截渗长 18.4 km,拆除重建护坡护岸等。

(8)新沂河:沭阳—老挡潮段(43+000~140+000)分别进行南、北偏泓扩挖,长约 98 km,修筑保麦围堰(北偏泓 43+000~91+000、南偏泓 44+000~112+000),长约 108 km 等。

2)枢纽工程

(1)刘家道口枢纽:刘家道口闸加固,新建闸上分流岛,彭道口闸凿除闸底板上梯形堰及挑坎;新建分沂入沭汤河分洪闸规模为 1 400 m^3/s。

(2)新沭河泄洪闸:设计规模由 6 000 m^3/s 扩建为 8 300 m^3/s。

(3)石梁河水库:北泄洪闸进行拆除重建(规模为 3 000 m^3/s)。

(4)三洋港泄洪闸:设计规模由 6 400 m^3/s 扩建为 7 600 m^3/s。

(5)嶂山闸加固(交通桥、翼墙、底板等)。

(6)新沂河海口枢纽:设计规模由 7 800 m^3/s 扩建为 9 100 m^3/s。

3)其他工程及影响处理工程

防护(护坡、护岸)工程、涵洞接长、桥梁工程、道路工程、支流回水段工程等。

六、历史水旱灾害

(一)水灾

据历史资料记载,1280—1643 年的 364 年间,沂沭泗流域发生较大水灾 97 次。1644—1948 年的 305 年间,发生水灾 267 次。新中国成立后,据苏、鲁两省有关市县 36 年(1949—1984 年)统计,多年平均成灾面积 774 万亩,占两省流域耕地面积的 14.2%,成灾面积超过 1 000 万亩的年份有 1949 年、1950 年、1951 年、1953 年、1956 年、1957 年、1960 年、1962 年、1963 年、1964 年等 10 年,其中以 1963 年、1957 年最大,成灾面积分别达到 2 985 万亩、2 726 万亩,分别占两省流域耕地的 54.9%和 50.1%。在灾情分布上,20 世纪 50 年代大都分布在沂、沭河下游区,以 1949—1951 年最重;60 年代大都分布在南四湖湖西及邳苍地区;1957 年重灾在邳苍及南四湖地区;1974 年仅沭河地区受灾较重。

(二)旱灾

沂沭泗流域旱灾损失不次于水灾,但有关旱灾的历史资料较少。

据 1957 年沂沭泗流域规划统计,公元前 1122—公元前 249 年 874 年间共发生 7 次。秦、汉、魏、晋、南北朝,资料全缺。公元 589—906 年的 318 年中发生旱灾 6 次。公元 960—1367 年的 408 年中,发生旱灾 17 次。1368—1948 年的 581 年中,发生旱灾 86 次,其中特大干旱两次,分别为 1640 年、1785 年。新中国成立后,据苏、鲁两省各市县 36 年(1949—1984 年)旱灾统计,多年平均成灾面积 577 万亩,占苏、鲁两省耕地面积的 10.6%。成灾面积超过 1 000 万亩的有 1959 年、1962 年、1966 年、1977 年、1978 年、1983 年 6 个大旱年,平均 6 年一次,其中 1966 年、1977 年分别达到 1 485 万亩、1 502 万亩,各占耕地面积的 27.3%、27.6%。1959 年、1960 年、1961 年连续 3 年皆春旱少雨,其中 1959 年旱灾最重,1961 年次之。1966 年、1967 年、1968 年又 3 年春旱,其中 1966 年旱灾最重,1968 年次之。1976 年、1977 年、1978 年又 3 年春旱成灾,其中 1977 年最重,受灾面积达 1 502 万亩,1978 年次之,达 1 067 万亩。1981 年、1983 年干旱,灾情均较重,但是灌溉工程发挥了作用,灾情有所减小。

2002 年南四湖流域大旱,流域降水较常年偏少一半,旱情达百年一遇,南四湖干涸,济宁、菏泽、徐州受旱面积 1 600 余万亩,工农业生产损失严重。2002 年 12 月 8 日开始实施南四湖应急生态补水,至 2003 年 3 月 4 日结束,引调江水 1.1 亿 m^3(其中入上级湖 0.5 亿 m^3),湖内水面面积增加 110 km^2,避免了生态系统遭受毁灭性破坏,对保全湖区物种、恢复湖区生态系统具有极其重要的作用,生态效益显著。

(三)历史大洪水简介

根据历史调查,沂沭泗水系自明代 1470 年以后曾发生过 1593 年、1703 年、1730 年和 1848 年等大洪水,以 1730 年 8 月(清雍正八年六月)洪水为最大,是近 500 年来最大的一次。当时暴雨强度大、时间长、范围广,暴雨前期阴雨数十日,后期又发生 5~7 日的大暴雨,遍及沂沭泗水系。经推算沂河临沂站洪峰流量 30 000~33 000 m^3/s,重现期为 248~500 年一遇;沭河大官庄洪峰流量 14 000~17 900 m^3/s,重现期为 248~500 年一遇;南四湖洪水重现期约 272 年一遇,均为历史最大。

沂河临沂站洪水居第二、三位的分别为 1912 年的 18 900 m^3/s 和 1914 年的 17 800 m^3/s。沭河大官庄站洪水居二、三位的分别为 1974 年 11 100 m^3/s(还原后洪峰流量)和 1881 年的 6 850~8 000 m^3/s。南四湖地区 1953 年后才有较完整的水位资料,调查的 1703 年洪水重现期为 136 年,为第二位。

新中国成立后,流域性大洪水年有 1957 年、1963 年、1974 年。其中 1957 年南四湖洪水 7 d、15 d 和 30 d 洪量分别为 66.8 亿 m^3、106.3 亿 m^3、114 亿 m^3,30 d 洪量重现期为 91 年一遇;1963 年沂河临沂站洪峰流量 15 400 m^3/s,重现期近 20 年一遇;1974 年沭河大官庄还原后洪峰流量 11 100 m^3/s,重现期约为百年一遇。

1.1957 年洪水

1957 年 7 月由于西太平洋副高位置偏北,副高西南侧偏南气流与北侧的西风带偏西气流在淮河流域北部长期维持,以致 3 次高空低涡切变线造成沂沭泗水系上游的大范围连续降雨。

从 7 月 6 日到 26 日,沂沭泗水系出现 7 次暴雨,最大雨量点蒋自崖达 975.2 mm,角沂、鲁山、复程点雨量分别为 874.3 mm、862.0 mm、846.4 mm,在暴雨集中的 15 日(6~20 日)内降雨量 400 mm 以上的面积达 7 390 km^2。相应沂河、沭河连续发生数次洪峰。7 月 6—8 日暴雨中心在沂河、沭河上中游及南四湖湖西。沭河崖庄次雨量 208.9 mm,湖西复程次雨量 188.8 mm,该次降雨基本上集中在 6 日。7 月 9—16 日出现一次更大范围的降雨,出现大片暴雨区,次雨量普遍达 300 mm 以上,沂沭泗地区出现多处雨量超过 500 mm 的暴雨区,角沂、蒋自崖、黄寺次降雨量分别达 561.0 mm、530.8 mm 和 514.7 mm。7 月 17—26 日在前次降雨尚未全部停止时又出现大降雨过程。暴雨先在淮河水系沙颍河上游,随后向东扩展到沂沭泗地区。最大暴雨中心出现在南四湖湖东,泗水、蒋自崖、邹县次降雨量分别为 404.2 mm、329.5 mm 和 285.8 mm。

1957 年 7 月沂沭泗流域暴雨等值线见图 1-2。

沂沭泗河当年出现新中国成立以来最大洪水,沂河、沭河连续出现六七次洪峰。沂河临沂站 7 月 13 日、15 日、19 日 3 次洪峰流量均在 10 000 m^3/s 左右,其中 19 日最大洪峰流量达 15 400 m^3/s。经分沂入沭和邳苍分洪道分洪后,沂河华沂站 20 日洪峰流量为 6 420 m^3/s。沭河彭古庄(大官庄)11 日出现最大洪峰,流量为 4 910 m^3/s,经新沭河分泄 2 950 m^3/s 后,新安站最大洪峰流量为 2 820 m^3/s。南四湖汇集湖东、湖西同时来水,最大入湖流量约为 10 000 m^3/s。泗河书院站 24 日最大洪峰流量为 4 020 m^3/s,远远大于新中国成立后该站最大洪峰。南四湖南阳站 25 日出现最高水位,为 36.48 m(废黄河高程),微山站 8 月 3 日最高水位,为 36.28 m(废黄河高程)。由于洪水来不及下泄,南四湖周围

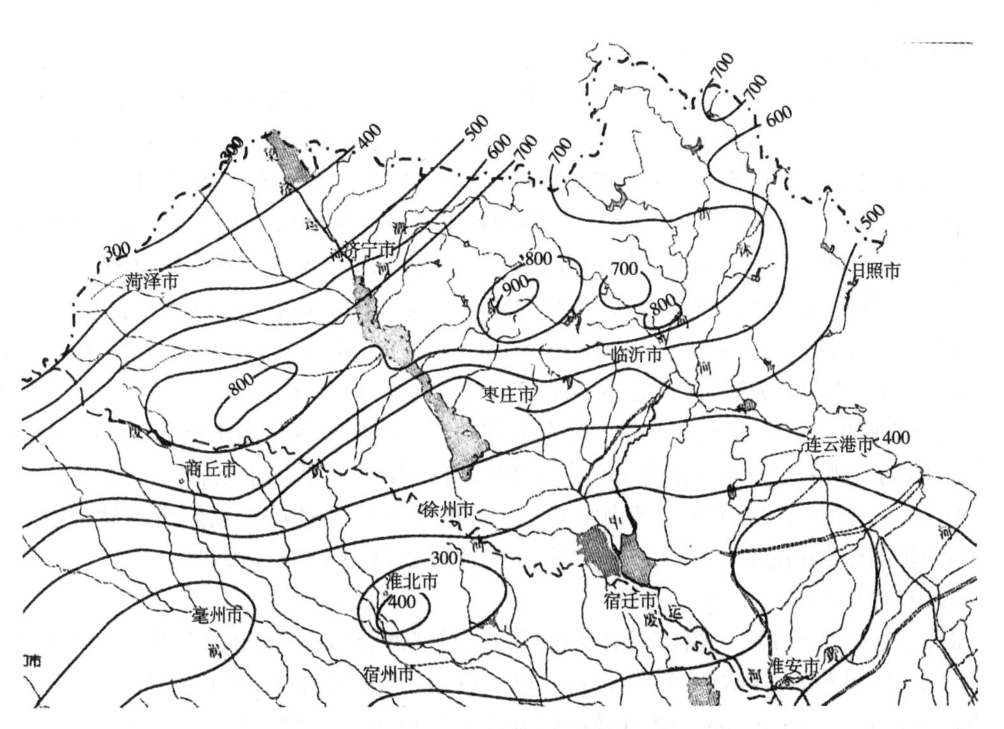

图 1-2 1957 年 7 月沂沭泗流域暴雨等值线

出现严重洪涝。中运河承汇南四湖下泄洪水及邳苍区间部分来水,7 月 23 日运河镇站出现最高水位,为 26.18 m(废黄河高程),相应的洪峰流量为 1 660 m^3/s。骆马湖在没有闸坝控制,又经黄墩湖蓄洪的情况下,7 月 21 日出现最高水位,为 23.15 m(废黄河高程)。新沂河沭阳站 21 日出现最大流量,为 3 710 m^3/s。根据水文分析计算,1957 年南四湖 30 d 洪量为 114 亿 m^3,相当于 91 年一遇。沂河临沂 3 d、7 d、15 d 洪量分别为 13.2 亿 m^3、26.5 亿 m^3 和 44.6 亿 m^3,均为新中国成立以来最大。沭河大官庄 3 d、7 d、15 d 洪量分别为 6.32 亿 m^3、12.25 亿 m^3 和 18.5 亿 m^3,除 3 d 洪量小于以后的 1974 年外,其他均为历年最大。骆马湖 15 d、30 d 洪量分别达 191.2 亿 m^3 和 214 亿 m^3,都居新中国成立以后首位。

2. 1963 年洪水

7、8 月两个月沂沭泗水系连续阴雨且接连出现大雨、暴雨,造成沂沭泗水系大洪涝。7 月,江苏徐淮地区及山东沂沭河月雨量超过 400 mm,暴雨中心区分布于沂蒙山区,最大雨量点蒙阴附近前城子月雨量为 1 021.1 mm;上述地区普遍出现了 5 d 以上连续暴雨,其中 7 月 18—22 日台风低压造成的暴雨强度最大,沂河东里店、大棉厂次降雨量分别为 437.3 mm 和 385.8 mm,其中大棉厂 19 日一天降雨量 272.5 mm。8 月,南四湖周围、邳苍地区连续多次暴雨,南四湖、邳苍地区月降雨量均在 300 mm 以上。

全流域 7、8 两个月的总雨量为历年同期最大,占汛期总雨量的 90%。由于本年暴雨时空分布不一,又因 1958 年以来山区修建了不少水库,所以发生洪水的洪量很大而洪峰流量不是最大,但对全流域造成的洪涝成灾面积是新中国成立以来最大的。沂、沭河洪水主要发生在 7 月中旬至 8 月上旬,沂河临沂水文站 7 月 20 日出现最大洪峰流量为 9 090

m^3/s(经水库还原计算后为 15 400 m^3/s),7 月下旬后又连续出现六七次洪峰,但流量均在 4 000 m^3/s 以下。沭河大官庄 7 月 20 日洪峰流量(总)为 2 570 m^3/s(经水库还原后为 4 980 m^3/s)。根据水文分析计算,临沂水文站 3 d、7 d、30 d 洪量分别达 13.1 亿 m^3、20.3 亿 m^3 和 40.2 亿 m^3,仅次于 1957 年;沭河大官庄 15 d、30 d 洪量分别为 11.1 亿 m^3 和 14.5 亿 m^3,仅次于 1957 年、1974 年。南四湖各支流本年洪峰流量均不大,泗河书院站最大洪峰流量为 691 m^3/s,但南四湖 30 d 洪量达 50 亿 m^3,仅次于 1957 年、1958 年。本年南四湖二级坝已经建成,南阳站 8 月 9 日最高水位为 36.08 m(废黄河高程),微山水文站 8 月 17 日最高水位 34.68 m(废黄河高程),都仅次于 1957 年。邳苍地区本年 30 d 洪量为 49.0 亿 m^3,比 1957 年大 20 亿 m^3,与 1974 年仅差 0.1 亿 m^3。中运河运河镇 8 月 5 日最大流量 2 620 m^3/s。骆马湖 8 月 3 日在退守宿迁控制后出现最高水位 23.87 m(废黄河高程),汛期实测来水量为 150 亿 m^3,大于 1957 年同期来水量。还原后骆马湖 30 d 洪量为 147 亿 m^3,仅次于 1957 年。嶂山闸 8 月 3 日最大泄量 2 640 m^3/s,新沂河沭阳站 7 月 21 日出现最大洪峰流量 4 150 m^3/s,7 月 31 日洪峰流量为 4 080 m^3/s。

3. 1974 年洪水

8 月,受 12 号台风(从福建莆田登陆)影响,沂沭河、邳苍地区出现大洪水。降雨过程从 8 月 10 日起至 14 日结束,暴雨集中在 11—13 日,沂沭河出现南北向的大片暴雨区,最大点雨量蒲旺达 435.6 mm。12 日暴雨强度最大。13 日暴雨中心区移至沂沭河,李家庄一天降雨量为 295.3 mm,14 日降雨逐渐停止。

1974 年 8 月沂沭泗流域暴雨等值线见图 1-3。

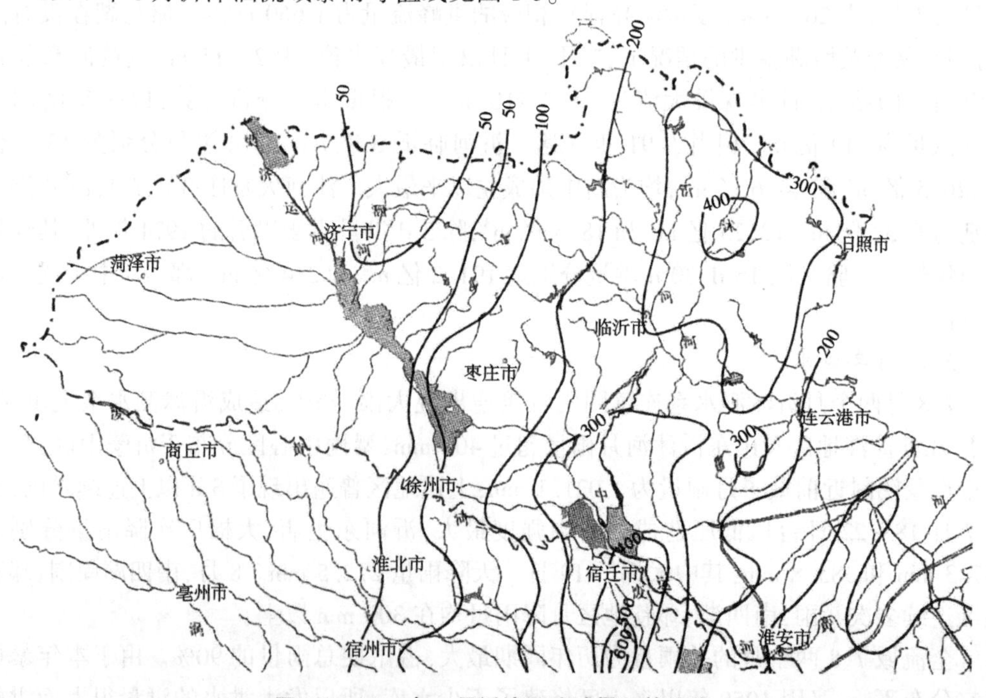

图 1-3　1974 年 8 月沂沭泗流域暴雨等值线

8 月中旬的暴雨造成沂沭泗水系大洪水,洪水主要来自沂河、沭河、邳苍地区,与 1957

年和 1963 年相比,沂河、沭河本年同时大水,且沭河洪水超过历年。7 月及 8 月上旬,沂沭河降雨比常年偏多,暴雨后沂河临沂 8 月 13 日早上从 79 m^3/s 起涨,14 日凌晨出现洪峰流量 10 600 m^3/s,当天经彭家道口闸和江风口闸先后开闸分洪后,沂河港上站同日出现洪峰流量 6 380 m^3/s。沭河大官庄站 14 日与沂河同时出现洪峰,新沭河流量为 4 250 m^3/s,老沭河胜利堰流量为 1 150 m^3/s。由于沭河暴雨中心出现在中游,莒县洪峰流量小于 1957 年、1956 年,而大官庄洪峰为历年最大。老沭河新安站在上游及分沂入沭来水情况下,14 日出现洪峰流量 3 320 m^3/s。邳苍地区处于暴雨中心边缘,加上邳苍分洪道分泄沂河来水,中运河运河镇出现新中国成立以后最大洪峰流量 3 790 m^3/s,最高水位 26.42 m(废黄河高程)。骆马湖在沂河及邳苍地区同时来水的情况下,嶂山闸 16 日最大下泄流量为 5 760 m^3/s,同日骆马湖退守宿迁大控制,16 日晨骆马湖洋河滩出现历年最高水位 25.47 m(废黄河高程),新沂河沭阳站 16 日晚出现历年最高水位 10.76 m(废黄河高程),相应的最大流量 6 900 m^3/s。本年沂沭泗水系洪水历时较短,南四湖来水不大。根据水文分析计算,沂河临沂站还原后的洪峰流量为 13 900 m^3/s,3 d 洪量与 1957 年、1963 年接近,而 7 d、15 d 洪量相差较大。沭河大官庄还原后的洪峰流量为 11 100 m^3/s,相当于百年一遇,3 d 洪量为历年最大,7 d、15 d 洪量仅次于 1957 年。邳苍地区 7 d、15 d 洪量均超过 1957 年、1963 年,为历年最大。

第三节　沭河流域概况

一、自然地理

(一)地理位置

沭河是沂沭泗水系的主要支流,流域面积 9 250 km^2,占沂沭泗水系面积的 13%。沭河位于淮河流域东北部,流域呈狭长形分布,东西方向平均宽约 40 km,南北方向平均长度 260 km 左右。包括山东省日照、临沂,江苏省徐州、连云港等市。

(二)地形、地貌

沭河地形大致由北向东南逐渐降低,由低山丘陵逐渐过渡为倾斜冲积平原、滨海平原。区域内地貌可分为中高山区、低山丘陵、岗地和平原四大类。山地丘陵区面积占 1/3,平原区面积占 2/3。

沭河平原区主要由冲积平原、滨海沉积平原组成。沂沭河冲积平原分布于黄泛平原和低山丘陵、岗地之间,由沭河冲积物填积原来的湖荡形成,地势低平。滨海沉积平原分布在东部沿海一带,由淮河及其支流携带的泥沙受海水波浪作用沉积而成,地势低平。

北中部的中高山区,是沭河的发源地,有海拔 800 m 以上的高山,也有低山丘陵。长期以来,地壳较为稳定或略有上升,地面以剥蚀作用为主,形成广阔、平坦和向东南微微倾斜的山麓面,加之流水侵蚀破坏而支离破碎,形成波状起伏高差不大的丘岗和洼地。

岗地分布在赣榆中部、东海西部、新沂东部、灌云西部陡沟一带及沭阳西部等地。岗地多在低山丘陵的外围,是古夷平面经长期侵蚀、剥蚀,再经流水切割形成的岗、谷相间排列的地貌形态,其平面呈波浪起伏状。

山丘区主要是地壳垂直升降运动造成的。根据其断裂褶皱构造在平面上排列形式及延伸方向，东部为新华夏构造区，其河流、山脉及海岸地形曲折与延伸方向均受这一构造体影响；西部为鲁西旋转构造与新华夏构造复合构造区。沂沭河大断裂带是一条延展长、规模大、切割深、时间长的复杂断裂带，纵贯鲁东、鲁西。鲁西南断陷区以近南北和东西向的两组断裂为主，形成近似网格的构造。山区除马陵山为中生代红色砂砾岩和页岩外，其余主要为古老的寒武纪深度变质岩和花岗岩。

（三）土壤、植被

沭河北部的沂山区多为粗骨性褐土和粗骨性棕壤，土层薄，水土流失严重。平原的中、南部主要为砂姜黑土，其次为黄潮土、棕潮土等。下游的平原水网区为水稻土，土壤肥沃。东部的滨海平原多为滨海盐土。

沭河地处我国南北气候过渡带，植被分布由于受气候、地形、土壤等因素的影响，具有明显的过渡性特点。流域北部的植被属暖温带落叶阔叶林与针叶松林混交林；中部低山丘陵区属亚热带落叶阔叶林与常绿阔叶林混交林。据统计，森林覆盖率为10%左右。栽培植被主要有小麦、玉米、棉花、高粱等旱作物，流域南部的中运河及新沂河南北地区都有大面积的水稻种植。

二、水文特征

沭河是山洪河道，夏秋两季山洪暴发，峰高流急。多年平均径流量为10.69亿m^3，最大径流量为23.65亿m^3（2005年），最小径流量为1.13亿m^3（1989年），沭河大官庄站和老沭河新安站多年平均含沙量分别约为1.1 kg/m^3、0.76 kg/m^3，多年平均输沙量分别为126万t、39.1万t。

沭河大官庄站1974年8月14日历史实测最大流量为5 400 m^3/s，如果加上上游水库调蓄及决口漫溢的洪水，还原后洪峰流量达11 100 m^3/s。老沭河新安站1974年8月14日实测最大流量为3 320 m^3/s。新沭河泄洪闸1974年8月14日最大泄洪流量4 250 m^3/s，大兴镇历史实测最大流量为3 870 m^3/s。石梁河水库1974年8月15日下泄最大流量为3 510 m^3/s。

据山东省洪水调查资料，1730年沭河洪水流量为15 950 m^3/s，为历史最大洪水，相当于500年一遇；1974年流量为11 100 m^3/s，居第二位；1881年流量为7 425 m^3/s，居第三位。

三、河流水系

沭河发源于沂蒙山区的沂山南麓，与沂河平行南下，流经沂水、莒县、莒南、临沂河东区、临沭、东海、郯城、新沂等县（市、区），河道全长300 km，流域面积约9 260 km^2。沭河自源头至临沭大官庄河道长196.3 km，区间面积4 529 km^2。沭河支流众多，大官庄仅一级支流就有24条，多分布在上中游，流域面积在20 km^2以上，从左岸入沭河的有富昌河、岘河、秀针河、茅埠河、土沟河、袁公河、店子集河、鹤河、小店河、浔河、鲁沟河、高榆河、韩村河等13条河，从右岸入沭河的有清水河、朱龙河、道托河、洛河、柳青河、宋公河、汀水河、鱼良河、汤河等9条河。沭河在大官庄分两支，一支南下为老沭河（江苏境内称总沭

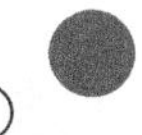

河),流经临沭、东海、郯城和新沂市,在新沂市口头入新沂河,河道长度为103.7 km,区间面积1 881 km^2;另一支东行称新沭河,分沭河及沂河东调洪水经石梁河水库于临洪口入海,河道长度为80 km(含石梁河水库库区段15 km),区间面积2 850 km^2,主要支流有蔷薇河、夏庄河、朱范河。

沭河水系建有沙沟、青峰岭、小仕阳、陡山、安峰山和石梁河等6座大型水库和9座中型水库。

滨海诸河建有小塔山和日照等2座大型水库和16座中型水库。

沭河及其主要支流河道特征见表1-3。

表1-3 沭河及其主要一级支流河道特征

序号	河流名称	流域面积/km^2	河流长度/km
	沭河水系	9 260	
1	沭河(至大官庄)	4 529	196.3
(1)	袁公河	529	62.0
(2)	浔河	532	67.5
(3)	高榆河	307.5	37.9
(4)	汤河	1 253	110
2	老沭河(大官庄至口头)	1 881	103.7
3	新沭河(大官庄至临洪口)	2 850	80.0

四、沭河演变

淮河水系和沂沭泗水系本同属于淮河水系,泗河是淮河下游最大的支流,沂水和沭水入泗,泗水入淮。《尚书·禹贡》记载:“导淮自桐柏,东会沂泗,东流入海”。南宋以前,沂沭泗诸河排泄顺畅,尾闾畅通。

1194年,黄河决阳武,洪水沿汴河东流入泗入淮,1495年,黄河北流通道被人工工程堵塞,黄河全流入汴入泗。直至1855年,黄河在左岸铜瓦厢决口,夺大清河入海,才结束了黄河长期夺泗夺淮的历史。到沂沭泗下游的原有水系被全部破坏,排水不畅,骆马湖以下仅仅靠六塘河一条河道排洪,入海能力不足1 000 m^3/s。

沭河(古称沭水)的演变与沂沭泗的演变基本同步。历史上沭河的河道演变极为剧烈。秦汉以前,沂水和沭水入泗,泗水入淮,是基本的河道格局。但沭水在临沭以下河段游荡频繁而剧烈,至今仍可以看到许多沭水的古河道。

秦汉时期,沭水在郯城以下河段曾分为三支:一是在郯城县城东北有一分水口,分水经白马河入沂河;二是干流河道仍向西南流至今宿迁附近入泗河;三是东南流经新安、口头、沭阳、朐县(今灌云县)注入游水,再入淮。

公元520—525年(北魏末年期间),在郯城东北筑堤,遏水西南流,入白马河通道堵塞;公元六世纪(南北朝时期),齐王肖宝寅镇徐州,截断沭水入泗水通道。此后,沭水主要通道主要为入游水,再入淮。

1506—1521年(明正德年间),郯城县令毁禹王台,取石筑城,沭河重新向西南流经白马河入沂河,再入骆马湖。

1595年(明万历二十三年),杨一魁任工部尚书兼都察院右副都御史总理河道,由于黄河下游河道抬高,明祖陵被淹。为解决这一问题,实施分黄导淮,自泗阳桃源引黄河水入灌河,再入海。沭河下游通道再次受到阻塞,被迫改经蔷薇河由临洪口入海。

1689年(清康熙二十八年),为防止沭水侵占沂水河道,并减轻骆马湖防洪压力,在禹王台筑竹络坝,沭水被迫全流南下,在沭阳西北龙堰分南、北两支。北支由沙河入青伊湖,经蔷薇河入海,南支在沭阳城西又分为两支,其中一支(亦称后沭河)再分为两支,北去一支入青伊湖,南去一支经古柏河由埒子口入海,另一支(即前沭河)过沭阳城,至十字桥与砂礓河、大涧河汇合后流入硕项湖,经灌河口入海。

清代至民国年间,沭河的河道还有数次改道,但大致的格局和方向没有大的改变,均是南下至沭阳附近转向东流入海。

新中国成立后,沭河又发生了一次翻天覆地的演变。“导沭整沂”等东调南下工程的建设,彻底改变了沭河大官庄以下河道的格局,形成了东调为主(新沭河)、南下为辅(老沭河)的排洪河道,防洪标准得到了显著的提高。

第四节　沭河水利工程

一、水库工程

沭河(包括滨海独流入海诸河)建设有大型水库8座,中型水库14座。大中型水库均为新中国成立后修建,主要在1958—1960年修建。沙沟、青峰岭、小仕阳、陡山、石梁河、日照、小塔山、安峰山等8座大型水库控制流域面积3 502 km^2,总库容20.12亿m^3;14座中型水库控制流域面积575.5 km^2,总库容3.44亿m^3。

(一)沙沟水库

沙沟水库坐落在沭河上游的沂山南麓的群山峻岭之中。流域形状近似扇形,山高势陡,为纯山区,河流源短流急。流域上游多玄武岩、石灰岩,下游多片麻岩、花岗岩及砂岩。土壤多砂壤土,土质多瘠薄,水土流失较重。流域多年平均降雨量744.9 mm,汛期降雨量约占全年的74%。

沙沟水库位于沂水县沙沟村西南,即东经118°38′,北纬36°03′,流域面积为164 km^2,总库容为1.042亿m^3,河道干流长度仅21.3 km,干流平均坡度10.1‰。该库于1958年10月28日开工建设,1959年11月25日竣工蓄水,坝顶高程76.49 m。自1961年冬到1964年春进行了南溢洪道开挖工程,溢洪道主槽底高67.15 m,宽40 m。2002年11月20日除险加固开工至2010年10月15日完工。坝顶高程76.77 m,防浪墙顶高77.77 m。总库容1.02亿m^3,防洪库容0.573 0亿m^3,兴利库容0.458 8亿m^3,死库容0.011 9亿m^3。建成3孔溢洪闸,单孔宽10 m,闸底高程65.35 m。

2011年控制运用方案中,汛中限制水位为67.15 m、汛末蓄水位为67.65 m,允许最高水位73.75 m。流域内小型水库8座,控制流域面积9.5 km^2,总库容181.8万m^3。

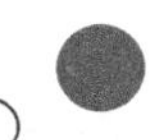

（二）青峰岭水库

青峰岭水库位于沭河干流上，坝址在山东省莒县县城西北 30 km 处，于 1959 年动工，1960 年建成蓄水，是一座以防洪为主，结合灌溉、发电、养殖等综合利用的大型山区水库。2003 年进行除险加固，2016 年再次进行除险加固。

水库控制流域面积 769 km^2，设计防洪标准 100 年一遇，相应水位 163. 13 m；校核防洪标准 5 000 年一遇，相应水位 167. 20 m，相应总库容 4. 12 亿 m^3，相应最大泄量 5 433 m^3/s；死水位 140. 8 m，相应死库容 0. 02 亿 m^3；汛限水位 160. 0 m，相应库容 2. 11 亿 m^3；正常蓄水位 162. 0 m，相应库容 2. 784 亿 m^3。1971 年 8 月 22 日水库最高洪水位为 160. 95 m，泄洪闸最大下泄流量为 601 m^3/s，为历史最大值。

水库工程由大坝、溢洪道（闸）、放水洞、电站及副坝组成，主坝为黏土心墙砂壳坝，长 1 200 m，顶高程 167. 2 m，防浪墙顶高程 168. 0 m。

（三）小仕阳水库

小仕阳水库位于沭河支流袁公河上，始建于 1958 年 1 月，1959 年 6 月竣工蓄水。控制流域面积 282 km^2，总库容 12 460 万 m^3。河道干流平均坡度 3. 0%。流域内多年平均降水量 845. 0 mm，暴雨洪水主要集中在 7、8 两月。暴雨分布地区不均，是主要山区暴雨区之一。

水库主坝全长 960 m，顶宽 6. 0 m，最大坝高 25. 3 m。坝顶高程 159. 30 m，相应库容 1. 57 亿 m^3。防浪墙顶高程 160. 30 m。副坝全长 350 m，顶宽 4. 0 m，最大坝高 8. 5 m，坝顶高程 158. 00 m。

溢洪闸为直立平板钢结构闸门，共 5 孔，每孔净宽 10 m，闸底高程 147. 50 m，闸门顶高程 154. 50 m。开敞式溢洪道底高程 154. 20 m，宽度 1. 50 m，校核水位时泄量 3 380 m^3/s。

放水洞位于主坝南端，为圆形放水洞，直径 1. 40 m，进口底高程 139. 00 mm。最大泄量 20. 0 m^3/s。

小仕阳水库坝址以上流域内，除建有十亩子、大绿汪两座中型水库外，还建有众多的小型水库和塘坝。两座中型水库控制面积 75. 3 km^2，占流域面积的 27. 0%；36 座小型水库总控制面积 60. 61 km^2，占流域面积的 21. 7%。流域内水利工程对降雨径流有较大影响。

（四）陡山水库

陡山水库位于沭河支流浔河上，坝址在山东省莒南县大店镇东 9 km 处，于 1958 年动工，1959 年建成蓄水，是一座以防洪、供水、灌溉为主，结合发电、养殖、旅游等综合利用的大型山区水库。1998 年进行了除险加固，2016 年再次进行除险加固。

水库控制流域面积 431 km^2，设计防洪标准 100 年一遇，相应水位 129. 55 m，相应库容 1. 96 亿 m^3，相应最大泄量 1 841 m^3/s；校核防洪标准 10 000 年一遇，相应水位 131. 84 m，相应总库容 2. 97 亿 m^3，相应最大泄量 3 600 m^3/s；死水位 108. 4 m，相应死库容 0. 011 亿 m^3；汛限水位 125. 3 m，相应库容 1. 39 亿 m^3；正常蓄水位 127. 0 m，相应库容 1. 711 亿 m^3。1974 年 8 月 14 日水库最高洪水位 128. 16 m，泄洪闸最大下泄流量 559 m^3/s，均为历史最大值。

水库工程由大坝、溢洪道(闸)、放水洞、电站组成,主坝为黏土心墙砂壳坝,长 631 m,顶高程 132.1 m,防浪墙顶高程 133.3 m。

(五)石梁河水库

石梁河水库位于苏、鲁两省交界处新沭河干流上,坝址在江苏省东海县石梁河镇,库区分属东海、赣榆、临沭三县。水库工程于 1958 年动工,1962 年建成,是江苏省最大的山区水库,兼有防洪、灌溉、工业和生活用水及发电等综合效益,保护连云港市、陇海铁路和 80 万人口、150 万亩耕地的防洪安全。1999 年实施除险加固和扩大泄量工程。

石梁河水库流域面积 5 573 km^2,区间面积 926 km^2,设计防洪标准 100 年一遇,校核标准 2 000 年一遇;死水位 18.32 m,相应死库容 0.32 亿 m^3;汛限水位 23.32 m,相应库容 2.08 亿 m^3;汛末蓄水位(兴利水位)24.32 m,相应库容 2.67 亿 m^3;设计洪水位 26.65 m,相应库容 4.3 亿 m^3;校核洪水位 28.00 m,相应面积 90.9 km^2,相应库容 5.31 亿 m^3,最大泄量 10 131 m^3/s。1974 年 8 月 15 日水库最高洪水位 26.82 m,泄洪闸最大下泄流量 3 510 m^3/s,均为历史最大值;水库最低水位 15.06 m,发生于 1965 年,低于死水位 3.26 m。

由于建库后土地淹没补偿问题长期未能得到妥善解决,水库蓄水位只能控制在 22.32 m,未能发挥其效益。1990 年 12 月,江苏、山东两省和水利部协商并签订《石梁河水库库区土地淹没补偿协议书》,采取一次性补偿办法,解决了库区周边 25.82 m 高程以下的 3 950 亩土地的淹没补偿问题;并将水库的运用水位规定为:汛限水位 23.32 m,汛末最高蓄水位 24.32 m,20 年一遇洪水相应坝前水位 24.82 m。

水库枢纽由大坝、泄洪闸、电站、灌溉涵洞及补水泵站等组成。水库大坝为均质土坝,主坝长 5 200 m,坝顶高程为 31.32 m,坝顶宽为 10.0~12.0 m;副坝长 3 600 m,坝顶高程为 31.32 m,坝顶宽为 10.0 m。老泄洪闸建在主坝上,共 30 孔,每孔净宽 4 m,溢流堰顶高程 18.82 m。新闸位于老闸南,共 10 孔,每孔净宽 10 m,闸底板高程 17.32 m。输水涵洞 5 座,合计设计流量 171.5 m^3/s,设计灌溉面积为 90 万亩,实际灌溉面积 80 万亩。电站一座,总装机容量为 1 120 kW。

加固完成后,石梁河水库主汛期控制泄流方式为:

当水库水位为 23.82 m 时,总泄量 5 000 m^3/s,其中,老溢洪闸 2 500 m^3/s,新溢洪闸 2 500 m^3/s。

50 年一遇洪水位(库水位 23.82~26.12 m)时,总泄量 6 000 m^3/s,其中,老溢洪闸 2 500 m^3/s,新溢洪闸 3 500 m^3/s。

100 年一遇洪水位(库水位 26.12~26.82 m)时,总泄量 7 000 m^3/s,其中,老溢洪闸 3 000 m^3/s,新溢洪闸 4 000 m^3/s。

2 000 年一遇洪水位(库水位 27.82 m)时,总泄量 10 131 m^3/s,其中,老溢洪闸 5 000 m^3/s,新溢洪闸 5 131 m^3/s。

(六)日照水库

日照水库位于沂沭泗水系滨海河道傅疃河上游,始建于 1958 年 10 月,于 1959 年 6 月竣工蓄水。控制流域面积 544 km^2,总库容 2.72 亿 m^3。河道干流平均坡度 2.46%。流域内山区占 40%,丘陵区占 20%,河谷平原占 40%。流域多年平均降水量 850.0 mm,暴

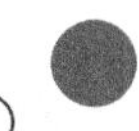

雨洪水主要集中在7、8月。

水库主坝全长1 116 m,顶宽6.0 m,最大坝高28.40,坝顶高程47.40 m,相应库容3.53亿m^3,防浪墙顶高程48.60 m。副坝全长285 m,顶宽6.0 m,最大坝高8.2 m,坝顶高程45.20 m。防浪墙顶高程46.20 m。

溢洪道在副坝左侧,设有7孔,每孔为净宽10 m的弧形钢闸门,闸底(堰顶)高程36.40 m,闸门顶高程42.9 m,校核水位时最大泄量3 625 m^3/s。

南放水洞位于主坝南,为浆砌石小廊道内衬钢筋混凝土有压圆管,直径1.60 m,进口底高程27.00 m,顶高程28.60 m。北放水洞在副坝中部,为钢筋混凝土内衬有压钢管,直径3.00 m,进口底高程27.00。

水电站位于南放水洞出口,放水洞出口受三个发电洞及一个灌溉洞闸门控制。

日照水库坝址以上自1959年至1990年先后建成小(1)型水库4座,总控制面积26.1 km^2,占流域面积的4.8%;小(2)型水库36座,占总控制面积40.33 km^2,占流域面积的7.4%。小(1)、小(2)型水库总控制面积66.43 km^2,占流域面积的12.2%。流域内塘坝的控制面积占流域面积的14.7%。

(七)小塔山水库

小塔山水库位于江苏省赣榆区西北部丘陵区滨海河道青口河上游,积水面积386 km^2,总库容28 240万m^3,干流平均坡降2.82‰。

大坝主坝坝基覆盖层为细沙,深度约2 m,以下为灰黄砾质粗砂,厚5~6 m,再下为风化岩砾质粗砂。主坝溢洪闸、东副坝分洪闸和西副坝基础覆盖层均为风化片麻岩。

小塔山水库流域处于半湿润地区,受大气环流季风影响,季节变化明显,降水量变化较大,多年平均年降水量为866 mm,其中6—9月降水量636 mm,占全年降水总量的71%。自有降水观测记录以来,最大年降水量为1 524 mm(1974年),而最小年降水量仅为497 mm(1988年);最高库水位为34.00 m(1974年),溢洪闸最大泄量为373 m^3/s,最低库水位为21.6 m(1966年),低于水库死水位4.4 m,当时水库已干涸。

小塔山水库于1958年10月开工建设,1959年10月竣工。后经几次配套加固改造,水库工程现有主坝一座,东西长2 303 m,坝顶高程38.50 m,挡浪墙顶39.5 m;西副坝一座,坝长1 000 m,坝顶高程38.0 m,挡浪墙顶39.2 m;东副坝一座,坝长1 060 m,坝顶高程38.0 m,挡浪墙顶39.2 m;设计效益以防洪、灌溉、城镇居民饮用水为主,兼顾渔业生产及生态环境保护。

自2005年水库除险加固工程完成后,水库防洪标准采用300年一遇设计,2 000年一遇校核,设计洪水位为35.82 m,校核洪水位为37.69 m,并将汛限水位由原来的30.30 m提高至32.00 m。

水库泄流设备有主坝溢洪闸、东副坝分洪闸各1座;主坝溢洪闸于2004年9月改建完成,共4孔直升弧形闸门,每孔宽8.0 m,闸底板高程29.50 m,设计过水能力400 m^3/s;东副坝分洪闸共56孔直升平板闸门,每孔宽4.0 m,闸底板高程32.80 m,设计过水能力4 500 m^3/s。

(八)安峰山水库

安峰山水库位于江苏省东海县南部丘陵区厚镇河上游,集水面积159 km^2,流域平均坡降1.25‰。

安峰山水库处于南北气候过渡地区,季风影响很大,降水量时空分布不均,其多年平均降水量为925 mm,6—9月平均降水量为630 mm,占全年降水总量的68%,年最大降水量为1 430.7 mm(1974年),年最小降水量为566.1 mm(1978年)。

安峰山水库于1957年开始兴建,1958年建成,总库容达1.219亿 m^3。主体建筑物有主、副坝各1座,总长6 591 m。溢洪闸1座,设计最大流量335 m^3/s;输水涵洞3座,设计流量合计48.0 m^3/s。

为了跨水库调度水源,开挖了两条引河:一条是阿安引河,沟通阿湖水库与安峰山水库之间的水源调度;另一条是石安河,沟通石梁河水库与安峰山水库之间的水源调度;同时开挖了安房河,可将洪水下泄房山水库。水库与水库之间相连形成长藤结瓜态势,虽然对洪水与灌溉用水的调度形成便利条件,但给洪水预报增加了难度。

水库设计效益以防洪、灌溉为主,结合养殖等综合利用,设计灌溉面积10.3万亩,实际灌溉面积7.0万亩。主、副坝及溢洪闸地质基础均为壤土。

2004年水库进行了除险加固,除险加固后水库100年一遇设计洪水位18.00 m,汛限水位16.0 m;兴利水位17.2 m;死水位12.5 m。历史上最高库水位发生在1960年,为18.22 m;最低库水位发生在1966年,为12.11 m,低于死水位0.39 m。

沭河水系(包括滨海独流入海河道)大型水库主要特征值见表1-4。

表1-4 沭河水系(包括滨海独流入海河道)大型水库主要特征值

水库名称	所在河流	所在地		集水面积/km^2	设计水位/m	校核水位/m	总库容/亿 m^3	汛限水位		历史最高(大)		水库建成时间(年-月)
		省	市(县)					主汛期/m	后汛期/m	水位/m	出库流量/(m^3/s)	
沙沟	沭河	山东	沂水	164	237.32	239.30	1.02	231.50	231.50	234.57	317	1959-11
青峰岭	沭河	山东	莒县	769	163.13	167.20	4.10	160.00	161.00	160.95	601	1960-07
小仕阳	袁公河	山东	莒县	282	155.35	158.78	1.25	152.50	153.50	155.05	409	1959-06
陡山	浔河	山东	莒南	431	129.55	131.84	2.90	124.50	127.00	128.16	559	1959-07
安峰山	厚镇河	江苏	东海	159	18.41	18.95	1.20	15.00	16.00	18.22		1958-06
石梁河	新沭河	江苏	东海	926	27.65	28.00	5.31	23.50	24.50	26.82	3 510	1962-12
小塔山	青口河	江苏	赣榆	386	35.82	37.69	2.82	30.30	32.00	34.00	373	1959-10
日照	傅疃河	山东	日照	544	43.80	45.20	2.72	41.50	42.50	43.83	1 140	1959-06

资料来源:《淮河流域水利手册》《沂沭泗防汛手册》《淮河流域沂沭泗水系实用水文预报方案》。

(九)中型水库

沭河(包括滨海独流入海河道)流域内共有中型水库14座,其中沭河水系9座,滨海独流入海河道5座。沭河水系9座中型水库控制流域面积334.5 km^2,占沭河大官庄以上流域面积的7.4%,合计总库容为2.18亿 m^3。滨海独流入海河道5座中型水库控制流域面积2 311 m^2

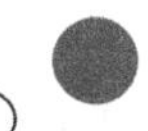

沭河水系中型水库要素统计见表 1-5。

表 1-5 沭河水系中型水库要素统计

编号	水库名称	所在地点	所在河流	控制流域面积/km^2	竣工日期	主坝最大坝高/m	主坝坝顶高程/m	泄洪道最大泄量/(m^3/s)	校核水位/m	校核库容/亿 m^3
合计										3.44
一	沭河水系			334.5						2.18
1	石亩子	五莲	西亩子河	16.3	1960 年 8 月	29.4	252.5	165	251	0.12
2	峤　山	莒县	大石头河	81	1958 年 7 月	25.9	151.9	872	150.7	0.44
3	西石泉湖	莒南	高榆河	44	1958 年 7 月	19.8	131.1	1 154	130.5	0.16
4	东石泉湖	莒南	高榆河	28	1958 年 7 月	20.7	127.6	1 220	126.7	0.45
5	凌头山	临沭	夏庄河	33	1967 年 4 月	18	98.5	683	96	0.12
6	房山	东海	白沙河	38.2	1958 年	8.2	12.5	168	11.1	0.22
7	横沟	东海	埝河	42.2	1958 年	12.5	30.5	156	29	0.25
8	昌梨	东海	石榴树河	29.5	1958 年	15	52	123	50.3	0.22
9	西双湖	东海	跃进河	22.3		11.5	34.5	66	33.1	0.2
二	滨海诸河									1.26
1	马岭前	日照	傅疃河	48			62.5	905	61	0.23
2	巨峰	日照	巨峰河	21		22.2	65.3	815	64.6	0.13
3	相邸	莒南	龙王河	120	1960 年 7 月	27.8	84.2	1 820	82.7	0.51
4	大山	莒南	锈针河	20	1960 年 3 月	2	107.7	835	107.3	0.16
5	八条路	赣榆	谢湖河	32			34.7	250	33.4	0.23

二、堤防工程

沭河自青峰岭水库坝下至新沂市口头入新沂河，流经莒县、莒南、河东、临沭、东海、郯城、新沂等县(市、区)，河道长度为 234.9 km，其中山东境内 187.9 km，江苏境内 47.0 km。堤防全长 337.44 km，其中山东境内 244.57 km(左堤 113.55 km，右堤 131.02 km)，江苏境内 92.88 km(左堤 45.56 km，右堤 47.32 km)。

(一)设计防洪标准

沭河干流汤河口以上至浔河口段已按 20 年一遇防洪标准治理，浔河口—高榆河口、高榆河口—汤河口段设计流量分别为 5 000 m^3/s、5 800 m^3/s,主要控制站相应水位:浔河口 87.98 m、高榆河口 74.77 m。沭河干流汤河口以下已按 50 年一遇防洪标准治理,汤河口—沭河裹头、沭河裹头—大官庄、大官庄—塔山闸、塔山闸—口头段设计流量分别为 8 150 m^3/s、8 500 m^3/s、2 500 m^3/s、3 000 m^3/s,主要控制站相应水位:汤河口 67.21 m、沭河裹头 56.44 m、人民胜利堰闸 55.79(闸上)/52.70(闸下)m、苏鲁省界 32.55 m、陇海铁路桥 30.33(桥上)/30.10(桥下)m、塔山闸 28.09(闸上)/27.75(闸下)m、口头 16.52 m。

沭河各河段现状设计流量及水位见表 1-6。

表 1-6　沭河各河段现状设计流量及水位

位置	中泓桩号	设计流量/(m^3/s)	设计水位/m
浔河口	69+800	5 000	87.98
高榆河口	48+500	5 800	74.77
汤河口	31+700	8 150	67.21
沭河裹头	1+501	8 500	56.44
人民胜利堰闸		2 500	55.79(闸上)/52.70(闸下)
苏鲁省界	0+000	2 500	32.55
陇海铁路桥	4+780	2 500	30.33(桥上)/30.10(桥下)
塔山闸	14+550	2 500/3 000	28.09(闸上)/27.75(闸下)
口头	44+700	3 000	16.52

(二)沭河及老沭河堤防

青峰岭水库—浔河口段,两侧地形袁公河口以上为山区,河行谷中。袁公河口以下,为丘陵、高地。河道长 61.44 km,河底高程 133.7~81.0 m,河道平均坡降 0.86‰。河道基本为天然河道,两岸多为土质陡坡,易冲刷和坍塌。河道两岸有不连续堤防和莒县滨河路,河宽 350~800 m。

浔河口—汤河口段,两侧地形左岸为丘陵、高地,右岸西野埠以上为丘陵、高地,西野埠以下逐步向平原过渡。河道长 38.1 km,河底高程 81.0~55.0 m,平均坡降 0.68‰,河道两岸有连续堤防,堤距 270~1 400 m。在莒南县左岸界脉头(鲁沟河北侧)、砖疃,右岸许口(文泗路北侧)有三处围堤,长 4.84 km,为 4 级堤防。

汤河口—大官庄段,两侧地形左岸逐步向平原过渡,右岸为冲积平原。河道长 31.7 km,河底高程 55.0~47.0 m,平均坡降 0.25‰,两岸堤防连续,堤距 650~1 300 m。河行至大官庄与分沂入沭水道交汇,新沭河泄洪闸以上 372 m 处为沭河、新沭河、老沭河、分沂入沭水道四河共同零点。

老沭河大官庄—苏鲁省界段,两侧地形大官庄至窑上为马陵山峡谷;窑上(中泓 26+900)以下左岸为高地,右岸为冲积平原。河道长 56.66 km,河底高程 45.5~25.1 m,平均

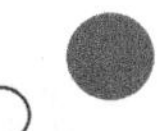

比降 0.5‰~0.35‰，两岸有连续堤防，堤距 280~1 300 m。

苏鲁省界—入新沂河口段，两侧地形为冲积平原。河道长 47.0 km，河底高程 25.1~3.96 m，平均比降 0.45‰，两岸堤防基本连续，塔山闸以上堤距 200~400 m，中和岛以下堤距 500~920 m。塔山闸下河道分两股，经杜湖至曹庄汇合，中河岛居两股河道之间，岛似橄榄形，面积 12.5 km^2，地面高程约 26.4 m，四周筑堤 10.5 km。王庄闸以下河道长 18.0 km，平均比降 0.72‰，有急弯 5 处，河床冲刷破坏严重。为维护河床的稳定，修建有广玉、邵店、口头 3 座壅水坝。

沭河干流建有张宋、杨店子、庄科、陵阳、夏庄、朱家庄、石拉渊、青云、华山、胜利堰、清泉寺、卸甲营、窑上、龙门、塔山、王庄等 16 座拦河闸坝。

沭河汤河口以下段为 2 级堤防，汤河口—浔河口段为 3 级堤防，浔河口以上段为 4 级堤防。堤防设计标准：汤河口以下段堤顶宽 6.0 m，超高 2.0 m，迎水坡比 1:3、背水坡比 1:2.5；汤河口—浔河口段堤顶宽 6.0 m，超高 1.5 m，迎、背水坡比均为 1:3。浔河口以上段有少量不连续堤防，堤顶宽 2.0~4.0 m。

沭河浔河口以上段两岸堤防长 40.12 km（其中左堤 15.16 km、右堤 24.96 km），部分堤顶为土路面，莒县城防段修建 14.58 km 城防路（其中左堤 2.64 km、右堤 11.94 km），堤顶宽 16.0 m，路面宽 12.0 m。浔河口以下除部分支流河口外防汛路基本畅通，左堤防汛道路长 143.95 km，路面宽 4.5~9.0 m，右堤长 154.47 km，路面宽 4.5~19.0 m，两岸堤顶共修建沥青混凝土路面 19.96 km、混凝土路面 9.63 km、泥结碎石路面 137.49 km、土路面 131.33 km。

东调南下续建工程对沭河山东段堤防采用多头小直径深层搅拌桩对部分堤防进行了截渗处理，长 23.96 km，包括左堤桩号 26+570~28+220、28+904~35+633、37+693~39+919、42+835~46+716、51+961~52+732 段；右堤桩号 10+305~12+219、19+236~20+596、22+680~23+415、62+161~63+106 段。

沭河上游堤防加固工程可行性研究报告已批复，青峰岭水库—浔河口拟按防洪标准总体为 20 年一遇治理，其中，沭河右岸洛河口至柳青河口、左岸袁公河口至鹤河口河段拟按 50 年一遇防洪标准治理。青峰岭水库—袁公河口、袁公河口—浔河口段 20 年一遇设计流量分别为 2 000 m^3/s、4 000 m^3/s，50 年一遇设计流量分别为 2 600 m^3/s、5 000 m^3/s，设计水位以浔河口为起始水位为 88.12 m。治理堤线总长度为 112.1 km（两岸现有堤防 40.9 km，高岗地段 36.17 km，无堤段 30.24 km，河口段 4.8 km），拟新建堤防 25.94 km，加固加高现有堤防 19.0 km，修筑防汛道路 9.76 km。沭河干流右岸浔河口—柳青河口段、右岸洛河口—青峰岭水库段、左岸浔河口—鹤河口段、左岸袁公河口—洛招公路段按 20 年一遇洪水标准设防，堤防级别为 4 级。堤顶超高为 1.5 m，堤顶宽度为 6.0 m，堤防边坡比为 1:3。沭河右岸柳青河口—洛河口段、左岸鹤河口—袁公河口段按 50 年一遇洪水标准设防，堤防级别为 2 级，堤顶超高为 1.5 m，堤顶宽度 6.0 m，堤防边坡为 1:3。支流河口段防洪标准与所在河段堤防的防洪标准一致。沭河干流两岸铺设防汛道路 73.98 km，其中，沥青混凝土路面 19.61 km，其余堤段为泥结碎石路面。

（三）新沭河堤防

新沭河自新沭河泄洪闸至苏鲁省界，河道长 20.0 km，堤防全长 36.07 km，其中左堤

20.33 km,右堤 15.74 km。新沭河闸下至陈塘桥 6.4 km 为马陵山切岭河段,河底宽 90.0~120.0 m,两岸陡峭;其下至省界为原沙河旧道拓挖,河宽 300~800 m,河底高程 44.0~18.0 m,河道比降 2‰~0.7‰。陈塘桥以上两岸堤防为马陵山切岭弃土,陈塘桥以下有连续堤防。

新沭河已按 50 年一遇标准治理,设计流量按新沭河闸下泄 6 000 m^3/s,陈塘桥断面(中泓 6+344)为 6 640 m^3/s,大兴镇(中泓 19+967)为 7 590 m^3/s。主要控制点设计水位分别为:陈塘桥 40.35/39.9 m、石门河口(中泓 9+040)36.04 m、夏庄河口(中泓 12+274)33.44 m、日晒河(中泓 17+726)30.18 m、金花河口(中泓 19+472)29.05 m、大兴镇 28.21 m。

新沭河左堤为 3 级堤防,右堤为 2 级堤防。左岸堤防基本连续(支流河口未建顺堤桥梁),长 20.33 km,堤顶宽 6.0 m,堤顶道路长 12.78 km,宽 4.5 m,安全超高 2.0 m,迎水坡比 1:3、背水坡比 1:2.5;右岸堤防不连续,长 15.74 km,堤顶宽 6.0 m,堤顶道路宽 4.5 m,安全超高 2.0 m,迎水坡比 1:3、背水坡比 1:2.5。

(四)汤河堤防

汤河,又称温水河,为沭河一级支流,发源于沂南县大庄镇左泉村,流经沂南、莒南、河东 3 县区,在临沂市河东区汤河镇禹屋村东汇入沭河。河道全长 56.0 km,流域面积 486 km^2,其中山丘区约占 30%,平原区约占 70%。汤河主要支流有梁子沟和茅茨沟。

沂沭泗直管汤河回水段 6.0 km,堤防长 12.0 km,左、右堤各 6.0 km,堤防级别 3 级;汤河回水段堤防距河口 500 m 内设计标准同沭河干堤,顶宽 6.0 m,迎水坡比 1:3、背水坡比 1:2.5;500 m 外堤防设计标准按沭河 20 年一遇水位加 1.0 m 超高,顶宽 4.0 m,迎、背水坡比均为 1:2.5。

三、拦河闸坝工程

(一)大官庄枢纽

大官庄枢纽位于山东省临沂市临沭县石门镇大官庄村北,由新沭河泄洪闸、人民胜利堰节制闸、南北灌溉洞等组成,是沂沭河洪水东调入海的控制工程。枢纽连接沭河、分沂入沭水道、新沭河和老沭河,承接沭河和部分沂河洪水,调蓄后大部分洪水经新沭河就近东调入海,其余洪水由老沭河南下入新沂河。枢纽兼有分(泄)洪、蓄水、排沙、灌溉、交通等综合效益,设计正常蓄水位 54.93 m,相应库容 0.5 亿 m^3,死水位 50.93 m,相应库容 0.036 亿 m^3。

1. 新沭河泄洪闸

新沭河泄洪闸是沂沭河洪水东调经新沭河入海的控制工程,位于新沭河入口处。该闸由山东省水利勘测设计院设计、山东水利安装总队施工,1974 年 3 月开工,1977 年 5 月竣工。2003 年水利部批准进行加固改造,当年 12 月开工,2007 年 11 月竣工,由山东省水利勘测设计院设计,中国水电第十一工程局施工,主要内容为:桥头堡、启闭机房重建,机架桥及排架拆除重建,中墩拆除重建,边墩增补辐射筋,闸门支座进行处理,交通桥及检修桥拆除重建,更换弧形钢闸门及启闭机,更新检修闸门及启闭设备,更新灌溉洞工作闸门及启闭机,电气设备更新改造等。

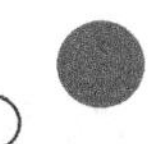

该闸设计洪水标准为50年一遇,设计流量6 000 m^3/s,相应闸上水位55.60 m、闸下水位55.17 m;校核洪水标准100年一遇,校核流量7 000 m^3/s,相应闸上水位56.74 m、闸下水位56.44 m。1974年8月14日最大过闸流量4 250 m^3/s,为历史最大值。

该闸工程等别Ⅰ等,主要建筑物级别1级,抗震设防烈度Ⅸ度。该闸共18孔,全长127.0 m,总宽241.5 m,单孔净宽12.0 m。工作闸门采用12.0 m×9.5 m(宽×高)露顶式弧形钢闸门,闸门下部为不锈钢面板,配XSHQ2×250-10.5固定卷扬启闭机。检修闸门为叠梁式平面滑动钢闸门,2套共18节,单高1.0 m,配移动式2×50 kN启闭机。

该闸自上游向下依次布置护底、铺盖、闸室、消力池、海漫等。上游浆砌石护底长10.0 m、铺盖长25.0 m,高程45.82 m。闸室段长24.0 m,闸体为钢筋混凝土结构,开敞式闸室,底板高程45.82 m,驼峰堰堰顶高程46.43 m。闸室下接消力池,斜坡连接段12.0 m,高程由45.82 m渐变到池底44.13 m,池底段长26.0 m;海漫长30.0 m,高程46.13 m。上下游翼墙均坐落在岩基上,浆砌石结构,以扭曲面与两岸护坡相接。检修桥设在闸上游侧,宽2.0 m,桥面高程58.23 m。交通桥设在闸下游侧,按汽-20标准设计、挂-100标准校核,桥宽8.5 m,桥面高程59.36 m。启闭机房设在闸门上方的机架桥上,采用钢筋混凝土框架结构。桥头堡为钢筋混凝土框架结构。

该闸采用现地和集中两种方式控制。

2014年,沂沭泗水利管理局组织对该闸进行安全鉴定,评定为一类闸。

2.人民胜利堰节制闸

人民胜利堰节制闸位于人民胜利堰(砌石溢流堰)原址,老沭河入口处是控制沂沭河洪水南下入老沭河的关键性工程。该闸由山东省水利勘测设计院设计、山东水利工程总公司施工,1993年11月开工,1995年10月竣工。2014年水利部批准进行除险加固,当年10月开工,2016年7月竣工,由中水淮河规划设计研究有限公司设计,淮河工程有限公司和山东水总机电工程有限公司施工,主要内容为:启闭机房、交通桥桥面板拆除重建,交通桥两侧引道修建,闸室、翼墙、检修门轨道柱等防碳化处理,消能防冲设施和上下游护坡维修,工作门启闭机更换,闸门及预埋件重新防腐,备用发电机更换等。

该闸设计洪水标准50年一遇,设计流量2 500 m^3/s,相应闸上水位55.79 m、闸下水位52.70 m;校核洪水标准100年一遇,校核流量3 000 m^3/s,相应闸上水位56.95 m、闸下水位53.27 m。1995年7月11日最大过闸流量达1 500 m^3/s,为历史最大值。

该闸工程等别Ⅱ等,主要建筑物级别2级,抗震设防烈度Ⅸ度。该闸共8孔,全长181.5 m,总宽93.6 m,单孔净宽10 m。工作闸门采用10 m×9.5 m(宽×高)露顶式弧形钢闸门,启闭机型号为QP2×400 kN。配备叠梁式检修闸门6扇,单高1.5 m,检修启闭机型号为$SGMD_1$2×50 kN-18.0 m。

该闸自上游向下依次布置铺盖、闸室、消力池、防冲槽等。上游铺盖分为三段,第一段长20.0 m、厚0.6 m,浆砌石结构,坡比1:30,高程由45.93 m渐变到46.93 m;第二段长22.0 m、厚0.6 m,浆砌石结构,高程46.93 m;第三段长22.0 m、厚0.5 m,钢筋混凝土结构,高程46.93 m。开敞式闸室长22.0 m,闸体为钢筋混凝土结构,闸底板2孔一联,高程为46.93 m。闸室下接消力池,一级消力池长8.5 m,二级消力池长29.2 m,末端设有消力齿坎。消力池下接57.8 m长的浆砌石护底。上下游翼墙均坐落在岩基上,以扭面与两岸护坡相接。检修桥设在闸上游侧,桥宽 2.0 m,桥面高程 57.53 m。交通桥设在闸下游侧,按公路-Ⅱ级标准设计,桥宽 7.5 m,预应力钢筋混凝土空心板结构,桥面高程 60.185 m。启闭机房位于交通桥下,地面高程为 55.93 m,净高 3.1 m。两座桥头堡在闸室两侧对称布置,其中右桥头堡 3 层、左桥头堡 6 层,均为钢筋混凝土框架结构。

该闸采用现地和集中两种方式控制。

3. 灌溉洞

南灌溉洞 1995 年 10 月建成投入运行,由引水闸、涵洞、洞后泄洪明渠、节制闸和渠首闸等部分组成,为小型水闸。引水闸 2 孔,设计流量 24 m^3/s,孔口尺寸 2.5 m×2.5 m,闸前设计水位 54.93 m,校核水位 56.95 m,闸门采用平板钢闸门,设拦污栅,闸底板高程 47.5 m;引水涵洞为钢筋混凝土箱涵,洞身长 45.0 m,纵向坡度 1/180,结合待建水电站承压设计;节制闸设计流量 24 m^3/s,2 孔,孔口尺寸 2.5 m×2.5 m,平板铸铁闸门;渠首闸设计流量 7.1 m^3/s,1 孔,孔口尺寸 2.5 m×2.5 m,平板铸铁闸门。三闸结构均为胸墙式,均采用 QPQ16-8M 卷扬启闭机,配 3 台 7.5 kW、2 台 3 kW 电动机启闭。灌溉节制闸除控制向南灌区供水外,也可通过老沭河向下游郯城县、新沂市供水。

北灌溉洞 2005 年建成投入运行,2009 年改建,为小型水闸,共 2 孔,孔口尺寸 4.0 m×3.3 m,闸底板高程 47.93 m,设计引水位 51.43 m,设计流量 80 m^3/s,平面钢闸门,配 LZ-2×10T 螺杆式启闭机。

4. 固沙坎

大官庄枢纽广场段开挖后,沭河河底由现状 48.93 m 降落至 46.93 m,河底高差达 2.0 m,为固定床沙,稳定沭河上游河床,确保沭河两岸大堤的安全,修建固沙坎。

固沙坎位于人民胜利堰节制闸上游约 1.9 km 沭河河槽内,相应沭河中泓桩号 1+650,总宽 270.0 m,由山东省水利勘测设计院设计、临沂市水利工程处施工,2009 年 2 月开工,当年 6 月完成。

固沙坎左段 95 m 在原基础浇筑 C25 钢筋混凝土面板,右段 175 m 为压实砂砾料外包 C25 钢筋混凝土面板,坎顶宽 10.0 m,坎顶高程为 48.93 m。上游设压实弃渣堆体,顶高程 48.93 m,下游设消力池及抛石防冲槽,主河槽两侧滩地采用浆砌石护砌。

5. 调尾拦河坝

分沂入沭调尾拦河坝属于大官庄枢纽组成部分,于 1997 年建成投入运行,将分沂入沭水道由原来入老沭河改为在大官庄枢纽上入沭河,调沂河洪水经新沭河就近入海。

拦河坝全长 1.6 km,为均质土坝,坝顶高程 58.13 m,坝顶宽 6.5 m,沥青混凝土防汛道路宽 5.0 m,防浪墙高 0.8 m、厚 0.6 m,拦河坝迎、背水坡比均为 1:3。上游设 20.0 m 宽、下游设 2.0 m 宽抗震压重台,台顶高程均为 52.43 m。

(二)橡胶坝(拦河坝)工程

沭河大官庄以上 2007—2010 年新建、改建拦河坝、橡胶坝共 4 座,总蓄水量为 3 537 万 m^3;沭河大官庄以下有拦河坝 6 座,其中山东境内有清泉寺等 4 座,江苏境内有塔山闸和王庄闸 2 座。沭河拦河闸坝基本情况见表 1-7。

表 1-7 沭河拦河闸坝基本情况

序号	拦河闸坝名称	所在地点	所在河流	建成日期（年-月）	闸坝总长/m	溢流坝				拦河闸及冲砂闸					过闸（坝）流量（m^3/s）			历史最大		过水落差/m
						结构型式	坝顶高程/m	坝高/m	坝顶宽度/m	长度/m	孔数/孔	孔口宽×高/m×m	闸底高程/m	闸门型式	设计泄洪流量	闸上水位/m	闸下水位/m	流量/（m^3/s）	发生日期（年-月-日）	
1	张宋拦河坝	莒县洛河乡	沭河	1966-03	411	混凝土	126.3	2	3		22	2×1.6	123.16	平面钢闸门	2 520	128.5				
2	杨店子拦河坝	莒县城阳镇	沭河	1965-05	480	混凝土	114.2	1.5	0.7		27	2×1.5	112.9	翻板	4 500	112.9				
3	庄科拦河坝	莒县陵阳镇	沭河	1970-06	352	混凝土	107.6	1.3	1		28	1.5×1.3	106.5	翻板	3 260	110.45				
4	后石拉渊拦河坝	河东刘店子乡	沭河	1962-05	250	混凝土		3	1.9		108	2×1.5	72.3	翻板	4 880					
5	龙窝拦河坝	莒南板泉镇	沭河	1965-11	570		66.3	1.8	2		69	4孔 2×2.9 65孔 6×2	64.5	翻板	5 000	69.28				
6	清泉寺拦河闸	郯城泉源乡	老沭河	1993-03	355			4.5	4	225.25	25（18+7）	8×4.5 8×3.0	43.5 45.0	平面钢闸门	3 000					1.04
7	窑上拦河坝	郯城城关窑上	老沭河	1962-05	351	浆砌石	40.7	2.5	4		126		39.8	平面混凝土闸门	3 000					0.75
8	塔山节制闸	新沂	老沭河	1996-04 改建							25 发电 4	7.6×6.5	22	平板门	3 000	28.26	27.95	3 385	1974-08-14	0.31

续表 1-7

序号	拦河闸坝名称	所在地点	所在河流	建成日期（年-月）	闸坝总长/m	溢流坝				拦河闸及冲砂闸					过闸(坝)流量(m^3/s)			历史最大		过水落差/m
						结构型式	坝顶高程/m	坝高/m	坝顶宽度/m	长度/m	孔数/孔	孔口宽×高/m×m	闸底高程/m	闸门型式	设计泄洪流量	闸上水位/m	闸下水位/m	流量/(m^3/s)	发生日期（年-月-日）	
9	王庄闸	新沂	老沭河	2001-07 加固							橡胶坝		18. 5		3 000	22. 52	22. 32	3 496	1974-08-15	0. 2
10	王庄地涵	新沂王庄镇	总沭河	1966-05							2	2. 8×3		直升钢闸门						
11	太平庄闸	东海浦南乡	新沭河	1977-07							22	5×5. 2	−1. 5	平板门	7 000	7. 4	7. 31			
12	三洋港闸		新沭河		495	混凝土					33	15×6. 4	−3. 5		6 400		3. 7			
13	文家埠泄洪闸	临沭县曹庄镇	总干排	2001-01							3	10×6. 2	46. 6	平面钢闸门	235	51. 9	51. 81			
14	临洪河闸	连云港新浦	蔷薇河	1959-02							26	5×6. 2	−3	钢丝网水泥面板	2 320	1. 5	6. 75	565	1974-08-16	

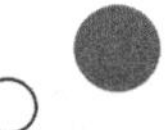

四、洪水应急处理区

根据《沂沭泗河洪水调度方案》，当大官庄洪峰流量（沭河及分沂入沭来水组合）达到 9 500 m^3/s 并继续上涨时，即需要启用大官庄以上应急处理区处置超额洪水。

当沭河干流发生 100 年一遇超标准洪水，沂河发生相应洪水时，大官庄以上应急处理区最大进洪流量 1 800 m^3/s，总进洪量 1.06 亿 m^3。采用爆破方式破口，分洪口门宽度为 400 m，破口平均高程为 54.8 m，淹没范围面积约 38.4 km^2，平均水深约 2.7 m。淹没区涉及临沂市临沭县，受影响人口约 2 万人。

如遇 100 年一遇以上量级洪水，新沭河闸泄洪流量仍为 6 500 m^3/s，人民胜利堰闸泄洪流量为 3 000 m^3/s，超额洪水仍在大官庄以上破口应急处置。

人员转移安置。沭河超额洪水应急处理区涉及临沂市临沭县郑山街道、店头镇、石门镇，受影响人口 2 万人。按照批准的预案，洪灾发生地各级人民政府要提前组织做好人员与财产转移安置工作，提供紧急避难场所，妥善安置受灾群众，做好医疗救护、卫生防疫、治安管理，保证基本生活需求。

五、调水工程（日照市沭水东调工程）

日照市沭水东调工程为境内沭河流域和付疃河流域两大水系水资源优化配置工程，为“山东省沂沭河洪水资源利用工程”的先期实施项目，其基本任务是将日照市境内沭河流域青峰岭水库、小仕阳水库、峤山水库富余水量和沭河河道雨洪资源自莒县庄科拦河坝坝上 2.3 km 沭河左岸取水经暗渠及隧洞调水至日照水库上游，通过日照水库调蓄为日照市区生活及工业供水，以缓解并逐步解决日照市区水资源短缺问题，实现供水区社会、经济和环境的可持续发展。日照市沭水东调工程于 2014 年 1 月 26 日开工，2017 年 1 月 8 日主体工程完工，2017 年 2 月通过验收投入使用，日调水能力 30 万 m^3。

在考虑青峰岭水库、小仕阳水库、峤山水库、沭水东调工程沭河取水口下游生态用水，满足各调水水库灌区有效农田灌溉及本工程沭河取水口下游用户的基础上，向日照水库调水，经过日照水库调蓄后向日照市市区生活及工业供水。工程从沭河多年平均取水量 5 614 万 m^3，取水线路为：各水库放水至下游河道，在庄科拦河坝上 2.3 km 沭河左侧建引水闸（其中庄科坝上沭河主河槽至引水闸左滩地明渠 0.3 km）通过该闸引水，引水闸接新建的 3.08 km 长的暗渠到达隧洞入口；通过新开挖 19.04 km 长隧洞到达日照水库上游的三庄河；利用三庄河 14.3 km 输水入日照水库。

日照市沭水东调工程路线见图 1-4。

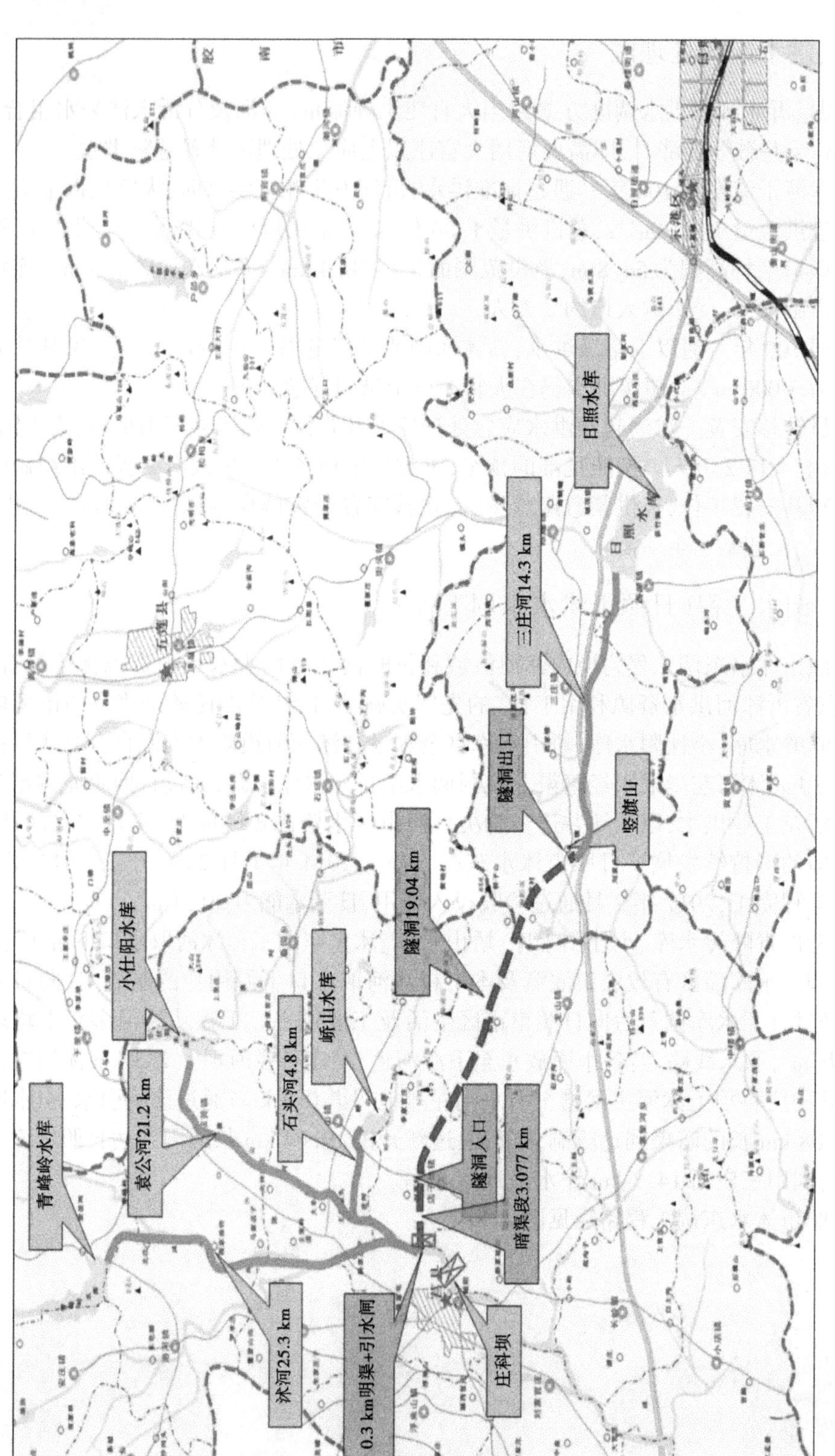

图 1-4　日照市沭水东调工程路线

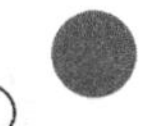

第二章　重沟水文站概况

第一节　沭河水文站网简况

一、基本站网

沭河最早的水位站为沭河干流新安站,该站设立于1918年,1918—1949年断续观测。民国时期流域内还有少量的雨量和水位观测站点,受战乱等影响,水文测站稀少,站址变化大,测验不连续,未能形成较全面的水文站网布局。新中国成立后,大力兴修水利工程和进行经济建设,迫切需要水文资料,水文测站得到迅速发展,通过几次站网规划调整,逐步建成了能掌握水位、流量、含沙量、降水量、蒸发量等水文要素时空变化的各类水文基本站网。20世纪50年代中期开展径流、泥沙和蒸发试验研究,60年代起又陆续开展地下水和水资源试验;70年代初针对苏北平原水网区的特点,逐步开展水文巡测。目前在平原水网区已基本形成点(水文基本站点)、线(水文巡测线)、面(区域代表片)结合的水文站网布局。至20世纪90年代,已基本形成空中水、地表水、地下水观测结合,水量、水质结合和点、线、面结合的水文站网总体布局。

根据2020年统计,沭河(不包括滨海独流入海河道)有各类雨水情监测站点17处,其中水文站11处,水位站8处;雨量站75处,蒸发站4处。雨量站网密度为188 km^2/站,流量站网密度为915 km^2/站。站网分布较为合理,站网密度能控制区域水文特性变化规律,观测项目齐全,基本满足防汛测报、监视洪水、河道变化、资料收集分析和国民经济建设需要。

沭河水系水文站统计见表2-1。

表2-1　沭河水系水文站统计

序号	河名	水文站名	站类	备注
1	沭河	沙沟	水文站	
2	沭河	青峰岭	水文站	
3	袁公河	小仕阳	水文站	
4	沭河	莒县	水文站	蒸发测验

续表 2-1

序号	河名	水文站名	站类	备注
5	浔河	陡山	水文站	
6	沭河	石拉渊	水文站	
7	沭河	重沟	水文站	蒸发测验
8	沭河	大官庄	水文站	蒸发测验
9	老沭河	新安	水文站	蒸发测验
10	新沭河	大兴镇	水文站	
11	新沭河	石梁河	水文站	

二、沭河主要水文站简介

沭河干流河道控制水文站主要有大官庄水文站、新安水文站和石梁河水库水文站等。

(一)大官庄水文站

大官庄水文站最早建于20世纪50年代。测站的沿革与沭河河道的治理密不可分。1951年6月在沭河彭古庄设立二等水文站,1953年底撤销。1952—1953年在新沭河设汛期站,1954年改为三等水文站,基本断面和大闸轴线重合,1973年下迁77m,1978年又下迁150 m。1973—1976年河床下挖3.0 m,1991年又将闸下水尺下移37 m。1952年7月在老沭河断面设汛期站,1955年6月改为常年站,1972年1月撤销,改为用水力学公式推流。

经过多年的治理,河道现状为沭河与分沂入沭水道在大官庄处汇合,向下游再分为两股河道,一股为沭河原来的河道(现称老沭河)南下入江苏新沂等县。1951—1952年在老沭河上建设了人民胜利堰,1995年改建为人民胜利堰闸(8孔)。另一股经新开挖的新沭河向东入江苏省石梁河水库,1974—1975年在新沭河上建设了18孔12 m×9.5 m的弧形钢闸门称新沭河泄洪闸。

对应地,大官庄水文站目前有两个流量测验断面,分别控制老沭河人民胜利堰闸和新沭河泄洪闸。

(二)新安水文站

新安站水文位于江苏省新沂市新安镇沭河(老沭河)干流右岸,距离重沟水文站18.4 km。东经118°21′,北纬34°22′,为国家重点大河控制站。

新安站始建于民国三年(1914年),测验降水、水位、流量等水文信息。民国七年(1918年)6月由江淮水利测量局正式设立水文站;民国十四年(1925年)1月停测,民国二十年(1931年)7月恢复监测;民国二十七年(1938年)1月停测,民国三十六年(1947年)9月恢复;民国三十七年(1948年)10月停测。

新中国成立后,于1950年6月恢复监测。2015年6月,测验断面向上游迁移60 m。目前该站测验项目主要有降水、蒸发、水位、流量、泥沙、水质、地下水、墒情等。

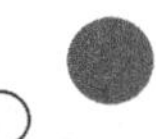

老沭河新安站以上区间流域为大官庄(人民胜利堰闸)至新安之间的狭长地带。干流全长 62 km,比降 0.5‰~0.35‰,河面宽 158~518 m,集水面积 671 km^2,包括分沂入沭水道以北的黄白排水沟集水面积 186 km^2,在黄庄附近地下涵洞穿过分沂入沭水道汇入人民胜利堰闸下老沭河,同时也可视分沂入沭及沭河水情,通过闸门控制调度黄白排水沟来水进入分沂入沭水道。在窑上坝下游 3.2 km 右岸有新白马河汇入。

沭河是山洪性河道,冬春两季少水,春夏两季山洪暴发时,峰高流急。新安站多年平均径流量 5.7 亿 m^3,最大年径流量为 16.0 亿 m^3(1957 年),最小年径流量为 0.9 亿 m^3(1989 年)。

(三)石梁河水库水文站

石梁河水库水文站位于江苏省东海县石梁河镇石梁河水库,自然地理坐标东经 118°51′46″,北纬 34°46′8″。1960 年 6 月 1 日,由江苏省水文总站设立为水文站。

水库坝址以上集水面积由于工情变化也有所不同。根据徐州水文分局 1973 年编制的《洪水预报方案资料》,石梁河水库集水面积变化见表 2-2。

表 2-2 石梁河水库集水面积变化

年度	集水面积/km^2			
	库西区	库北区	库面	全库区
1965—1967	571	257	67	895
1968—1969	541	257	67	865
1970—1972	538	257	67	862
1973 年以后	652	257	67	976

测验河段(溢洪道):基本顺直长度约 900 m,下游约 200 m 处有弯道。测验河段上下游为人工河段,河床和岸壁稳定,河底平整。

测验断面:断面形状为梯形,总宽 280 m。断面左岸为块石护坡,右岸为沙壤土。河床稳定,无冲淤变化。该断面位于闸下 1 000 m,在新、老溢洪闸汇口下游约 200 m 处,当老溢洪闸单独开闸泄洪时,断面水流流向稳定;当新溢洪闸单独泄洪或新老溢洪闸同时开闸泄洪时,断面水流流向不正。

第二节 重沟水文站建设过程

一、建设缘由

沭河大官庄以上流域面积 4 519 km^2,地形多为丘陵、山区,河道纵坡大(1/200~1/900)。沭河为雨源性山洪河道,夏季洪水来得快、来势猛,峰高流急,陡涨陡落,冬、春两季水少,经常断流。大官庄水利枢纽是防洪、水资源利用、水生态治理等综合性水利工程,大官庄以下拦河闸坝、水库、取水口众多。河流特性、洪水特性以及多元化的调度目标，给大官庄水利枢纽及其他水利工程调度带来了极大挑战。迫切需要沭河大官庄以上来水的实测水文资料。

20多年来，对于在沭河重沟附近建设水文站进行了多次的论证和研究，得到了各级水利部门共识。为此，淮河水利委员会在征求山东省、江苏省等水利主管部门意见的基础上，向水利部水文局进行了专题汇报并得到认可。重沟水文站的建设正式进入基建程序。

二、可研和初步设计等前期工作

为改变淮河流域水文基础设施落后状况，改善部分国家重要水文站、巡测基地、水环境监测中心的工作环境和基础条件，提高水文基础设施的测报功能，加快水文基础设施与水文信息系统建设和更新步伐，2004年4月，淮委水文局以淮委水文函〔2004〕85号向水利部水文局上报了《关于新建重沟水文站的函》，2004年7月，水利部水文局以水文站函〔2004〕30号批复同意淮委在沭河大官庄以北附近的重沟镇新建重沟水文站，并纳入国家基本水文站网管理。随后淮河水利委员会向水利部报送了《"十五"期间淮河流域水文水资源工程(二期)项目建议书》，水利部于2005年7月以《关于"十五"期间淮河流域水文水资源工程(二期)项目建议书的批复》(水规计〔2005〕268号)文批复了该项目建议书，重沟水文站的建设是本项目建议书的单项建设工程之一。

按照项目的初步设计和国家有关基本建设项目的规定，考虑到重沟水文站建设包含的水文设施改造工程项目零散、专业性较强，重沟水文站地处沭河下游，在沂沭泗水利管理局管辖范围内，为保证水文设施改造工程的建设质量、充分发挥工程投资效益，根据国家有关规定，水利部淮河水利委员会水文局与沂沭泗水利管理局经过协商，由沂沭泗水利管理局水情通信中心负责淮委重沟水文站的建设管理。

水利部淮河水利委员会组织专家分别于2005年8月和2005年11月对该项目初步设计进行了两次审查，并作了批复意见，批复文件为《关于"十五"期间淮河流域水文水资源工程(二期)淮委直属工程初步设计的批复》(淮委规计〔2005〕507号)。

批复内容为："目前，大官庄水利枢纽在沭河上无入流控制站，不能准确地掌握沭河来水量，致使该枢纽的调度运用缺乏水情依据；淮委水文局现有巡测车难以满足淮河流域应急监测的需要。为满足大官庄水利枢纽调度运用的需要，提高淮委汛期水文应急监测能力，尽快安排新建重沟水文站、淮委水文局水文巡测设备购置是十分必要的。"同时淮委对重沟水文站建设方案、建设内容、运行管理和概算均作了批复。

2005年7月，水利部批复了淮河水利委员会报送的《"十五"期间淮河流域水文水资源工程(二期)项目建议书》，重沟水文站的建设是本项目建议书的单项建设工程之一。

水利部淮河水利委员会组织专家分别于2005年8月和2005年11月对新建重沟水文站项目初步设计进行了两次审查，并作了批复意见，批复文件为(淮委规计〔2005〕507号)《关于"十五"期间淮河流域水文水资源工程(二期)淮委直属工程初步设计的批复》，核定重沟水文站建设改造经费345万元。

2006年8月，水利部淮委以《关于下达2006年治淮水利基建投资计划的通知》(淮委规计〔2006〕399号)下达了重沟水文站建设投资130万元。2006年度下达的130万元已全部用于重沟水文站生产用房购置，购置站房面积357 m^2，2006年年底已完成。

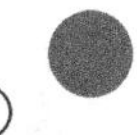

2007 年淮委又安排了 215 万元经费用于测验设施的建设和设备的购置，计划 2007 年下半年全面实施，年底前建设完成。

三、建设内容

根据《水文基础设施建设及技术装备标准》(SL 276—2002)，重沟水文站主要建设内容如下：

(1)新建水文站测量工作，测验河段基础设施 1 处，雨量蒸发观测场 1 处，新建自记水位井 1 座，加固简易自记水位井 1 座，前场工作房 60 m^2 及其室外工程，水尺 18 支，水位观测道路 290 m，占地 1 亩，购置水文站房 410 m^2。

(2)普通雨量筒 1 台，雨量自记计 1 台，雨量固态存储器 1 台，蒸发皿 1 套，雨量自动观测仪 1 台，蒸发自动观测仪 1 台，浮子式自记水位计 1 台，水位固态存储器 1 台，桥测车 1 辆，测船 1 艘，柴油发电机 1 台，铅鱼 2 个，流速仪 4 架，电波流速仪 1 台，GPS(1+1)定位系统 1 套，ADCP 1 套，探照灯 1 套，岸标照明设备 1 套，风力风向仪 1 套，水准仪 1 架，经纬仪 1 架，遥测传输系统 3 套，固定电话 3 部，对讲机 2 对，泥沙分析处理设备 1 套，水文巡测车 1 辆等。

2007 年 10 月，由于临沭县拟在该站上游 500 m 处建设华山橡胶坝，对重沟水文站测流方案有显著影响，经专家审查，增加测流缆道一座，建设经费 50 万元，由临沭县政府出资。

在初步设计中根据《水文基础设施建设及技术装备标准》(SL 276—2002)确定了重沟水文站的设施设备建设内容，在此基础上作了调整，调整内容如下。

(一)设施建设

(1)基本水尺断面水位台。建设位置变化，断面情况也发生变化，使水位台的连通管、工作栈桥等发生了变化。

(2)上游比降水位台。原来较偏僻的地方规划为绿化带，对水位台的外形和周围环境要求提高。

(3)缆道。因工情的变化，重新选择了常规测流方案，增加了测流缆道。

(4)电力。缆道的建设提高了对电力的要求，增加电力线路的架设、增加配电设施。

(5)房屋。增加了缆道室、配电、仓库等用房建筑面积。

(6)征用土地。设施增加、房屋加高，增加了观测场至房屋之间的距离，使用土地面积增加 1.5 亩。

(二)仪器设备

主要增加了缆道和电力上的设备：操作台、绞车、卷扬机、铅鱼 200 kg、平衡箱、行车、变压器、配电柜各 1 台。

四、建设过程

2007 年 12 月 5 日，淮委水文局与沂沭泗水利管理局水情通信中心签订了《淮河流域水文水资源工程"十五"二期重沟水文站水文设施改造设计、建设管理及投资包干协议》，由沂沭泗水利管理局水情通信中心负责淮委重沟水文站的建设管理。

2007 年 12 月 28 日，沂沭泗水利管理局水情通信中心组织人员进行重沟水文站的建设管理工作。

2008 年 1 月，沂沭泗水情通信中心就重沟水文站的测验设施设备进行了市场调研，在调研的基础上决定将测验设施设备分成 3 种询价函，即 ADCP、GPS 和常规测流设施，分别进行询价。

2008 年 2 月，通过与淮委水文局沟通，需做缆道的铁塔设计。由于铁塔设计需电力部门设计院帮助设计，而受 2007 年底的大雪影响，电力部门抽调不出人员来帮助解决铁塔设计的问题。经与徐州电业局电力设计院多次磋商，终于协调一位工程师帮助完成重沟水文站的缆道铁塔设计。于 2008 年 2 月 25 日签订了委托书。

2008 年 2 月，就重沟水文站建设项目中的桥测车和巡测车也进行了市场调研，于 2 月 25 日起草完成重沟水文站购置车辆政府采购计划的上报文，10 月底完成车辆的中央政府采购网协议供货。

2008 年 2 月 27 日，水情通信中心就重沟水文站测验设施中的 ADCP、GPS 和常规测流设施分别发出了询价函，询价函截至 3 月 15 日。

2008 年 3 月 4 日，沂沭泗水情通信中心、徐州水文局、徐州电力设计院一起到重沟水文站站址处进行了现场察看，并收集到站址处的地质报告，供铁塔设计使用。

2008 年 3 月 14—16 日，经过现场查勘和反复比较认证，确定原三跨缆道设计方案变更为二跨的缆道设计方案。

2008 年 4 月 12 日，对重沟水文站设施设备询价项目的响应文件进行评审，确定了 ADCP、GPS、常规测流设施、测船供货商。同时对重沟水文站水文测验缆道变更设计进行了审查，确定原三跨缆道设计方案变更为二跨的缆道设计方案。

2008 年 4 月 24 日与南京衡水科技有限公司签订了 ADCP 采购合同，4 月 24 日与江苏省测绘新技术开发应用中心签订了 GPS 采购合同，5 月 19 日与潍坊河海水文科技有限公司签订了常规测流设施采购合同，5 月 30 日与常州海佳玻璃钢船艇有限公司签订了测船采购合同。

2008 年 11 月 3 日，沭河水利管理局代办并完成重沟水文站的土地征用手续，确定了重沟水文站建站的土地使用范围。

2008 年 11 月 10 日，由徐州市民用建筑设计研究院完成站房施工设计的草图。

2008 年 11 月 24 日，国网北京经济技术研究院徐州勘测设计中心完成重沟水文站缆道铁塔的设计。

2008 年 12 月 10 日，完成重沟水文站实施方案，向淮委水文局汇报实施。

2009 年 1 月 18 日，淮委水文局在徐州主持召开了《重沟水文站工程施工图设计》专家审查会，1 月 20 日，沂沭泗水利管理局水情通信中心以“水情通信中心水情〔2009〕1 号”文向淮委水文局报送了《关于重沟水文站工程施工图设计审查情况的汇报》。

2009 年 4 月 16 日，沂沭泗水利管理局水情通信中心组织专家在徐州，对“淮委重沟水文站土建工程”和“淮委重沟水文站缆道设施建设”项目的竞争性谈判竞标文件进行评审，确定了淮委沂沭泗水利工程有限公司(徐州)为“淮委重沟水文站土建工程”项目的承建商，江苏省水文水资源勘测局徐州分局为“淮委重沟水文站缆道设施建设”项目的承

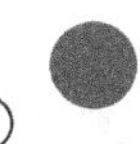

建商。

2009年4月24日，经沂沭河水利管理局的协调商谈，确定由临沂市水利水电工程建设监理中心对重沟水文站工程建设进行监理。

2009年5—8月，经沂沭河水利管理局、沭河河道管理局、河东河道管理局与临沂临沭县白旄镇刘河崖村、临沂市经济开发区重沟办事处石桥头村的数次协调，基本完成了重沟水文站河西、河东两处进场道路及地面附属物的清理工作。6月30日与临沭县白旄镇刘河崖村签订了补偿协议。

2009年8月15日，河东水文站房建设工作正式开工，8月20日，在沭河河道管理局召开了一次建设项目协调会，会上各单位汇报了各自的完成情况及下一步的准备工作，基本完成进场道路的铺垫、铁塔基础的开挖、房屋基础的开挖、铁塔基础的灌浆、房屋的灌浆、水文测井的围堰。

2009年9月18日与临沂市经济开发区重沟办事处石桥头村签订了补偿协议，河西的土地、道路赔偿已经到位，开挖好铁塔的基础，但由于堤防道路的施工，施工方的机械及混凝土等进不了现场，需要再次协调。

2009年9月，经过多方的协调、各方面的努力，工程在稳步推进。9月底全部完成了三个铁塔基础的浇筑，凝固后实施铁塔的安装，通知铁塔厂家在10月20日进场安装。完成房屋地基基础的浇筑，等待凝固期过后开始浇筑1楼的圈梁。

2009年10月，完成了房屋基础和1楼圈梁的浇筑，期间有一些设计上的变更，院内的地面要求全部垫高80 cm，变更以前的临时围墙为永久性的围墙，房屋2楼会议室的梁体由下翻梁更改为上翻梁，保持2楼的楼层高为3.2 m。10月20日，铁塔厂家如期来实施铁塔的安装，完成了3座铁塔的全部安装。完成了水文测井和连接廊的梁柱钢筋的捆扎。

2010年2月10日，主体框架工程基本按照设计图纸完工，由于受严寒天气影响，工地暂时停工。

2010年3月复工后到6月底，完成了院墙、站房墙体、测井墙体、房屋地坪、水电线路等工程。

2010年6—11月，施工方基本无人进驻现场。12月完成道路、内装修、观测踏步等工程，到12月底前工程基本完工。

五、主要工程项目招标投标过程

2009年前项目的实施参照以前项目的惯例，进行的是询价方式。设施设备询价项目由四部分组成：ADCP、GPS、常规测流设施、测船。根据询价函的要求，水利部南京水利水文自动化研究所、河南黄河水文科技有限公司、南京衡水科技有限公司等3家公司参与ADCP询价；南京中测测绘仪器技术有限公司、南京衡水科技有限公司、北京中翰仪器有限公司南京分公司、江苏省测绘新技术开发应用中心等4家公司参与GPS询价；潍坊河海水文科技有限公司、重庆华正水文仪器有限公司、南京水利水文自动化研究所防汛设备厂等3家公司参与常规测流设施询价；常州市华东玻璃钢船艇有限公司、常州市海佳玻璃钢船艇有限公司、常州市武进苏南钢船艇有限公司等3家公司参与测船询价。2008年4

月12日对重沟水文站设施设备询价项目的响应文件进行评审,2008年4月16日,沂沭泗水利管理局水情通信中心以“水情通信中心水情〔2008〕4号”文向淮委水文局报送了《关于淮委重沟水文站设施设备询价评审情况的汇报》,确定了设施设备的各个供货商。

2009年3月2日,沂沭泗水利管理局水情通信中心以“水情通信中心水情〔2009〕4号”文向淮委水文局报送《关于淮委重沟水文站建设政府采购方式的请示》,2009年淮委水文局以“水文〔2009〕18号”文向淮委政府采购办公室报送了《关于报送重沟水文站建设政府采购实施计划的请示》,淮委政府采购办公室以“淮委政采〔2009〕1号”文进行了批复,同意重沟水文站站房、缆道房、铁塔基础及自记井采用竞争性谈判的方式,缆道实施采用竞争性谈判的方式,缆道铁塔采用询价的方式。

2009年3月30日,沂沭泗水利管理局水情通信中心分别向枣庄市安澜水利工程处、山东沂沭河水利工程公司、淮委沂沭泗水利工程有限公司(徐州)等3家公司发出了《重沟水文站土建工程竞争性谈判邀请函》;向江苏省水文水资源勘测局徐州分局、江苏省水文水资源勘测局连云港分局和江苏省水文水资源勘测局盐城分局等3家单位发出了《重沟水文站缆道设施设备竞争性谈判邀请函》。2009年4月16日,对“淮委重沟水文站土建工程”和“淮委重沟水文站缆道设施建设”项目竞争性谈判响应文件进行了审查。

第三节 重沟水文站测验项目及测验方法

重沟水文站目前主要的测验项目为降水量、蒸发量、水位、流量和测量等。可实现全要素、全量程的全自动观测。

一、降水、蒸发观测场

降水、蒸发观测场与重沟水文站同步建设,现有降水、蒸发观测场为16 m×16 m的标准观测场,符合相关规范要求,观测场北部为水文站站房,东部为仪器室等房屋,南部为围墙,西部为铁栅栏。

二、降水

降水量观测的主要方法为雨量筒、翻斗式雨量计和融雪型雨量计等设施。其中翻斗式雨量计配备有数据传输的连接装置,可以实现降水量的在线监测,并配置有融雪型雨量计。

三、蒸发

建设有两套蒸发观测装置。一套为人工观测的E-601B型蒸发器;另一套为在线观测的E-601B型蒸发器,可实现蒸发量在线自动观测。

四、水位

水文观测设施主要有水尺、浮子式水位计和雷达水位计等。在上断面、基本水尺断面和下断面各布设水尺1组。在上断面和基本水尺断面分别安装有浮子式水位计,在下断

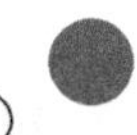

面安装有雷达水位计。上断面、基本水尺断面和下断面均可实现水位的在线监测。

五、流量

流量测验设施主要由跨河缆道等组成,测量方法主要为流速仪法、走航式 ADCP、座底式 ADCP(二线能坡法)、雷达波法等。

流速仪法主要应用于本站基本断面的流量测验,借助缆道实现断面流量的精测、简测等,是重沟水文站流量测验的基本方法。按照测站的测洪任务书,当发生超标准洪水(50年一遇)时,可在上游 940 m 的临沭至临沂公路桥采用流速仪法测验洪水。

走航式 ADCP 主要用于本站基本断面的流量测验,沭河属于山洪性河道,洪水源短流急,特别是洪水起涨段涨率很大,流速仪法测验时间较长,可采用走航式 ADCP 法,借助本站缆道牵引 ADCP 测船,实现流量的快速测验。

座底式 ADCP(二线能坡法)安装在基本水尺断面上游 20 m 处,两个传感器分别安装在河底。可实现每 5 min 测验 1 次流量,通过近年来与流速仪法等测验资料比较,可知二线能坡法流量测验的成果精度尚可。

雷达波法设施安装在本站上游临沭至临沂公路桥上,该处距离下游重沟水文站基本水尺断面 940 m。安装有雷达波流速传感器 5 套,可实现每 5 min 测验 1 次流量,该设施安装的时间较短,未经历较大洪水检验。

六、测量

本站的测量任务主要为测验河段地形测量和水准观测等。

按照规范要求,每 5 年进行 1 次测验河段及其测站的地形测量。

水准观测主要是自国家二等水准点引测,校核本站 3 个水准点的高程。再由本站水准点校测水尺零点高程。

第三章　重沟水文站信息化建设

第一节　沂沭泗水利管理局计算机网络现状

沂沭泗水利管理局信息化建设开始于1992年,以东调南下续建工程为标志。经过多年的建设,沂沭泗水利管理局水利信息化工作取得了长足的进步,实现了与三个直属局的防汛异地会商,近几年来,实现了部分堤防重点部位、重要水利枢纽、河道采砂重点区域等的实时在线视频监控,基本建成了覆盖局本部、直属局和基层局三级架构的基础设施网络平台;以局本部为中心,在局本部、三个直属局各建立了数据库管理系统,集中和整合了全局水情、工情、办公、财务、人事、监视监控等各类水利数据,建成了实时雨水情数据库、防洪工程数据库、空间数据库、电子政务数据库和国家防汛指挥系统专用数据库等基础数据库,初步形成了网络的支撑平台;在网络平台、支撑平台搭建完成后,逐步建设完善形成了以门户网站、电子政务系统、防汛决策支持系统和水情信息服务系统为主要应用系统的水利信息系统。

当前,沂沭泗水利管理局信息化系统主要由基础设施、支撑平台、应用系统、管理制度和保障环境等组成。

一、基础设施

(一)通信网络基础设施

沂沭泗水利管理局通信网覆盖沂沭泗直管工程,以沂沭泗数字微波为主、辅以租用公网长途数字电路构成现有各单位互联的水利专网,单位间以点对点方式互联,具备语音、数据、图像传输等综合服务能力。

截至目前,沂沭泗水利管理局通信网络已初步形成以南四湖水利管理局、沂沭河水利管理局、骆马湖水利管理局三个直属局为分中心,19个基层局分别接入各直属局的通信网络结构,实现了沂沭泗水利管理局、直属水利管理局、基层水利管理局之间的日常通信联络。

沂沭泗水利管理局至直属水利管理局租用3条50~100 M数字电路作为信息传输主干通道,基层局的通信网络接入主要由200 M微波1跳、34 M微波4跳、2 M~100 M等15条数字电路构成。

沂沭泗水利管理局通信网络现状统计见表3-1。

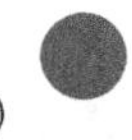

表 3-1　沂沭泗水利管理局通信网络现状统计

序号	起点	终点	电路类型	通道容量
1	沂沭泗水利管理局	南四湖水利管理局	光纤	100 M
2	沂沭泗水利管理局	沂沭河水利管理局	光纤	50 M
3	沂沭泗水利管理局	骆马湖水利管理局	光纤	50 M
4	南四湖水利管理局	蔺家坝水利管理局	光纤	40 M
5	南四湖水利管理局	下级湖水利管理局	光纤	100 M
6	二级坝水利管理局	韩庄枢纽水利管理局	光纤	20 M
7	下级湖水利管理局	二级坝水利管理局	微波	200 M
8	二级坝水利管理局	上级湖水利管理局	微波	34 M
9	韩庄枢纽水利管理局	韩庄运河水利管理局	微波	34 M
10	韩庄运河水利管理局	薛城水利管理局	光纤	10 M
11	骆马湖水利管理局	嶂山水利管理局	光纤	50 M
12	骆马湖水利管理局	宿迁水利管理局	光纤	20 M
13	骆马湖水利管理局	沭阳水利管理局	光纤	20 M
14	骆马湖水利管理局	灌南水利管理局	光纤	2 M
15	骆马湖水利管理局	新沂水利管理局	光纤	50 M
16	新沂水利管理局	邳州水利管理局	光纤	30 M
17	沂沭河水利管理局	郯城水利管理局	光纤	8 M
18	沂沭河水利管理局	沂河水利管理局	光纤	2 M
19	沂沭河水利管理局	沭河水利管理局	光纤	2 M
20	沂沭河水利管理局	河东水利管理局	光纤	2 M
21	沂沭河水利管理局	刘家道口水利管理局	光纤	16 M
22	刘家道口水利管理局	大官庄水利管理局	微波	34 M
23	刘家道口水利管理局	江风口水利管理局	微波	34 M

(二)视频监控系统

沂沭泗水利管理通过闸门自动控制系统建设、“沂沭泗水利管理直管重点工程监控及自动控制系统”和“水政监察基础设施建设项目”等项目建设,形成了水闸、重点工程和水政采砂视频监控系统。

1. 水闸监控

目前,有 11 座大型水闸配有现地视频监控系统,实现自动控制远程启闭,分别是复新河节制闸,二级坝第二、三节制闸,韩庄节制闸,刘家道口节制闸,彭家道口分洪闸,江风口分洪闸,新沭河泄洪闸,人民胜利堰,嶂山闸,宿迁节制闸。采用设备主要是标清定焦枪型摄像机及变焦云台球型摄像机。

沂沭泗水利管理局水闸监控现状统计见表 3-2。

表 3-2　沂沭泗水利管理局水闸监控现状统计

序号	水闸名称	球型摄像机/台	枪型摄像机/台
1	复新河节制闸	6	4
2	二级坝第三节制闸	8	20
3	二级坝第二节制闸	4	9
4	韩庄节制闸	14	11
5	刘家道口节制闸	8	59
6	彭家道口分洪闸	7	19
7	江风口分洪闸	5	11
8	新沭河泄洪闸	5	19
9	人民胜利堰	5	15
10	嶂山闸	5	12
11	宿迁节制闸	2	2

2. 重点工程监控

沂沭泗水利管理局在直管河道和堤防闸坝重点部位共建有 76 个视频监控点、19 个监视监控中心、1 套高清视频传输系统和 2 套软件。76 个监控点中有 42 处采用自建 4G 集群专网传输,15 处采用无线网桥传输,19 处采用光(电)缆传输。该系统具有视频实时查询与录像回放功能。

3. 水政采砂视频监控

依托淮河水利委员会水政执法监察基础设施建设项目,在沂沭泗流域水政执法监控和采砂监控区域建设了 34 个视频监控点,其中采用公网传输 27 个点,采用 4G 集群专网传输 7 个点。34 个视频监控点全部接入沂沭泗水利管理直管重点工程监控平台。

(三)水文和工程监测

1. 水文站与水位遥测站

沂沭泗水利管理局现只有直管基本水文站一处。另外,根据工程管理和防汛管理工作要求,还建设有 42 处水位遥测站,主要是采集堤、闸、坝等工程的水位数据。

2. 工程监测

沂沭泗水利管理局直管水闸大多建设有工程监测设施,积累了大量工程稳定性观测资料,如测压管观测资料、位移观测资料等。

二、支撑平台

(一)存储与计算资源

沂沭泗目前的存储计算、资源情况主要依托基建项目中所带的服务器、数字矩阵和磁盘阵列,水利管理本部有服务器 50 余台,存储容量 50 T 左右,磁盘阵列 1 套,存储容量 210 T。19 个基层水利管理各有数字矩阵 1 套,每套存储容量 24 T。

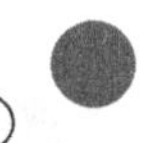

(二)数据资源

沂沭泗水利管理局主要数据资源包括雨情、水情、墒情、气象、工程、视频、水政执法、水资源、工程建设与管理、综合办公、档案、人事等。沂沭泗水利管理局水利管理数据资源总量约 700 T。

三、应用系统

近年来,沂沭泗水利管理局在加强信息化方面除硬件建设外,还通过基建项目和其他途径陆续建设了多个应用系统。

(一)洪水预报调度系统

系统采用 C/S 方式,自国家防汛指挥系统相关数据库获取水情信息,进行洪水预报,提出水利工程的调度建议。

防汛值班会商系统实现了防汛值班信息登记、记录、查询和值班汛情信息监视,防汛会商准备、信息展示、会商情况记录、会商决策和历史会商信息查询,以及文档管理、电子传真和资料共享等功能。

(二)水情服务系统

沂沭泗水情信息系统以 GIS 技术为手段,采用图表结合的展现方式,实现雨情、水情、遥墒情、气象信息的监视及文档资料管理,对沂沭泗水情信息进行综合管理,为用户提供水情应用服务。

(三)水资源管理系统

建成了沂沭泗水利管理局网站、南四湖水利管理局网站、沂沭河水利管理局网站、骆马湖水利管理局网站,主要服务对象为社会公众和沂沭泗水利管理局各单位。网站自开通运行以来,已发布了有关治理沂沭泗河的动态、流域概况、流域管理、政策法规等方面大量治理沂沭泗河的基础信息、法律法规及治理沂沭泗河的重要新闻,对重大事项、重点工程开辟专栏进行专题报道。为在更广泛的范围内宣传沂沭泗河与治理沂沭泗河、使社会公众及时了解沂沭泗河治理的有关情况做出重要贡献。同时也在一定程度上为广大治理沂沭泗河工作者学习、工作,提供了大量基础信息。

(四)水政执法巡查系统

水政执法巡查系统包括移动稽查管理、执法案件管理、执法监控管理、远程会商管理、信息发布管理 5 个部分,实现了水政基层单位执法巡查人员日常巡查工作日志上报、水政执法流程管理、采砂稽查数据上报以及日常数据查询;管理人员可以方便下发巡查任务,进行巡查统计、实时掌握现场信息,实现对历史记录数据的回放或跟踪,为决策分析提供数据支持;执法巡查人员能够及时了解巡查任务,实现工作上报、任务情况反馈等。该系统提高了水政信息综合处理能力,为水政工作的科学、高效管理提供决策支持。

系统总体架构采用三级分布式结构:第一级为各基层局远程监视,可对辖下各视频监控点和执法巡查上传视频进行监视、存储、遥控、管理和显示;第二级为各直属局远程视频监视系统,在授权情况下可对辖下各基层局上传的视频进行浏览;第三级为沂沭泗水利管理局本部远程视频监视系统,在授权情况下可越过直属局对各基层局上传的视频进行监视、存储、遥控、管理和显示。

(五)综合办公系统

沂沭泗水利管理局综合办公系统以沂沭泗水利管理局现有计算机网络为基础,采用B/S方式在内部实现沂沭泗局各个机构的协调办公,覆盖了沂沭泗水利管理局机关及下属3个直属局、19个基层局的综合办公系统,实现了信息资源化、传输网络化、交换电子化、办公无纸化和管理科学化,提高了沂沭泗水利管理局管理质量和效益,增强了社会服务能力。沂沭泗水利管理局综合办公系统主要包括领导办公、公文办理、会议管理、事务管理、综合管理及督查督办等模块。

(六)档案管理系统

档案管理系统对档案室部分文书档案进行数字化加工,实现沂沭泗水利管理局本部档案资源在局机关本部的在线管理、整理归档、查询利用、编研统计、数据管理,实现档案存量数字化、增量电子化、管理标准化。

(七)移动应用系统

近几年来基层管理单位根据自己的实际需要,通过自筹资金开发了部分应用系统。其中,下级湖管理局开发了移动考勤系统,实现了移动管理出差、休假、加班、调休和考勤等功能,为基层管理单位的人员自动化管理建立了一个试点;嶂山闸管理局开发了智慧嶂山系统,实现了在移动终端上查询单位信息、职工考勤、培训管理、会议与通知、文件流转、收费管理、制度规程管理、工程信息查询和信息发布等功能,为闸坝管理单位的移动管理建立了试点。

四、管理制度与保障环境

(一)管理制度

沂沭泗水利管理局现有的信息化方面的管理制度主要有《沂沭泗水利管理局防汛调度设施通信系统运行管理使用规定》(沂局办〔2014〕53号)和《沂沭泗水利管理局防汛调度设施信息系统使用管理规定》(沂局办〔2014〕53号),另外,执行淮委网信办制定的网络及网络安全方面的相关制度和规定。

(二)机房环境

沂沭泗水利管理局本部、直属局和基层局都建设有网络机房。局本部网络机房配有计算机设备供电系统、计算机机房辅助设备供电系统、备用供电系统、空调系统、消防系统、接地系统、温湿度监测系统、门禁监控系统等。

直属局和基层局的网络机房配电都引自办公楼主配电室,分别配有一台柜式空调和一台壁挂式空调,配备了简单的消防灭火设备。

五、网络安全

沂沭泗水利管理局按等级保护三级的要求对局本部网络系统进行建设,机房配备了入侵检测、监控审计、网站防护系统、漏洞扫描、主机安全加固等设备。通过对计算机网络系统的安全区域划分设计,实现各区域之间的逻辑上安全隔离,并对网络的核心区域进行冗余建设,用以保障关键业务系统的可用性与连续性。

直属局和基层局计算机网络系统都配有防火墙和入侵检测系统,满足网络安全管理

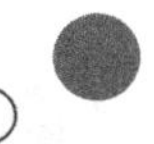

要求，基本建立了网络攻击防御及监控体系，实时检测攻击行为，并具有完善的病毒防护系统。

第二节　重沟水文站计算机网络系统

重沟水文站所属的沭河水利管理局局域网出口处部署1台路由器和1台高性能防火墙。路由器用于互连局域网和广域网，实现不同网络互相通信，并提供数据处理和网络管理功能。防火墙承担办公内网用户上Internet的职责，对办公内网和外网进行有效的隔离，外网用户只能访问内网中有限的资源，同时可以防护网络攻击。防火墙充当VPN设备，办公网络外部用户可以通过VPN连接入办公楼网络，访问其授权的网络资源。在办公外网和内网中部署高性能核心交换机。它承担网络高效的网络转发能力。在核心交换机旁路部署1台入侵检测，可以记录所有上Internet用户的上网行为，便于事后追溯和审计。接入层均采用在每个楼层部署千兆交换机。接入层交换机与汇聚层交换机进行多条链路捆绑，同样既对物理链路进行备份，也加大了链路带宽。同时接入层通过VLAN技术对各大楼或部门用户进行二层隔离，减小广播风暴的风险。部署48口接入口交换机。满足办公楼内部网络多接入点需求，为后期信息化建设提供全面的接入网络。重沟水文站隶属沭河水利管理局管理，租用公网10 M数字电路专线接入沭河水利管理局计算机网络系统，从而接入水利专网，同时通过沭河水利管理局本地运营商网络接入互联网。重沟水文站的水雨情信息也通过水利专网传到沂沭泗水利管理局、淮委、水利部和流域其他省份。

重沟水文站计算机网络拓扑图见图3-1。

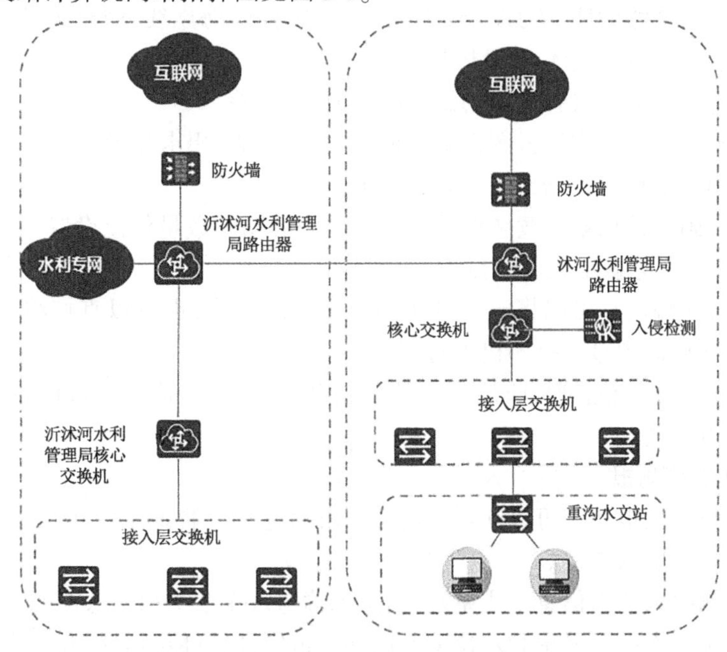

图3-1　重沟水文站计算机网络拓扑图

第三节　重沟水文站信息化应用

重沟水文站隶属沭河水利管理局,租用公网10 M数字电路自重沟水文站至沭河水利管理局接入沂沭泗水利管理局计算机网络系统,从而接入水利专网,可以根据权限访问水利部、淮委、沂沭泗水利管理局和沂沭河水利管理局的各类应用系统。重沟水文站信息化应用主要包括水情信息服务系统、洪水预报系统和重沟水文站运行管理系统和综合办公等。

一、水情信息服务系统

水情信息服务系统主要包括雨情查询模块、河道水情模块、闸坝水情模块、遥测信息模块、泵站信息模块、气象云图模块、雷达信息模块和台风信息等模块等。

雨情查询模块可以便捷地查询沭河重沟以上流域内的降水情况,指导本站的水文测验工作。

(一)气象卫星云图系统功能

(1)实时自动接收。实时自动接收GMS-5气象卫星发送的云图信息。云图接收可以完全无人值守,前后台进行。根据卫星时间自动校准计算机时间。

(2)云图数据处理。可以根据用户的参数设置处理各通道数据,进行实时保存,保存云图数量可以任意调整。

(3)处理云图通道。可以处理红外、水汽、可见光通道。显示任意位置的云顶温度及经纬度。

(4)图像显示操作功能。可以在云图上加注边界线、海岸线、城市名、经纬线,用户可以在云图上加入当地的城市位置及区域边界。

(5)图像放大功能。将各通道的云图图像放大、漫游。

(6)云图投影。可以进行云图投影变换(兰勃特投影、墨卡托投影)。

(7)云图降水估算。根据云图来分析降水。

(8)云图动画。任意幅连续图像的动画。动画的图像数量任意设置。云图可以连续动画,也可以逐幅前进显示或后退显示。

(9)云图打印输出。可以将云图制作为一个成品图像,也可以直接将云图从打印机上输出。可以在任何型号的打印机上打印云图。

(10)数据处理。当遇到接收质量不佳或出现误操作,造成丢线或麻点时,可以有效处理丢线和麻点问题。

(二)水文自动测报

通过水文自动测报系统可以获得重沟上下游河道和工程的水位等信息,为重沟水文站的运行管理提供信息支持。

水文自动测报系统由信息采集系统、信息传输与入库系统和信息查询系统组成。

信息采集系统由雨量采集和水位采集两部分组成,雨量传感器用翻斗式雨量计,水位传感器用浮子式水位计,信息采集设备用摩托罗拉设备。

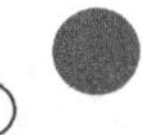

信息通过4G(5G)信道传输到沂沭泗水利管理局信息中心后入库上网,供防汛调度人员查询使用。

(三)水情查询

通过水情查询可以便捷地获取重沟水文站及其上下游的水雨情信息,为重沟水文站水文测验提供信息支持。

二、洪水预报系统

重沟水文站洪水预报是沂沭泗河洪水预报的重要组成部分。重沟水文站的洪水预报主要包括流量预报和水位预报。

建立了重沟水文站水文预报方案。重沟水文站水文预报方案由产流预报和汇流预报等组成。产流预报采用降雨径流相关方法,根据流域内青峰岭等9处雨量站,泰森多边形加权平均计算面平均雨量,计算出时段产流量,即净雨量。汇流计算采用单位线方法,根据各时段的净雨量,依据暴雨特征选择单位线,再计算各时段的流量值,即得到预报的洪水过程。

重沟水文站降雨径流相关图见图3-2。重沟水文站汇流单位线见图3-3。

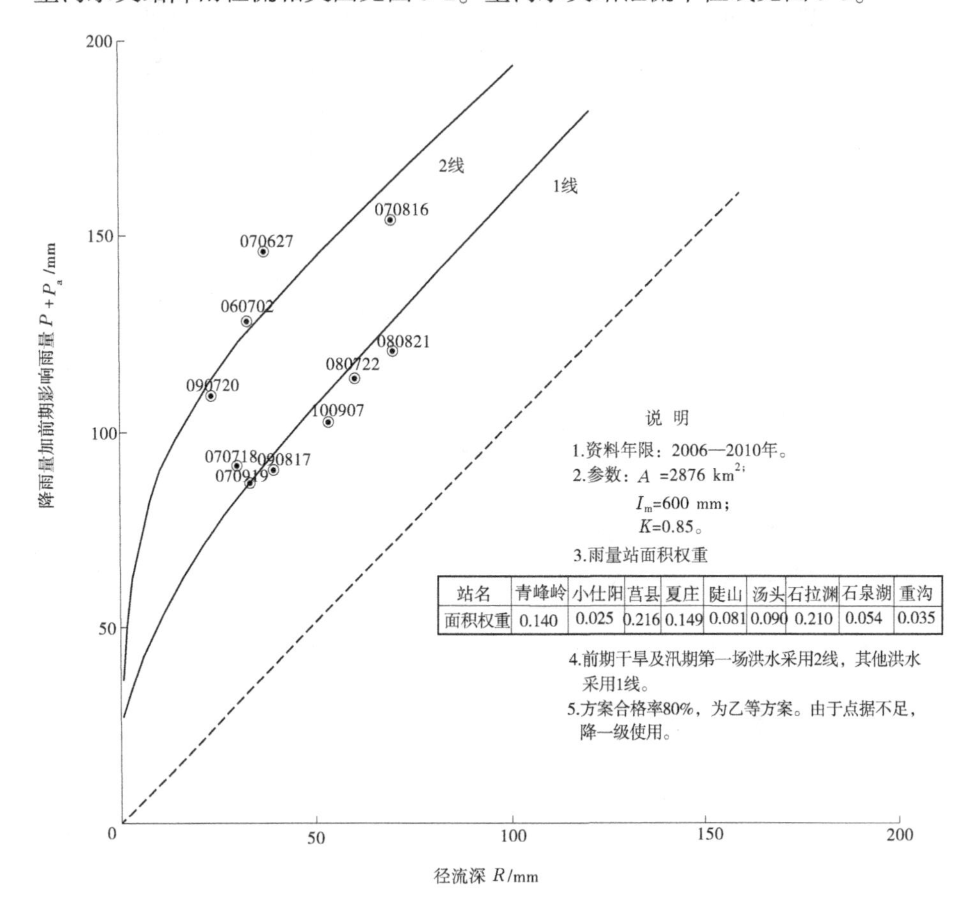

图3-2 重沟水文站 降雨径流相关图

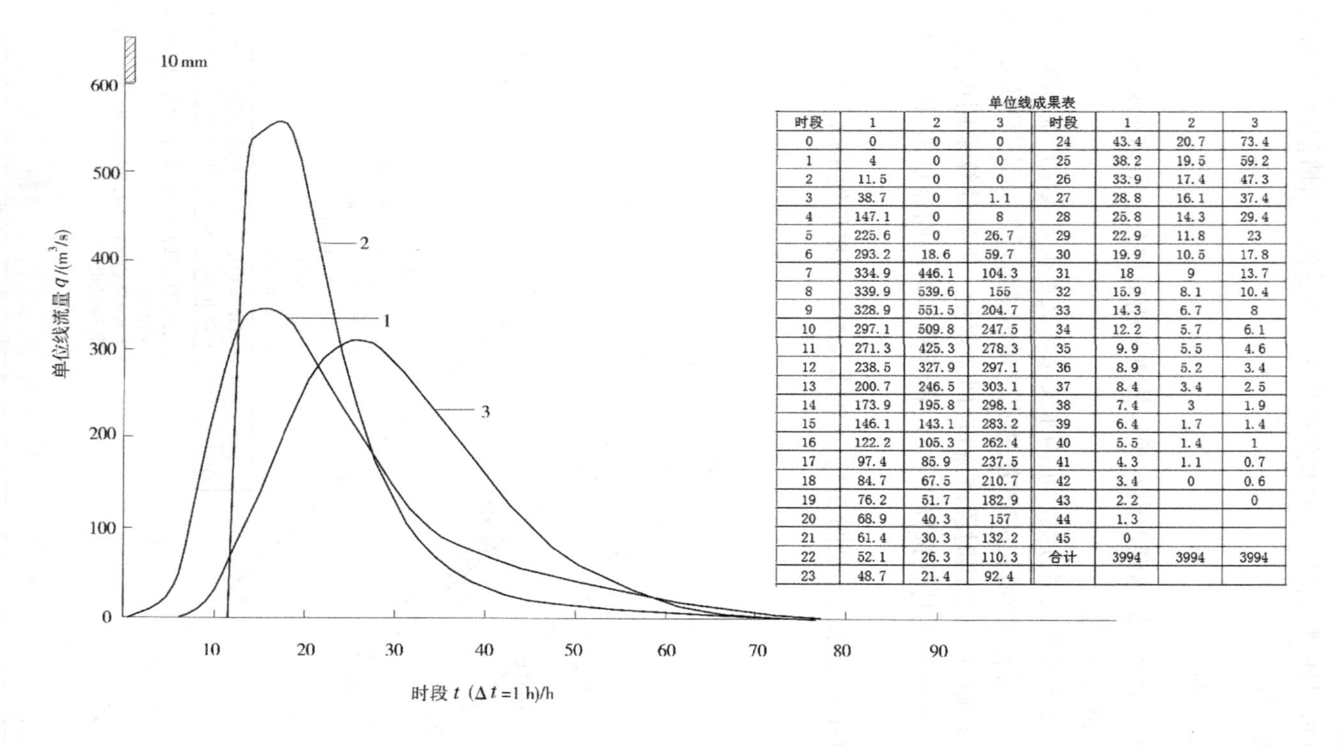

单位线成果表

时段	1	2	3	时段	1	2	3
0	0	0	0	24	43.4	20.7	73.4
1	4	0	0	25	38.2	19.5	59.2
2	11.5	0	0	26	33.9	17.4	47.3
3	38.7	0	1.1	27	28.8	16.1	37.4
4	147.1	0	8	28	25.8	14.3	29.4
5	225.6	0	26.7	29	22.9	11.8	23
6	293.2	18.6	59.7	30	19.9	10.5	17.8
7	334.9	446.1	104.3	31	18	9	13.7
8	339.9	539.6	155	32	15.9	8.1	10.4
9	328.9	551.5	204.7	33	14.3	6.7	8
10	297.1	509.8	247.5	34	12.2	5.7	6.1
11	271.3	425.3	278.3	35	9.9	5.5	4.6
12	238.5	327.9	297.1	36	8.9	5.2	3.4
13	200.7	246.5	303.1	37	8.4	3.4	2.5
14	173.9	195.8	298.1	38	7.4	3	1.9
15	146.1	143.1	283.2	39	6.4	1.7	1.4
16	122.2	105.3	262.4	40	5.5	1.4	1
17	97.4	85.9	237.5	41	4.3	1.1	0.7
18	84.7	67.5	210.7	42	3.4	0	0.6
19	76.2	51.7	182.9	43	2.2		0
20	68.9	40.3	157	44	1.3		
21	61.4	30.3	132.2	45	0		
22	52.1	26.3	110.3	合计	3994	3994	3994
23	48.7	21.4	92.4				

图 3-3　重沟水文站汇流单位线

另外,开发有沭河新安江模型水文预报系统,可以和其他方法预报的结果相互印证,提高预报精度,确保预报结果的可靠性。

根据重沟水文站水位-流量关系线,依据预报的流量过程,可以推求重沟水文站的水位过程,进而预报最高水位等。

三、重沟站运行管理系统

重沟水文站运行管理系统包括测站概况、测站运行、测站设备、测站原始资料、测站整编资料、数据分析、安全生产、法规文件和系统管理等 9 个部分。系统的上线运行,为重沟水文站的管理提供了信息化的支撑,步入了水文站现代化管理的快车道。

重沟水文站运行管理系统主页见图 3-4。

图 3-4 重沟水文站运行管理系统主页

(1)测站概况。包括测站概况描述、测站资产、测验方法、测站行政位置图、测站水系位置图、测站水利工程位置图、测站平面图、测站大断面图、特征值、极值等。

(2)测站运行。包括测站任务书、测洪方案、应急测流预案和其他任务。测站的责任分工,站长、副站长和职工职责,分工和联系方式等。值班安排中包括每年各月值班表、请假记录等,便于查询和责任追究。水情预警内容主要是当重沟水文站预报流量超过 1 000 m^3/s 时,发布测站的水情预警,无论白天黑夜或节假日,全体职工必须到位,必要时沭河水利管理局按照预案派员增援重沟水文站。水情报送主要是统计每日降水、蒸发、水位、流量和其他水情信息的报送情况,漏错报信息内容、原因、更正报文等。

(3)测站设备。主要是为测站的设备管理建立电子档案,对降水测验设备、蒸发测验设备、水位测验设备、流量测验设备、测量设备、供电设备和其他设备分类造册，建立数据库，将设备的采购、技术指标、每次检修日期等录入数据库，根据规范等标准提前对设备的检修进行预警，避免设备的漏检。

(4)测站原始资料。包括降水、蒸发、水位、流量、大断面、水尺零点、水准点、测量和其他原始资料。

(5)测站整编资料。包括测站基本信息、降水、蒸发、水位、流量、大断面、水尺零点、水准点、测量、考证资料和其他资料等。

(6)数据分析。包括历年对重沟水文进行的研究和分析。水位流量过程分析、大断面分析、历年水位-流量关系分析、重沟河段糙率分析、历年洪水特征等。

(7)安全生产。包括安全生产的责任分工、消防设施、安保设施、救生设施和管理台账等。

(8)法规文件。包括国家关于水利和水文的法律条例、水文测验的国标行标、沂沭泗河洪水和水资源调度的相关文件、重沟水文站管理制度等。

(9)系统管理。主要是为管理后台管理系统提供支持。

四、综合办公

重沟水文站员工可以通过沂沭泗水利管理局综合办公系统在规定的权限内进行公文的处理、信息发布、事务性流程处理等业务，系统主要包含以下内容。

(一)综合应用门户

综合应用门户包含待办中心、日程中心、信息中心和检索中心。

1. 待办中心

综合应用门户与各业务应用系统集成，集中展示出用户在各个业务应用系统中需要处理的任务，将各应用需要处理的工作信息第一时间推送到用户面前，统一展现在待办中心，方便用户快速、直接地处理工作，可通过邮件、即时消息等方式提醒。实现待办、已办、待阅、已阅、关注功能；业务信息数量提醒；可在本页进行翻页操作；多页签设计，提供集中处理方式。

2. 日程中心

综合应用门户集成外网各业务应用系统，每个人日程中心中的日程来源主要分为两部分，一部分是来自各业务系统中各个模块涉及自己的日程，并推送到日程中心，另一部分是来自自己新建的日程，并且通过不同的显示颜色对不同的日程进行区分。

日程中心用于用户查看本人相关的日程信息，以及最新的待参会信息。

3. 信息中心

信息中心用于展示系统中公开发布的信息，便于用户第一时间掌握要闻。例如通知公告、工作动态、要情信息等。栏目支持后台自定义，前台自动显示。

4. 检索中心

综合应用门户设置快速搜索功能，用户可直接输入关键字进行全文检索，并根据搜索结果主动进行关联信息推送。

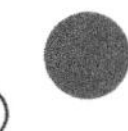

(二)综合办公系统

综合办公系统包含公文流转、会议管理、领导服务、综合事务和内部邮件等5个核心功能模块,系统还包含资料共享、信息管理、通讯录、个人管理和智能组件等5个辅助功能模块,以满足用户日常办公的业务需要。

1. 公文流转

公文流转包含公文处理、公文待办、经办查询、草稿箱、全部查询、公文签收、公文归档、公文管理、公文配置。

(1)公文处理。指通过提炼多年政府机关电子公文流转建设的经验,结合流程自定义引擎与电子表单技术,形成的专业电子公文处理流转系统。支持收、发文流转路径自定义、挂载特定业务节点、挂载原样式电子表单等功能。支持留痕及手写笔迹保留。①发文管理:可实现公文起草、核稿、领导签发、上号、套头、用印、制作发文账、电子发送等功能。②收文管理:可实现收文登记、办公室办理、领导批示、会签、承办、收文转发文等功能。

(2)公文待办。用户可通过此功能查看待办公文流程,用户可做办理、暂存、回退等操作。

(3)经办查询。用户可通过此功能查看经办公文流程。

(4)草稿箱。用户可通过此功能查看业务办理过程中暂存的公文流程。

(5)全部查询。管理员可通过此功能查看全部公文流程信息。

(6)公文签收。用于收文管理员进行公文签收。

(7)公文归档。管理员可通过此功能对历史公文进行归档。

(8)公文管理。管理员可通过此功能查看并管理全部公文流程信息,可进行紧急回退、意见补签、强制驱动、强制办结等操作。

(9)公文配置。管理员可通过此功能对公文流程做基础配置,可做发文账配置、公文类别配置、公文单配置、节点配置及数据字典等功能配置。

2. 会议管理

会议管理包含申请会议、会议通知、经办查询、草稿箱、会议室审核、会议室使用情况、全部查询、会议管理。

(1)申请会议。用于操作人提交会议申请。

(2)会议通知。用于查看需要本人参加的会议通知,可进行会议报名。

(3)经办查询。用于查看本人办理过的会议流程。

(4)草稿箱。查看会议办理过程中暂存的会议申请。

(5)会议室审核。用于办理会议室的审核流程。

(6)会议室使用情况。用于查看会议室的使用情况。

(7)全部查询。用于管理员查看所有会议的相关流程。

(8)会议管理。用于管理员查看并管理所有会议的相关流程,可进行编辑和删除操作。

3. 领导服务

领导服务包含工作日志、领导活动安排、信息呈报。

(1)工作日志。用户记录领导的每日工作内容,领导可自己录入,也可以由秘书代替录入。

(2)领导活动安排。用于记录、查看局领导日常的活动安排。领导自己可以为自己录入,也可以委托管理人员负责录入领导的活动安排。领导可以查看下属的工作计划。

(3)信息呈报。用于领导掌握重要栏目下发布的信息内容。可指定信息维护员对领导所看的呈报信息进行维护,栏目管理内容由信息管理模块生成。

4. 综合事务

综合事务包含新建事务、事务待办、经办查询、全部查询、事务管理。

(1)新建事务。用于提交事务性流程。此功能结合流程自定义引擎与电子表单技术,形成的专业事务处理子系统。支持节点自定义、挂载原样式电子表单等功能。可自定义灵活配置请假申请、外出申请、出差申请、用印申请等事务性流程。

(2)事务待办。用户可通过此功能查看待办事务流程,用户可做办理、暂存、回退等操作。

(3)经办查询。用户可通过此功能查看经办的事务流程。

(4)全部查询。管理员可通过此功能查看全部事务流程信息。

(5)事务管理。管理员可通过此功能查看并管理全部事务流程信息,可进行紧急回退、意见补签、强制驱动、强制办结等操作。

5. 内网邮件

内网邮件包含写邮件、收件箱、发件箱、草稿箱、废件箱、邮箱配置、邮箱管理。

(1)写邮件。用于给内部人员进行日常邮件沟通。

(2)收件箱。查看收到的邮件信息。

(3)发件箱。查看发送的邮件信息。

(4)草稿箱。查看未编辑完成、暂存状态的邮件信息。

(5)废件箱。查看已删除邮件信息。

(6)邮箱配置。用于配置邮箱签名信息。

(7)邮箱管理。用于管理员查询并管理所有邮件信息。可对邮件进行删除操作。

6. 资料共享

资料共享包含个人文件柜、部门文件柜。

(1)个人文件柜。用户可通过此功能管理个人附件信息,形成本人可见的文件库。

(2)部门文件柜。用户可通过此功能管理部门附件信息,形成部门可见的文件库。

7. 信息管理

信息管理包含栏目管理、内容管理、权限管理。

(1)栏目管理。用于创建信息发布栏目,栏目可直接进行信息同步,发布首页等设置。

(2)内容管理。用于维护各个栏目下的发布信息内容。

(3)权限管理。用于维护各个栏目的管理权限。

8. 通讯录

通讯录包含内部通讯录、外部通讯录、外部通讯录管理。

(1)内部通讯录。存储单位内部各部门的职能电话,以及相关人员的联系方式,方便

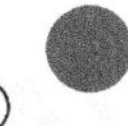

查找。

(2)外部通讯录。存储单位外部人员的联系方式,方便查找。

(3)外部通讯录管理。用于维护外部人员的组织机构和用户信息。

9. 个人管理

个人管理包含工作日志、下属日志、领导活动安排、处室负责人活动安排、个人设置。

(1)工作日志。用于登记、查看个人的工作日志。

(2)下属日志。用于领导查询下属人员的工作日志。

(3)领导活动安排。用于查看领导活动安排。

(4)处室负责人活动安排。用于查看处室负责人活动安排。

(5)个人设置。用于管理个人便签、快捷语、委托授权等。

10. 智能组件

提供智能推荐、智能搜索、辅助撰写等智慧化功能。

(三)移动办公系统

移动办公系统包括登录、信息门户、公文管理、内部邮件、通讯录、综合事务、会议审核、会议通知、领导活动安排、工作日志、下属日志。移动 OA 可以支持对接淮委移动门户接口,进行应用改造,以达到单点登录的效果,只需要移动门户登录,即可实现移动 OA 的登录。

1. 登录

系统提供数字证书认证方式,与淮委移动应用门户对接,通过调用淮委移动应用门户提供的认证服务接口,传递登录人员的数字证书进行认证。认证通过后,即可进入移动办公系统。

2. 信息门户

(1)信息门户用于展示系统中公开发布的信息,便于用户第一时间掌握要闻。例如通知公告、工作动态、要情信息等。栏目支持后台自定义,前台自动显示。

(2)重要信息用于领导查看呈报给自己的重要栏目下的信息。

3. 公文管理

公文管理包含公文的待办、待阅、督办、已办。

(1)待办。用于向下办理公文流程,用户可做办理、暂存、回退等操作。

(2)待阅。用于查看待阅公文信息。

(3)督办。用于处理督办的公文信息。

(4)已办。用于查看本人办理过的公文信息。

4. 内部邮件

(1)写邮件。用于给内部人员进行日常邮件沟通。

(2)收件箱。查看收到的邮件信息。

(3)发件箱。查看发送的邮件信息。

(4)草稿箱。查看未编辑完成、暂存状态的邮件信息。

(5)废件箱。查看已删除邮件信息。

5. 通讯录

(1)内部通信录。用于查找单位内部人员的通信方式,可进行快速拨号。

(2)外部通信录。用于查找单位外部人员的通信方式,可进行快速拨号。

6. 综合事务

(1)流程发起。用于在移动端发起事务性流程申请。

(2)待办。用于办理事务性流程。

(3)已办。用于查看本人办理过的事务性流程。

7. 会议审核

(1)待办。用于办理会议室的审核流程。

(2)已办。用于查看本人办理过的会议室审核流程。

8. 会议通知

用于查看需要本人参加的会议通知,可进行会议报名。

9. 领导活动安排

用于查看领导活动安排。

10. 工作日志

用于登记、查看个人的工作日志。

11. 下属日志

用于领导查看下属人员的工作日志。

第四章　重沟水文站水文特征

第一节　降水量

重沟水文站自 2011 年建成运行以来，截至 2021 年，共进行了 11 年的降水量观测，其中 2011 年只观测了 7—12 月的降水量，1—6 月未进行观测。故 2011 年降水量不参与长系列特征值统计计算，只作为资料参考。

一、年降水量统计

根据历年实测降水量资料统计，重沟站多年平均降水量为 942. 4 mm，与相邻的大官庄站基本相当。其中汛期(6—9 月)降水量为 683. 1 mm，占年降水量的 72. 5%；非汛期降水量为 259. 3 mm，占年降水量的 27. 5%。降水量最多的月份主要为 7 月和 8 月，两个月的累计降水量为 498. 9 mm，占年降水量的 52. 9%。其中 7 月降水量为 267. 1 mm，占年降水量的 28. 3%；8 月降水量为 231. 8 mm，占年降水量的 24. 6%。降水量最少的时段为 12 月至次年 3 月，4 个月的累计降水量只有 72. 0 mm，占全年降水量的 7. 6%。其中 1 月降水量最少，只有 16. 4 m，占年降水量的 1. 7%。降水量最多的年份是 2020 年，为 1 254. 4 mm；降水量最少的年份是 2014 年，为 684. 6 mm；2014 年降水量只有 2020 年降水量的 54. 6%。

重沟水文站历年降水量柱状图见图 4-1。

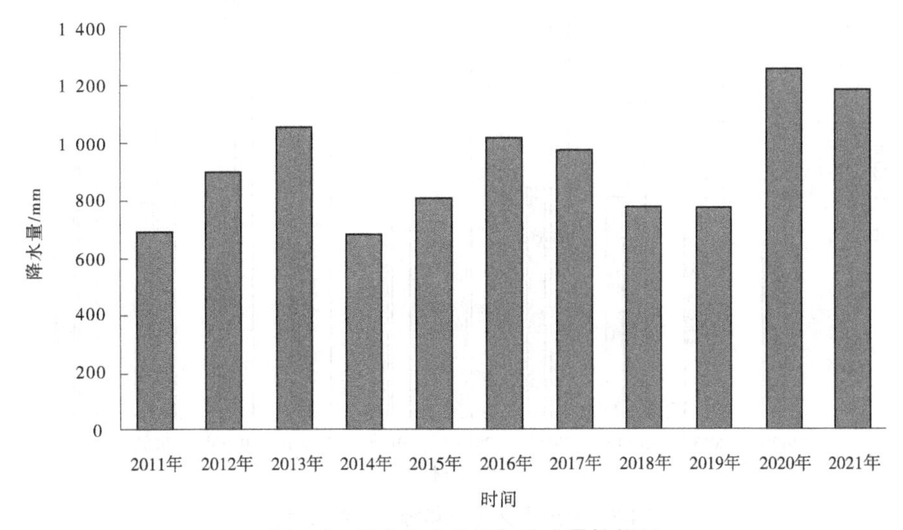

图 4-1　重沟水文站历年降水量柱状图

重沟水文站历年各月降水量统计见表 4-1。

表 4-1 重沟水文站历年各月降水量统计 单位:mm

年份	1月	2月	3月	4月	5月	6月	7月	8月	9月	10月	11月	12月	年累计
2012年	0.5	5.6	36.5	39.7	0.9	10.2	414.8	186.2	98.0	4.9	52.4	48.8	898.5
2013年	7.9	14.0	17.6	22.2	201.4	62.6	307.8	212.8	162.6	7.3	39.7	0	1 055.9
2014年	0	28.3	3.7	29.0	113.0	30.6	120.6	100.2	129.0	70.2	58.8	1.2	684.6
2015年	6.4	13.6	15.1	36.0	59.6	126.4	87.2	271.0	40.8	13.4	133.2	6.5	809.2
2016年	6.0	25.5	5.0	20.6	120.4	244.6	179.0	123.6	109.4	123.2	4.9	53.5	1 015.7
2017年	48.5	23.2	10.4	33.3	57.6	27.4	482.2	175.8	74.0	35.6	1.7	3.0	972.7
2018年	14.3	1.1	39.6	27.2	54.8	26.4	193.8	267.0	79.6	2.4	35.7	33.4	775.3
2019年	20.7	12.6	30.0	56.5	4.0	102.5	172.0	301.0	2.5	24.5	29.0	19.3	774.6
2020年	54.2	24.4	18.6	17.0	115.5	139.0	385.0	400.0	25.5	6.7	62.6	5.9	1 254.4
2021年	5.6	41.4	17.6	52.6	39.0	146.0	328.5	280.0	205.0	32.0	35.5	0	1 183.2
平均	16.4	19.0	19.4	33.4	76.6	91.6	267.1	231.8	92.6	32.0	45.3	17.2	942.4

降水日数多年平均为 75 日,日数最多的年份是 2015 年,为 87 日,日数最少的年份是 2012 年,为 66 日。汛期降水日数多年平均为 40 日,日数最多的年份是 2013 年,为 48 日;日数最少的年份是 2019 年,为 30 日。

重沟水文站历年降水日数柱状图见图 4-2。

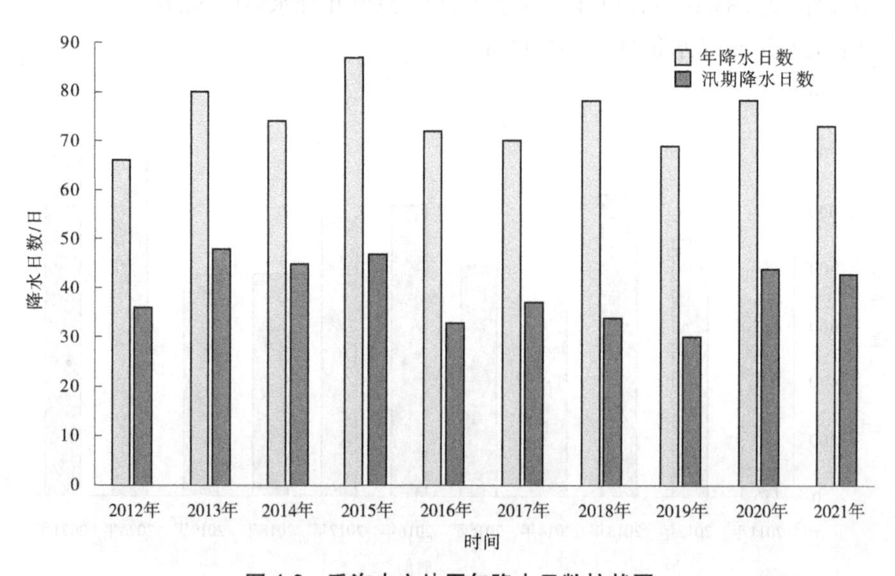

图 4-2 重沟水文站历年降水日数柱状图

重沟水文站历年降水日数统计见表4-2。

表4-2　重沟水文站历年降水日数统计

年份	2012年	2013年	2014年	2015年	2016年	2017年	2018年	2019年	2020年	2021年	平均
年降水日数/日	66	80	74	87	72	70	78	69	78	73	75
汛期降水日数/日	36	48	45	47	33	37	34	30	44	43	40

时段最大降水量1日、3日、7日、15日、30日多年平均分别为126.1 mm、169.9 mm、206.2 mm、272.4 mm、376.5 mm。1日降水量最大的为196.4 mm,年份为2017年,最小的为64.6 mm, 年份为2014年;3日降水量最大的为308.7 mm,年份为2012年,最小的为64.6 mm,年份为2014年;7日降水量最大的为403.1 mm,年份为2012年,最小的为100.0 mm,年份为2014年;15日降水量最大的为411.4 mm,年份为2012年,最小的为139.4 mm,年份为2014年;30日降水量最大的为580.5 mm,年份为2020年,最小的为164.0 mm,年份为2014年。

重沟水文站历年时段最大降水量柱状图见图4-3。

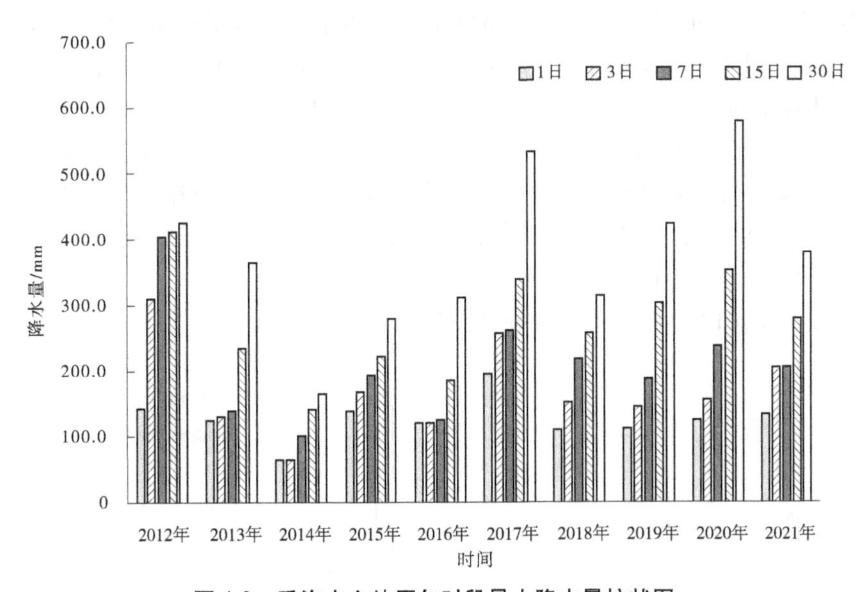

图4-3　重沟水文站历年时段最大降水量柱状图

重沟水文站历年时段最大降水量统计见表4-3。

表4-3　重沟水文站历年时段最大降水量统计　　单位:mm

年份	1日	3日	7日	15日	30日
2012年	141.1	308.7	403.1	411.4	424.4
2013年	123.2	130.0	137.6	232.6	363.0
2014年	64.6	64.6	100.0	139.4	164.0

续表 4-3

年份	1 日	3 日	7 日	15 日	30 日
2015 年	138.8	166.6	192.2	220.0	277.4
2016 年	120.0	120.0	123.0	187.2	310.8
2017 年	196.4	257.0	260.0	336.8	530.4
2018 年	109.2	151.0	216.4	256.2	312.0
2019 年	111.0	143.0	187.5	305.5	424.0
2020 年	124.0	153.5	237.5	353.5	580.5
2021 年	133.0	204.5	204.5	281.0	378.0
平均	126.1	169.9	206.2	272.4	376.5

二、2012 年降水量

2012 年重沟站降水量为 898.5 mm，接近常年，比多年平均偏少 4.7%。降水量月际分布极不均匀。最多的月份为 7 月，为 414.8 mm，占全年降水量的 46.2%；较少的月份为 1 月和 5 月，分别为 0.5 mm 和 0.9 mm。汛期降水量为 709.2 mm，占全年降水量的 78.9%；非汛期降水量为 189.3 mm，占全年降水量的 21.1%。

与多年平均相比，降水量距平最大的月份为 12 月，为 48.8 mm，比多年平均偏多 183.7%；5 月降水量只有 0.9 mm，比多年平均偏少 98.8%。汛期降水量为 709.2 mm，比多年平均偏多 3.8%；非汛期降水量为 189.3 mm，比多年平均偏少 27.0%。

全年降水日数为 66 日，为多年平均值的 88.0%。

重沟水文站 2012 年各月降水量柱状图见图 4-4。

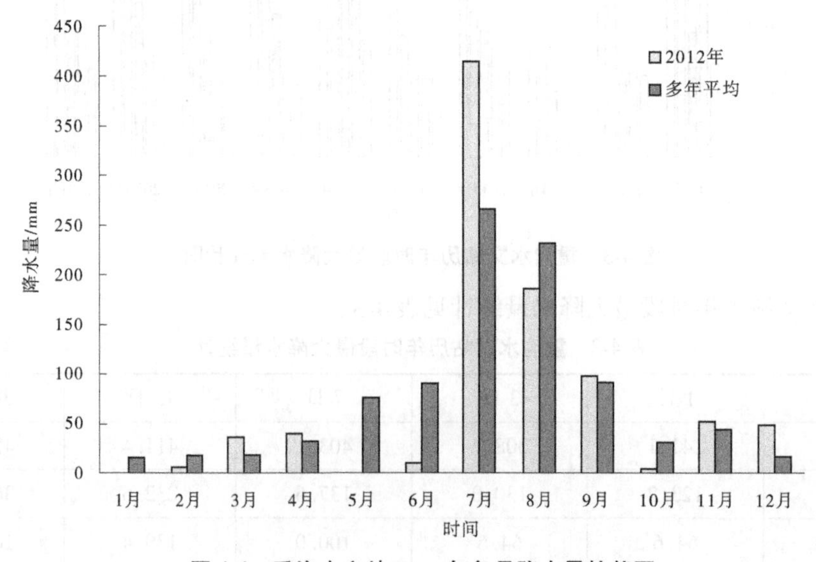

图 4-4　重沟水文站 2012 年各月降水量柱状图

重沟水文站 2012 年各月降水量统计见表 4-4。

表 4-4　重沟水文站 2012 年各月降水量统计

月份	多年平均/mm	2012 年/mm	距平
1 月	16.4	0.5	-97.0%
2 月	19.0	5.6	-70.5%
3 月	19.4	36.5	88.1%
4 月	33.4	39.7	18.9%
5 月	76.6	0.9	-98.8%
6 月	91.6	10.2	-88.9%
7 月	267.1	414.8	55.3%
8 月	231.8	186.2	-19.7%
9 月	92.6	98.0	5.8%
10 月	32.0	4.9	-84.7%
11 月	45.3	52.4	15.7%
12 月	17.2	48.8	183.7%
合计	942.4	898.5	-4.7%

三、2013 年降水量

2013 年重沟站降水量为 1 055.9 mm，比多年平均偏多 12.0%。降水量月际分布极不均匀，最多的为 7 月，降水量为 307.8 mm，占全年降水量的 29.2%；最少的为 12 月，降水量为 0。汛期降水量为 745.8 mm，占全年降水量的 70.6%；非汛期降水量为 310.1 mm，占全年降水量的 29.4%。

与多年平均相比，降水量距平最大的月份为 5 月，为 201.4 mm，比多年平均偏多 162.9%；12 月降水量为 0，10 月降水量为 7.3 mm，比多年平均偏少 77.2%。汛期降水量为 745.8 mm，比多年平均偏多 9.2%；非汛期降水量为 310.1 mm，比多年平均偏多 19.6%。

全年降水日数为 80 日，为多年平均值的 106.7%。

重沟水文站 2013 年各月降水量柱状图见图 4-5。

重沟水文站 2013 年各月降水量统计见表 4-5。

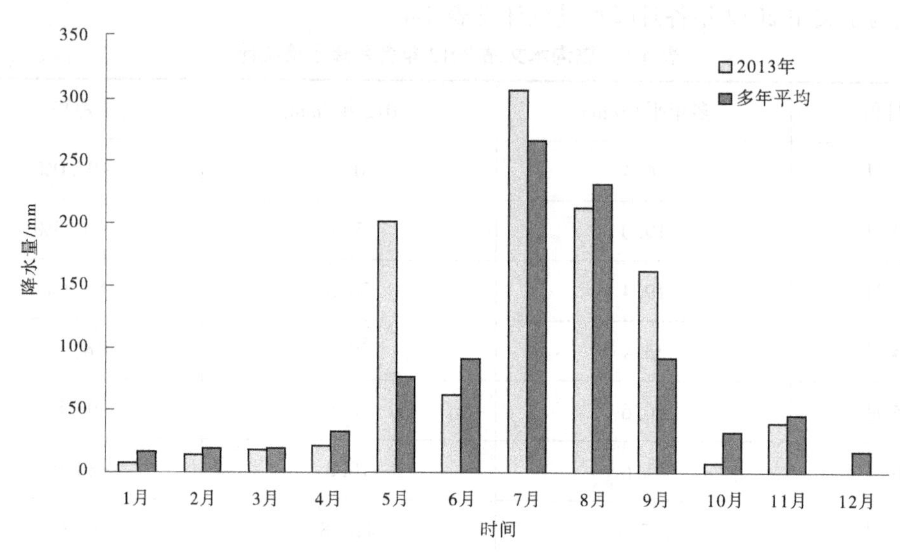

图 4-5　重沟水文站 2013 年各月降水量柱状图

表 4-5　重沟水文站 2013 年各月降水量统计

月份	多年平均/mm	2013 年/mm	距平
1 月	16.4	7.9	-51.8%
2 月	19.0	14.0	-26.3%
3 月	19.4	17.6	-9.3%
4 月	33.4	22.2	-33.5%
5 月	76.6	201.4	162.9%
6 月	91.6	62.6	-31.7%
7 月	267.1	307.8	15.2%
8 月	231.8	212.8	-8.2%
9 月	92.6	162.6	75.6%
10 月	32.0	7.3	-77.2%
11 月	45.3	39.7	-12.4%
12 月	17.2	0	-100%
合计	942.4	1 055.9	12.0%

四、2014 年降水量

2014 年重沟站降水量为 684.6 mm，比多年平均偏少 27.4%。降水量月际分布极不均匀，最多的为 7 月，降水量为 120.6 mm，占全年降水量的 17.6%；最少的为 1 月，降水量为 0。汛期降水量为 380.4 mm，占全年降水量的 55.6%；非汛期降水量为 304.2 mm，占全年降水量的 44.4%。

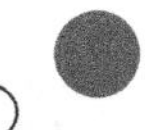

与多年平均相比,降水量距平最大的月份为 10 月,为 70. 2 mm,比多年平均偏多 119. 4%;1 月降水量为 0,3 月降水量为 3. 7 mm,比多年平均偏少 80. 9%。汛期降水量为 380. 4 mm,比多年平均偏少 44. 3%,非汛期降水量为 304. 2 mm,比多年平均偏多 17. 3%。

全年降水日数为 74 日,为多年平均值的 98. 7%。

重沟水文站 2014 年各月降水量柱状图见图 4-6。

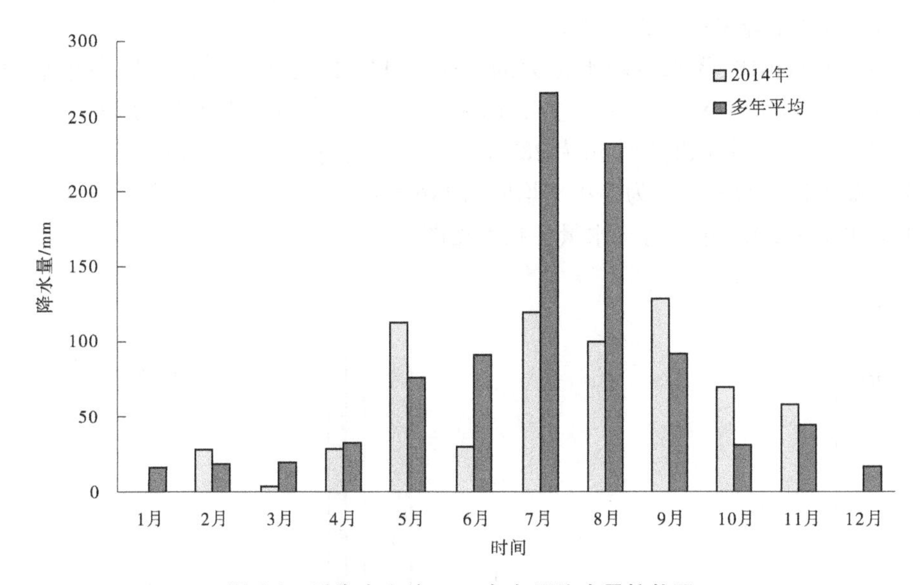

图 4-6　重沟水文站 2014 年各月降水量柱状图

重沟水文站 2014 年各月降水量统计见表 4-6。

表 4-6　重沟水文站 2014 年各月降水量统计

月份	多年平均/mm	2014 年/mm	距平
1 月	16. 4	0	-100%
2 月	19. 0	28. 3	48. 9%
3 月	19. 4	3. 7	-80. 9%
4 月	33. 4	29. 0	-13. 2%
5 月	76. 6	113. 0	47. 5%
6 月	91. 6	30. 6	-66. 6%
7 月	267. 1	120. 6	-54. 8%
8 月	231. 8	100. 2	-56. 8%
9 月	92. 6	129. 0	39. 3%
10 月	32. 0	70. 2	119. 4%
11 月	45. 3	58. 8	29. 8%
12 月	17. 2	1. 2	-93. 0%
合计	942. 4	684. 6	-27. 4%

五、2015 年降水量

2015 年重沟站降水量为 809.2 mm,比多年平均偏少 14.1%。降水量月际分布极不均匀,最多的为 8 月,为 271 mm,占全年降水量的 33.5%;较少的为 1 月和 12 月,分别为 6.4 mm 和 6.5 mm。汛期降水量为 525.4 mm,占全年降水量的 64.9%;非汛期降水量为 283.8 mm,占全年降水量的 35.1%。

与多年平均相比,降水量距平最大的月份为 11 月,为 133.2 mm,比多年平均偏多 194.0%;7 月降水量为 87.2 mm,比多年平均偏少 67.4%。汛期降水量为 525.4 mm,比多年平均偏少 23.1%,非汛期降水量为 283.8 mm,比多年平均偏多 9.4%。

全年降水日数为 87 日,为多年平均值的 116.0%。

重沟水文站 2015 年各月降水量柱状图见图 4-7。

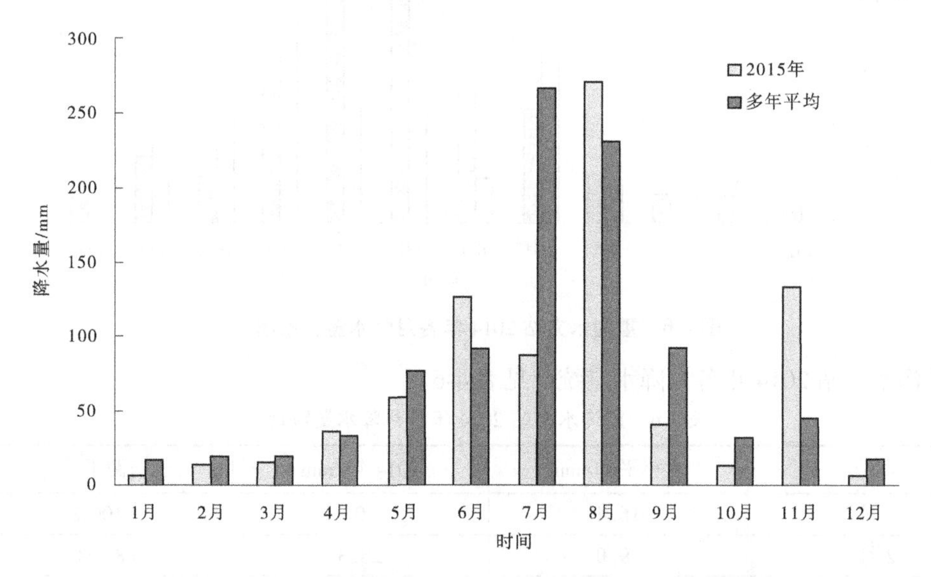

图 4-7 重沟水文站 2015 年各月降水量柱状图

重沟水文站 2015 年各月降水量统计见表 4-7。

表 4-7 重沟水文站 2015 年各月降水量统计

月份	多年平均/mm	2015 年/mm	距平
1 月	16.4	6.4	-61.0%
2 月	19.0	13.6	-28.4%
3 月	19.4	15.1	-22.2%
4 月	33.4	36.0	7.8%
5 月	76.6	59.6	-22.2%
6 月	91.6	126.4	38.0%
7 月	267.1	87.2	-67.4%

续表 4-7

月份	多年平均/mm	2015 年/mm	距平
8 月	231.8	271.0	16.9%
9 月	92.6	40.8	-55.9%
10 月	32.0	13.4	-58.1%
11 月	45.3	133.2	194.0%
12 月	17.2	6.5	-62.2%
合计	942.4	809.2	-14.1%

六、2016 年降水量

2016 年重沟站降水量为 1 015.7 mm，比多年平均偏多 7.8%。降水量月际分布极不均匀，最多的为 6 月，为 244.6 mm，占全年降水量的 24.1%；较少的为 3 月和 11 月，分别为 5 mm 和 4.9 mm。汛期降水量为 656.6 mm，占全年降水量的 64.6%；非汛期降水量为 359.1 mm，占全年降水量的 35.4%。

与多年平均相比，降水量距平最大的月份为 10 月，降水量为 123.2 mm，比多年平均偏多 285.0%；11 月降水量只有 4.9 mm，比多年平均偏少 89.2%。汛期降水量为 656.6 mm，比多年平均偏少 3.9%；非汛期降水量为 359.1 mm，比多年平均偏多 38.5%。

全年降水日数为 72 日，为多年平均值的 96.0%。

重沟水文站 2016 年各月降水量柱状图见图 4-8。

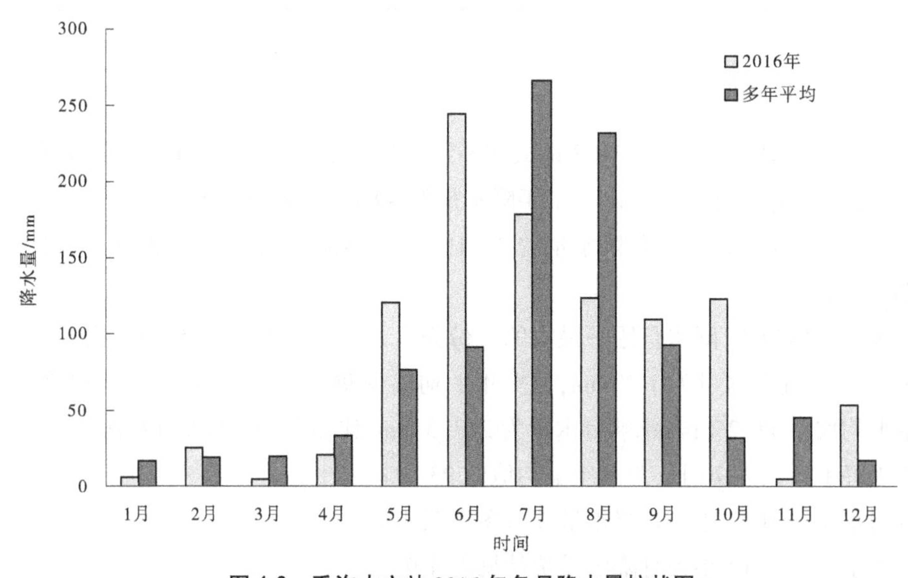

图 4-8 重沟水文站 2016 年各月降水量柱状图

重沟水文站2016年各月降水量统计见表4-8。

表4-8 重沟水文站2016年各月降水量统计

月份	多年平均/mm	2016年/mm	距平
1月	16.4	6.0	-63.4%
2月	19.0	25.5	34.2%
3月	19.4	5.0	-74.2%
4月	33.4	20.6	-38.3%
5月	76.6	120.4	57.2%
6月	91.6	244.6	167.0%
7月	267.1	179.0	-33.0%
8月	231.8	123.6	-46.7%
9月	92.6	109.4	18.1%
10月	32.0	123.2	285.0%
11月	45.3	4.9	-89.2%
12月	17.2	53.5	211.0%
合计	942.4	1 015.7	7.8%

七、2017年降水量

2017年重沟站降水量为972.7 mm,比多年平均偏多3.2%。降水量月际分布极不均匀,最多的为7月,为482.2 mm,占全年降水量的49.6%;最少的为11月,为1.7 mm。汛期降水量为759.4 mm,占全年降水量的78.1%;非汛期降水量为213.3 mm,占全年降水量的21.9%。

与多年平均相比,降水量距平最大的月份为1月,降水量为48.5 mm,比多年平均偏多195.7%;11月降水量为1.7 mm,比多年平均偏少96.2%。汛期降水量为759.4 mm,比多年平均偏多11.2%;非汛期降水量为213.3 mm,比多年平均偏少17.7%。

全年降水日数为70日,为多年平均值的93.3%。

重沟水文站2017年各月降水量柱状图见图4-9。

重沟水文站2017年各月降水量统计见表4-9。

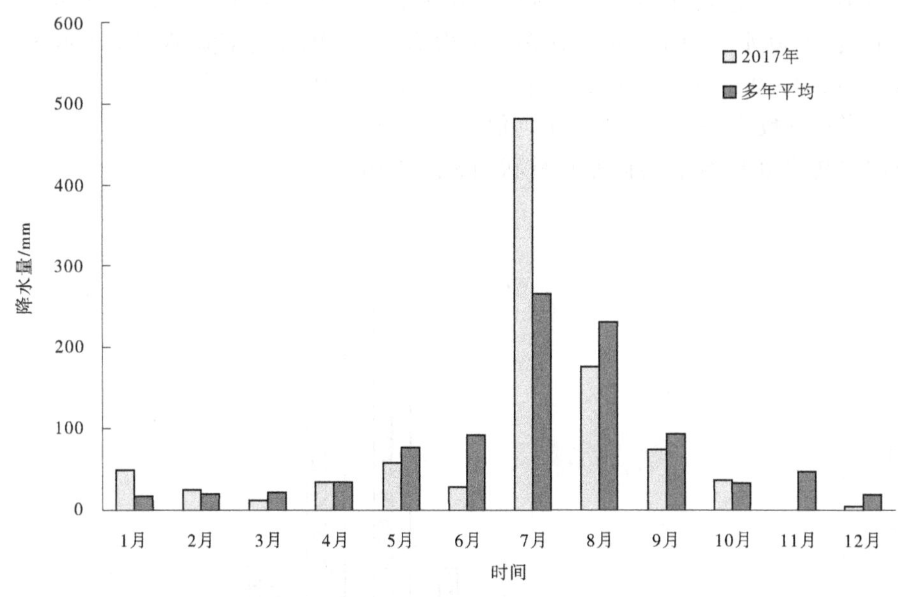

图 4-9　重沟水文站 2017 年各月降水量柱状图

表 4-9　重沟水文站 2017 年各月降水量统计

月份	多年平均/mm	2017 年/mm	距平
1 月	16.4	48.5	195.7%
2 月	19.0	23.2	22.1%
3 月	19.4	10.4	-46.4%
4 月	33.4	33.3	-0.3%
5 月	76.6	57.6	-24.8%
6 月	91.6	27.4	-70.1%
7 月	267.1	482.2	80.5%
8 月	231.8	175.8	-24.2%
9 月	92.6	74.0	-20.1%
10 月	32.0	35.6	11.3%
11 月	45.3	1.7	-96.2%
12 月	17.2	3.0	-82.6%
合计	942.4	972.7	3.2%

八、2018 年降水量

2018 年重沟站降水量为 775.3 mm，比多年平均偏少 17.7%。降水量月际分布极不均匀。最多的为 8 月，为 267.0 mm，占全年降水量的 34.4%；最少的为 2 月，为 1.1 mm。汛期降水量为 566.8 mm，占全年降水量的 73.1%；非汛期降水量为 208.5 mm，占全年降水量的 26.9%。

与多年平均相比,降水量距平最大的月份为 3 月,降水量为 39.6 mm,比多年平均偏多 104.1%;2 月降水量为 1.1 mm,比多年平均偏少 94.2%。汛期降水量为 566.8 mm,比多年平均偏少 17.0%;非汛期降水量为 208.5 mm,比多年平均偏少 19.6%。

全年降水日数为 78 日,为多年平均值的 104.0%。

重沟水文站 2018 年各月降水量柱状图见图 4-10。

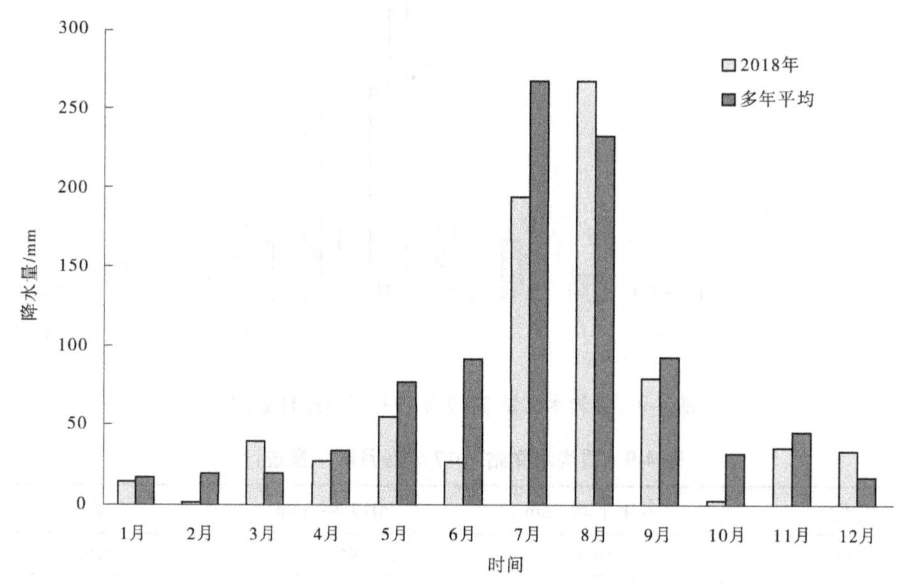

图 4-10 重沟水文站 2018 年各月降水量柱状图

重沟水文站 2018 年各月降水量统计见表 4-10。

表 4-10 重沟水文站 2018 年各月降水量统计

月份	多年平均/mm	2018 年/mm	距平
1 月	16.4	14.3	-12.8%
2 月	19.0	1.1	-94.2%
3 月	19.4	39.6	104.1%
4 月	33.4	27.2	-18.6%
5 月	76.6	54.8	-28.5%
6 月	91.6	26.4	-71.2%
7 月	267.1	193.8	-27.4%
8 月	231.8	267.0	15.2%
9 月	92.6	79.6	-14.0%
10 月	32.0	2.4	-92.5%
11 月	45.3	35.7	-21.2%
12 月	17.2	33.4	94.2%
合计	942.4	775.3	-17.7%

九、2019 年降水量

2019 年重沟站降水量为 774.6 mm，比多年平均偏少 17.8%。降水量月际分布极不均匀，最多的为 8 月，为 301.0 mm，占全年降水量的 38.9%；最少的为 9 月，为 2.5 mm。汛期降水量为 578.0 mm，占全年降水量的 74.6%；非汛期降水量为 196.6 mm，占全年降水量的 25.4%。

与多年平均相比，降水量距平最大的月份为 4 月，降水量为 56.5 mm，比多年平均偏多 69.12%；9 月降水量为 2.5 mm，比多年平均偏少 97.3%。汛期降水量为 578.0 mm，比多年平均偏少 15.34%；非汛期降水量为 196.6 mm，比多年平均偏少 24.2%。

全年降水日数为 69 日，为多年平均值的 92.0%。

重沟水文站 2019 年各月降水量柱状图见图 4-11。

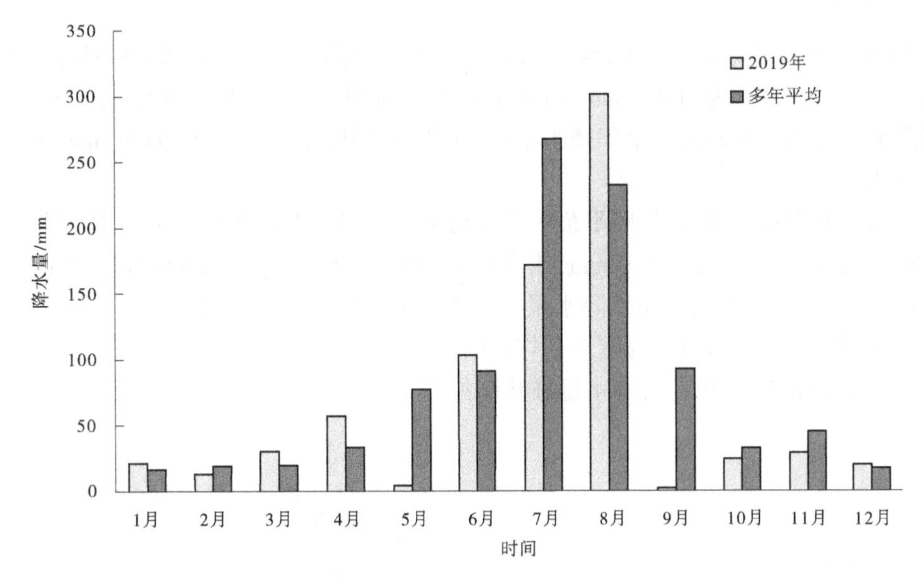

图 4-11　重沟水文站 2019 年各月降水量柱状图

重沟水文站 2019 年各月降水量统计见表 4-11。

表 4-11　重沟水文站 2019 年各月降水量统计

月份	多年平均/mm	2019 年/mm	距平
1 月	16.4	20.7	26.2%
2 月	19.0	12.6	-33.7%
3 月	19.4	30.0	54.6%
4 月	33.4	56.5	69.2%
5 月	76.6	4.0	-94.8%
6 月	91.6	102.5	11.9%
7 月	267.1	172.0	-35.6%

续表 4-11

月份	多年平均/mm	2019 年降水量/mm	距平/%
8 月	231.8	301.0	29.9%
9 月	92.6	2.5	-97.3%
10 月	32.0	24.5	-23.4%
11 月	45.3	29.0	-36.0%
12 月	17.2	19.3	12.2%
合计	942.4	774.6	-17.8%

十、2020 年降水量

2020 年重沟站降水量为 1 254.4 mm，比多年平均偏多 33.1%。降水量月际分布极不均匀，最多的为 8 月，为 400.0 mm，占全年降水量的 31.9%；最少的为 12 月，为 5.9 mm。汛期降水量为 949.5 mm，占全年降水量的 75.7%；非汛期降水量为 304.9 mm，占全年降水量的 24.3%。

与多年平均相比，降水量距平最大的月份为 1 月，降水量为 54.2 mm，比多年平均偏多 230.5%；12 月降水量为 5.9 mm，比多年平均偏少 65.7%。汛期降水量为 949.5 mm，比多年平均偏多 39.0%；非汛期降水量为 304.9 mm，比多年平均偏多 17.6%。

全年降水日数为 78 日，为多年平均值的 104.0%。

重沟水文站 2020 年各月降水量柱状图见图 4-12。

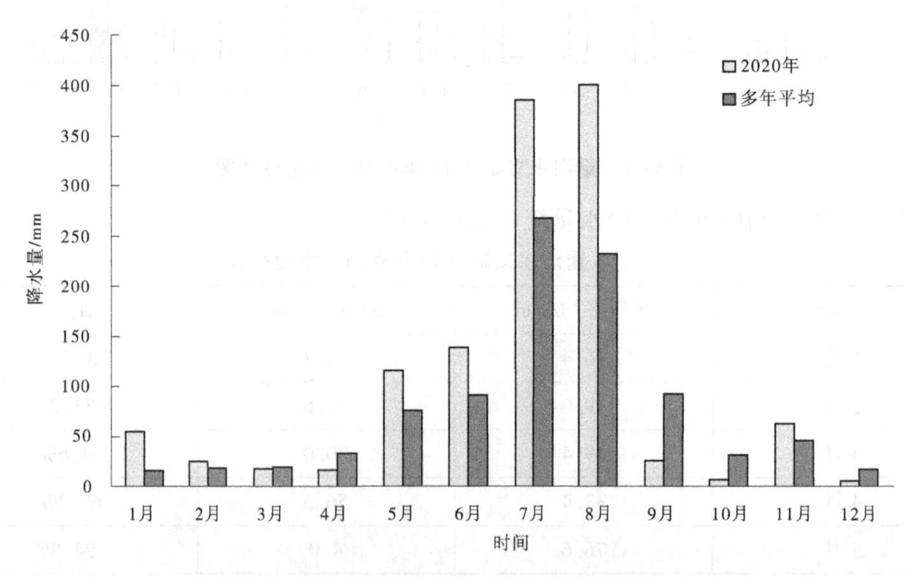

图 4-12 重沟水文站 2020 年各月降水量柱状图

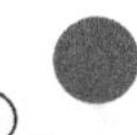

重沟水文站2020年各月降水量统计见表4-12。

表4-12　重沟水文站2020年各月降水量统计

月份	多年平均/mm	2020年/mm	距平
1月	16.4	54.2	230.5%
2月	19.0	24.4	28.4%
3月	19.4	18.6	-4.1%
4月	33.4	17.0	-49.1%
5月	76.6	115.5	50.8%
6月	91.6	139.0	51.7%
7月	267.1	385.0	44.1%
8月	231.8	400.0	72.6%
9月	92.6	25.5	-72.5%
10月	32.0	6.7	-79.1%
11月	45.3	62.6	38.2%
12月	17.2	5.9	-65.7%
合计	942.4	1 254.4	33.1%

十一、2021年降水量

2021年重沟水文站降水量为1 183.2 mm，比多年平均偏多25.6%。降水量月际分布极不均匀。最多的为7月，为328.5 mm，占全年降水量的27.8%；最少的为12月，为0。汛期降水量为959.5 mm，占全年降水量的81.1%；非汛期降水量为223.7 mm，占全年降水量的18.9%。

与多年平均相比，降水量距平最大的月份为9月，降水量为205.0 mm，比多年平均偏多121.4%；12月降水量为0，1月降水量为5.6 mm，比多年平均偏少65.9%。汛期降水量为959.5 mm，比多年平均偏多40.5%；非汛期降水量为223.7 mm，比多年平均偏少13.7%。

全年降水日数为73日，为多年平均值的97.3%。

重沟水文站2021年各月降水量柱状图见图4-13。

重沟水文站2021年各月降水量统计见表4-13。

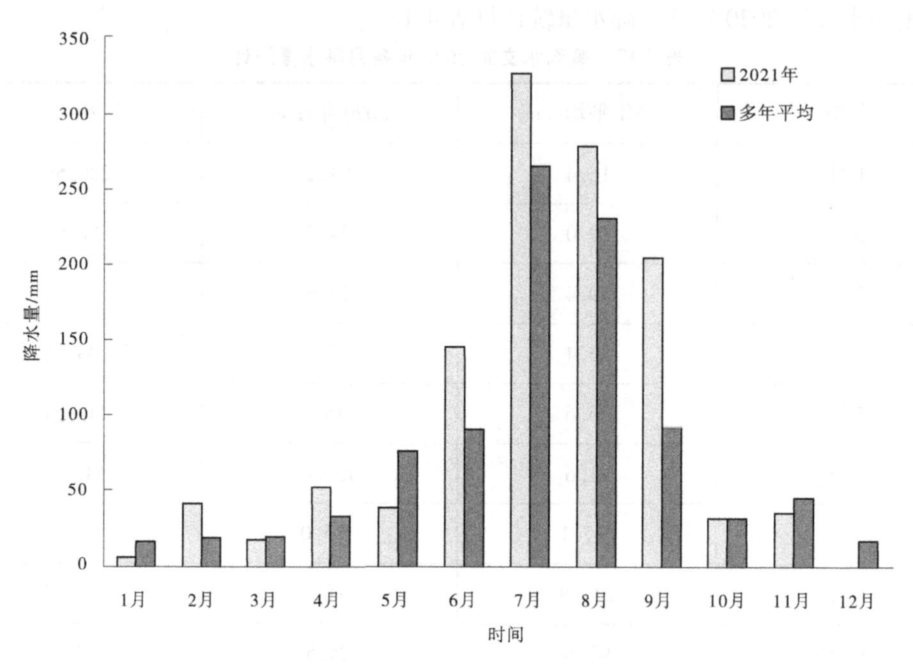

图 4-13　重沟水文站 2021 年各月降水量柱状图

表 4-13　重沟水文站 2021 年各月降水量统计

月份	多年平均/mm	2021 年/mm	距平
1 月	16.4	5.6	-65.9%
2 月	19.0	41.4	117.9%
3 月	19.4	17.6	-9.3%
4 月	33.4	52.6	57.5%
5 月	76.6	39.0	-49.1%
6 月	91.6	146.0	59.4%
7 月	267.1	328.5	23.0%
8 月	231.8	280.0	20.8%
9 月	92.6	205.0	121.4%
10 月	32.0	32.0	0
11 月	45.4	35.5	-21.6%
12 月	17.2	0	-100.0%
合计	942.4	1 183.2	25.6%

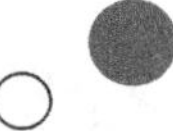

第二节　蒸发量

重沟水文站自2011年建成运行以来,共进行了11年的陆上水面蒸发量观测,其中2011年观测了7—11月蒸发量,1—6月、12月未进行观测。2012—2013年只观测了3—11月蒸发量,冰期1月、2月、12月未进行观测,2014年只观测了3~12月蒸发量,冰期1月未进行观测,故2011—2014年的观测数据不参与长系列特征值统计计算,只作为资料参考。

一、年蒸发量统计

根据历年实测陆上水面蒸发量资料统计,重沟水文站多年平均蒸发量为838.2 mm,与相邻的大官庄水文站多年平均蒸发量基本相当。其中汛期(6—9月)蒸发量为372.3 mm,占年蒸发量的44.4%;非汛期蒸发量为465.9 mm,占年蒸发量的55.6%。蒸发量较多的月份主要为5月和6月,两个月的累计蒸发量为210.5 mm,占年蒸发量的25.1%。其中5月蒸发量为104.2 mm,占年蒸发量的12.4%;6月蒸发量为106.3 mm,占年蒸发量的12.7%。蒸发量最少的时段为11月至次年1月,3个月的累计蒸发量只有101.0 mm,占全年蒸发量的12.0%。其中12月蒸发量最少,只有29.8 m,占年蒸发量的3.6%。

蒸发量最多的年份为2015年,蒸发量为919.1 mm,为多年平均蒸发量的109.7%;蒸发量最少的年份为2019年,蒸发量为781.9 mm,为多年平均蒸发量的93.3%。2019年蒸发量只有2015年蒸发量的85.1%。

重沟水文站历年蒸发量柱状图见图4-14。

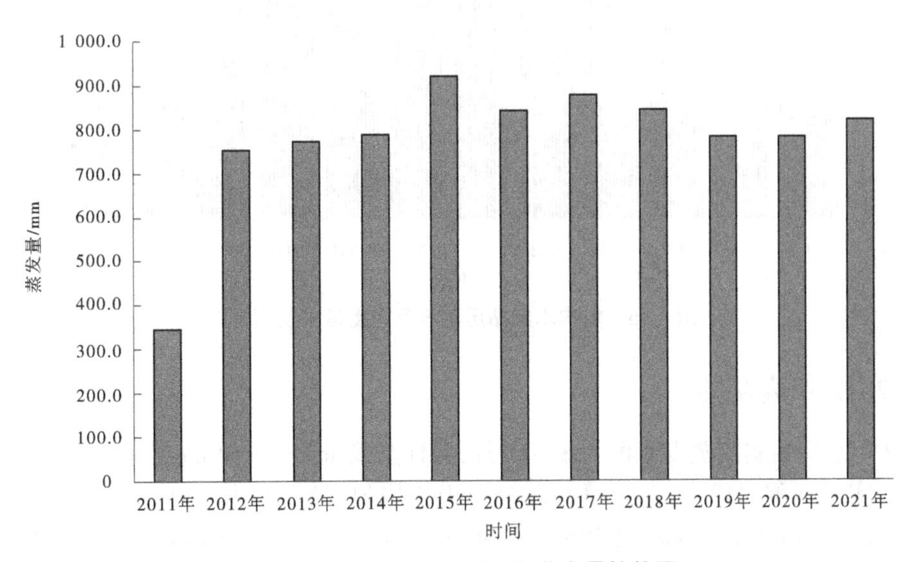

图4-14　重沟水文站历年蒸发量柱状图

重沟水文站历年各月蒸发量统计见表4-14。

表 4-14 重沟水文站历年各月蒸发量统计 单位:mm

年份	月份												年累计
	1月	2月	3月	4月	5月	6月	7月	8月	9月	10月	11月	12月	
2015年	31.1	39.4	74.3	92.6	117.8	119.8	111.2	102.1	87.1	76.1	36.9	30.7	919.1
2016年	33.3	45.4	78.1	82.5	98.6	100.3	81.9	102.4	85.8	68.5	34.3	30.0	841.1
2017年	33.8	66.5	75.5	85.0	110.4	105.8	97.8	87.4	71.7	58.8	44.5	41.3	878.5
2018年	39.0	35.9	71.9	89.3	92.1	132.1	102.4	102.4	74.7	52.7	28.7	21.0	842.2
2019年	22.6	31.8	72.7	66.4	102.3	101.7	87.0	95.8	83.0	53.6	40.4	24.6	781.9
2020年	30.9	30.5	71.1	94.9	99.8	87.6	72.2	81.6	84.1	60.4	41.9	27.8	782.8
2021年	34.2	35.1	69.9	77.7	108.6	96.9	85.5	83.5	82.4	68.0	47.2	33.1	822.1
平均	32.1	40.6	73.4	84.1	104.2	106.3	91.1	93.6	81.3	62.6	39.1	29.8	838.2

重沟水文站历年各月蒸发量柱状图见图 4-15。

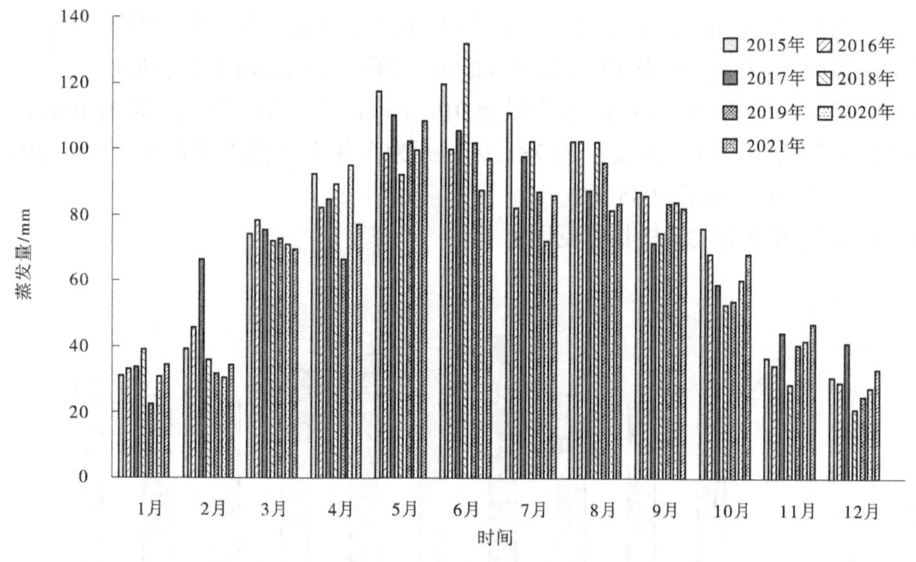

图 4-15 重沟水文站历年各月蒸发量柱状图

二、2012 年蒸发量

2012 年重沟站实测蒸发时段为 3—11 月,合计蒸发量为 753.0 mm,为多年平均值的 102.4%。实际观测时段内,蒸发量月际分布极不均匀,最多的为 6 月,蒸发量为 120.7 mm,为多年平均值的 113.5%;最少的月份为 11 月,蒸发量为 47.2 mm,为多年平均值的 120.7%。最大日水面蒸发量为 7.8 mm,发生在 6 月 23 日。

与多年平均相比,蒸发量距平最大的月份为 11 月,蒸发量为 47.2 mm,比多年平均偏多 20.7%;最小的月份为 9 月,蒸发量为 72.7 mm,比多年平均偏少 10.6%。汛期蒸发量

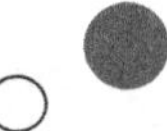

为 377. 3 mm,比多年平均偏多 1. 3%。

重沟水文站 2012 年各月蒸发量柱状图见图 4-16。

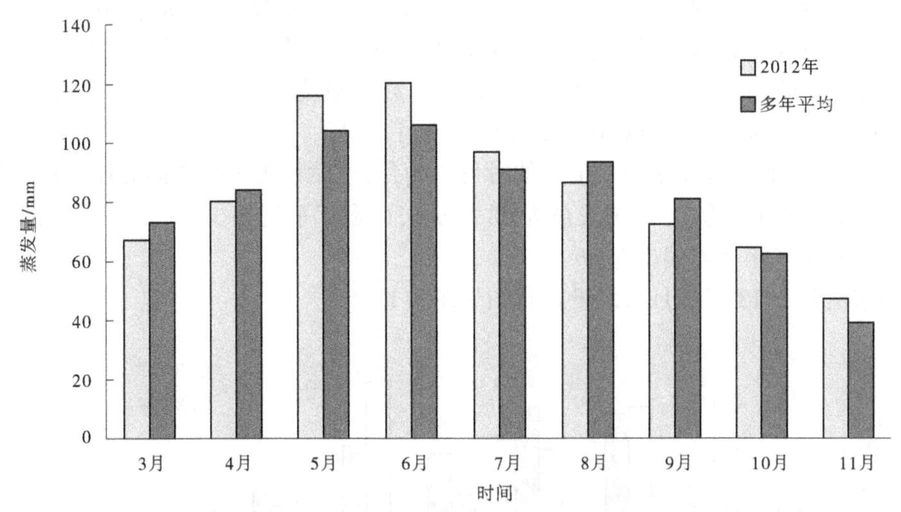

图 4-16　重沟水文站 2012 年各月蒸发量柱状图

重沟水文站 2012 年各月蒸发量统计见表 4-15。

表 4-15　重沟水文站 2012 年各月蒸发量统计

月份	多年平均/mm	2012 年/mm	距平
1 月	32. 1	—	—
2 月	40. 6	—	—
3 月	73. 4	67. 3	-8. 3%
4 月	84. 1	80. 4	-4. 4%
5 月	104. 2	116. 1	11. 4%
6 月	106. 3	120. 7	13. 5%
7 月	91. 1	97. 3	6. 8%
8 月	93. 6	86. 6	-7. 5%
9 月	81. 3	72. 7	-10. 6%
10 月	62. 6	64. 7	3. 4%
11 月	39. 1	47. 2	20. 7%
12 月	29. 8	—	—
合计	838. 2	—	—

三、2013 年蒸发量

2013 年重沟站实测蒸发时段为 3—11 月,合计蒸发量为 773. 3 mm,为多年平均值的 105. 1%。实际观测时段内,蒸发量月际分布极不均匀,最多的为 8 月,蒸发量为 114. 7 mm,为多年平均值的 122. 5%;最少的为 11 月,蒸发量为 34. 7 mm,为多年平均值的 88. 7%。最大日水面蒸发量为 6. 6 mm,发生在 3 月 11 日。

与多年平均相比,蒸发量距平最大的月份为 4 月,蒸发量为 110. 7 mm,比多年平均偏多 31. 6%;最小的月份为 7 月,蒸发量为 78. 2 mm,比多年平均偏少 14. 2%。汛期蒸发量为 361. 3 mm,比多年平均偏少 3. 0%。

重沟水文站 2013 年各月蒸发量柱状图见图 4-17。

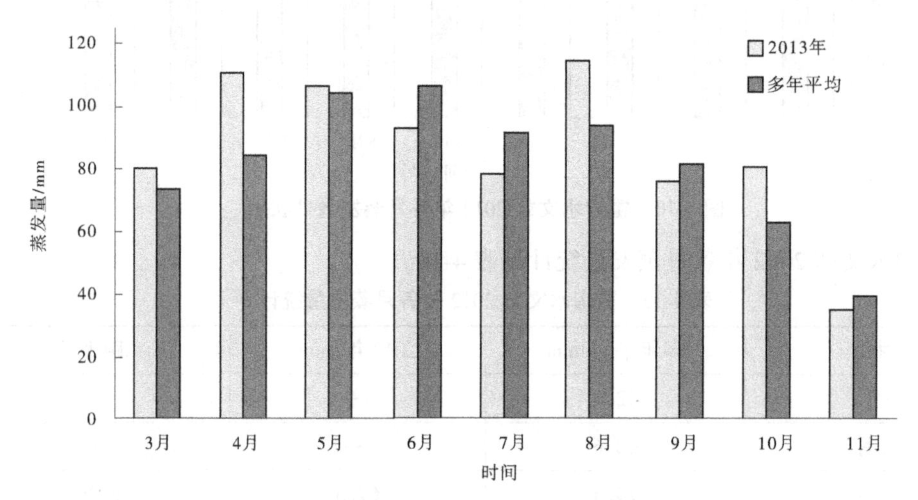

图 4-17　重沟水文站 2013 年各月蒸发量柱状图

重沟水文站 2023 年各月蒸发量统计见表 4-16。

表 4-16　重沟水文站 2013 年各月蒸发量统计

月份	多年平均/mm	2013 年/mm	距平
1 月	32. 1	—	—
2 月	40. 6	—	—
3 月	73. 4	79. 9	8. 9%
4 月	84. 1	110. 7	31. 6%
5 月	104. 2	106. 2	1. 9%
6 月	106. 3	92. 5	-13. 0%
7 月	91. 1	78. 2	-14. 2%
8 月	93. 6	114. 7	22. 5%

续表 4-16

月份	多年平均/mm	2013 年/mm	距平/%
9 月	81.3	75.9	-6.6%
10 月	62.6	80.5	28.6%
11 月	39.1	34.7	-11.3%
12 月	29.8	—	—
合计	838.2	—	—

四、2014 年蒸发量

2014 年重沟站实测蒸发时段为 3—12 月，合计蒸发量为 788.6 mm，为多年平均值的 103.0%。实际观测时段内，蒸发量月际分布极不均匀，最多的为 5 月，蒸发量为 121.5 mm，为多年平均值的 116.6%；最少的月份为 12 月，蒸发量为 33.5 mm，为多年平均值的 112.4%。最大日水面蒸发量为 6.6 mm，发生在 5 月 14 日。

与多年平均相比，蒸发量距平最大的月份为 11 月，蒸发量为 52.9 mm，比多年平均偏多 35.3%；最小的月份为 4 月，蒸发量为 68.7 mm，比多年平均偏少 18.3%。汛期蒸发量为 363.5 mm，比多年平均偏少 2.4%。

重沟水文站 2014 年各月蒸发量柱状图见图 4-18。

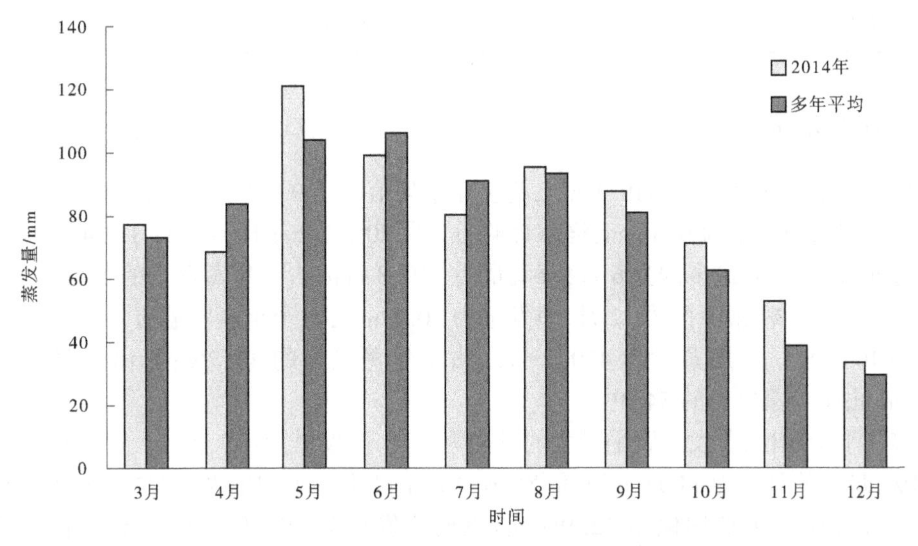

图 4-18　重沟水文站 2014 年各月蒸发量柱状图

重沟水文站 2014 年各月蒸发量统计见表 4-17。

表 4-17 重沟水文站 2014 年各月蒸发量统计

月份	多年平均/mm	2014 年/mm	距平
1 月	32.1	—	—
2 月	40.6	—	—
3 月	73.4	77.4	5.4%
4 月	84.1	68.7	-18.3%
5 月	104.2	121.5	16.6%
6 月	106.3	99.4	-6.5%
7 月	91.1	80.6	-11.5%
8 月	93.6	95.5	2.0%
9 月	81.3	88.0	8.2%
10 月	62.6	71.1	13.6%
11 月	39.1	52.9	35.3%
12 月	29.8	33.5	12.4%
合计	838.2	788.6	—

五、2015 年蒸发量

2015 年重沟站蒸发量为 919.1 mm,为多年平均值的 109.7%。最大日水面蒸发量发生在 6 月 12 日,蒸发量为 6.6 mm,终冰日期为 2 月 20 日,初冰日期为 11 月 24 日。蒸发量月际分布极不均匀,最多的为 6 月,蒸发量为 119.8 mm,占全年蒸发量的 13.0%,为多年平均值的 112.7%;最少的为 12 月,蒸发量为 30.7 mm,占全年蒸发量的 3.3%,为多年平均值的 103.0%。汛期蒸发为 420.2 mm,占全年蒸发量的 45.7%;非汛期蒸发量为 498.9 mm,占全年蒸发量的 54.3%。

与多年平均相比,蒸发量距平最大的月份为 7 月,蒸发量为 111.2 mm,比多年平均偏多 22.1%;最小的月份为 11 月,蒸发量为 36.9 mm,比多年平均偏少 5.6%。汛期蒸发量为 420.2 mm,比多年平均偏多 12.9%,非汛期蒸发量为 498.9 mm,比多年平均偏多 7.1%。

重沟水文站 2015 年各月蒸发量柱状图见图 4-19。

重沟水文站 2015 年各月蒸发量统计见表 4-18。

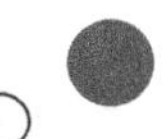

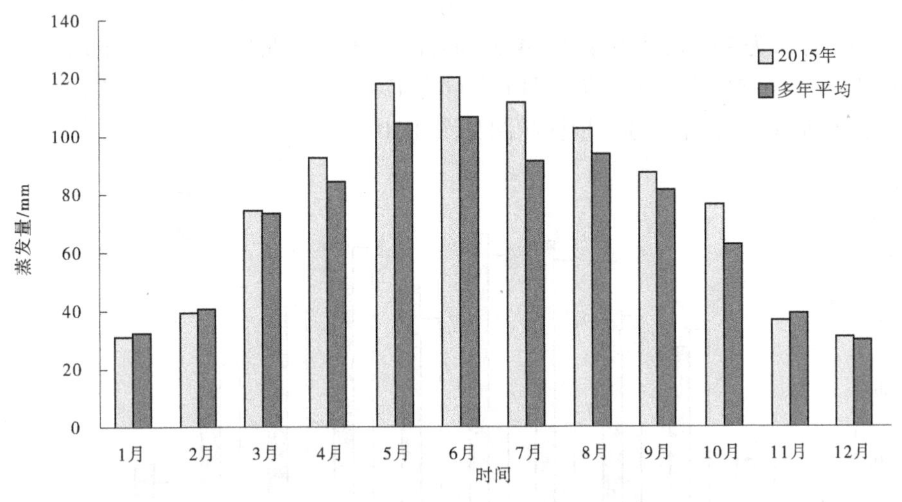

图 4-19　重沟水文站 2015 年各月蒸发量柱状图

表 4-18　重沟水文站 2015 年各月蒸发量统计

月份	多年平均/mm	2015 年/mm	距平
1 月	32.1	31.1	-3.1%
2 月	40.6	39.4	-3.0%
3 月	73.4	74.3	1.2%
4 月	84.1	92.6	10.1%
5 月	104.2	117.8	13.1%
6 月	106.3	119.8	12.7%
7 月	91.1	111.2	22.1%
8 月	93.6	102.1	9.1%
9 月	81.3	87.1	7.1%
10 月	62.6	76.1	21.6%
11 月	39.1	36.9	-5.6%
12 月	29.8	30.7	3.0%
合计	838.2	919.1	9.7%

六、2016 年蒸发量

2016 年重沟站蒸发量为 841.1 mm，为多年平均值的 100.3%。最大日水面蒸发量发生在 8 月 27 日，蒸发量为 6.5 mm，终冰日期为 3 月 13 日，初冰日期为 11 月 22 日。蒸发量月际分布极不均匀，最多的月份为 6 月，蒸发量为 100.3 mm，占全年蒸发量的 11.9%，为多年平均值的 94.4%；最少的月份为 12 月，蒸发量为 30.0 mm，占全年蒸发量的 3.6%，为多年平均值的 100.7%。汛期蒸发量为 370.4 mm，占全年蒸发量的 44.0%；非汛期蒸发量为 470.7 mm，占全年蒸发量的 56.0%。

与多年平均相比,蒸发量距平最大的月份为2月,蒸发量为45.4 mm,比多年平均偏多11.8%;最小的月份为11月,蒸发量为34.3 mm,比多年平均偏少12.3%。汛期蒸发量为370.4 mm,比多年平均偏少0.5%,非汛期蒸发量为470.7 mm,比多年平均偏多1.0%。

重沟水文站2016年各月蒸发量柱状图见图4-20。

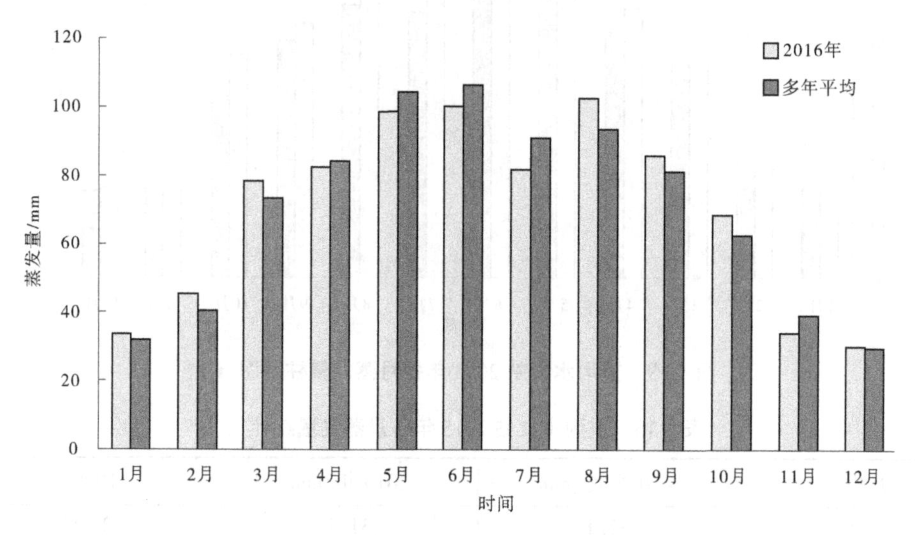

图4-20 重沟水文站2016年各月蒸发量柱状图

重沟水文站2016年各月蒸发量统计见表4-19。

表4-19 重沟水文站2016年各月蒸发量统计

月份	多年平均/mm	2016年/mm	距平
1月	32.1	33.3	3.7%
2月	40.6	45.4	11.8%
3月	73.4	78.1	6.4%
4月	84.1	82.5	-1.9%
5月	104.2	98.6	-5.4%
6月	106.3	100.3	-5.6%
7月	91.1	81.9	-10.1%
8月	93.6	102.4	9.4%
9月	81.3	85.8	5.5%
10月	62.6	68.5	9.4%
11月	39.1	34.3	-12.3%
12月	29.8	30.0	0.7%
合计	838.2	841.1	0.3%

七、2017 年蒸发量

2017 年重沟水文站蒸发量为 878.5 mm，为多年平均值的 104.8%。最大日水面蒸发量发生在 6 月 16 日，蒸发量为 6.9 mm，终冰日期为 2 月 25 日，初冰日期为 11 月 22 日。蒸发量月际分布极不均匀，最多的为 5 月，蒸发量为 110.4 mm，占全年蒸发量的 12.6%，为多年平均值的 116.0%；最少的月份为 1 月，蒸发量为 33.8 mm，占全年蒸发量的 3.8%，为多年平均值的 105.3%。汛期蒸发量为 362.7 mm，占全年蒸发量的 41.3%；非汛期蒸发量为 515.8 mm，占全年蒸发量的 58.7%。

与多年平均相比，蒸发量距平最大的月份为 2 月，蒸发量为 66.5 mm，比多年平均偏多 63.8%；最小的月份为 9 月，蒸发量为 71.7 mm，比多年平均偏少 11.8%。汛期蒸发量为 362.7 mm，比多年平均偏少 2.6%，非汛期蒸发量为 515.8 mm，比多年平均偏多 10.7%。

重沟水文站 2017 年各月蒸发量柱状图见图 4-21。

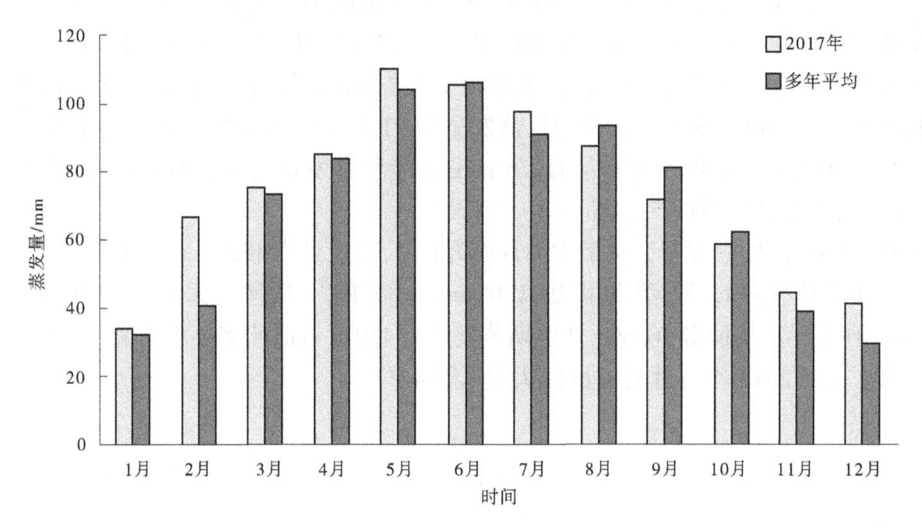

图 4-21　重沟水文站 2017 年各月蒸发量柱状图

重沟水文站 2017 年各月蒸发量统计见表 4-20。

表 4-20　重沟水文站 2017 年各月蒸发量统计

月份	多年平均/mm	2017 年/mm	距平
1 月	32.1	33.8	5.3%
2 月	40.6	66.5	63.8%
3 月	73.4	75.5	2.9%
4 月	84.1	85.0	1.1%
5 月	104.2	110.4	6.0%
6 月	106.3	105.8	-0.5%
7 月	91.1	97.8	7.4%

续表 4-20

月份	多年平均/mm	2017 年蒸发量/mm	距平/%
8 月	93.6	87.4	-6.6%
9 月	81.3	71.7	-11.8%
10 月	62.6	58.8	-6.1%
11 月	39.1	44.5	13.8%
12 月	29.8	41.3	38.6%
合计	838.2	878.5	4.8%

八、2018 年蒸发量

2018 年重沟站蒸发量为 842.2 mm，为多年平均值的 100.5%。最大日水面蒸发量发生在 6 月 24 日，蒸发量为 9.3 mm，终冰日期为 3 月 2 日，初冰日期为 12 月 6 日。蒸发量月际分布极不均匀。最多的为 6 月，蒸发量为 132.1 mm，占全年蒸发量的 15.7%，为多年平均值的 124.3%；最少的月份为 12 月，蒸发量为 21.0 mm，占全年蒸发量的 2.5%，为多年平均值的 70.5%。汛期蒸发量为 411.6 mm，占全年蒸发量的 48.9%；非汛期蒸发量为 430.6 mm，占全年蒸发量的 51.1%。

与多年平均相比，蒸发量距平最大的月份为 6 月，蒸发量为 132.1 mm，比多年平均偏多 24.3%；最小的月份为 12 月，蒸发量为 21.0 mm，比多年平均偏少 29.5%。汛期蒸发量为 411.6 mm，比多年平均偏多 10.6%，非汛期蒸发量为 430.6 mm，比多年平均偏少 7.6%。

重沟水文站 2018 年各月蒸发量柱状图见图 4-22。

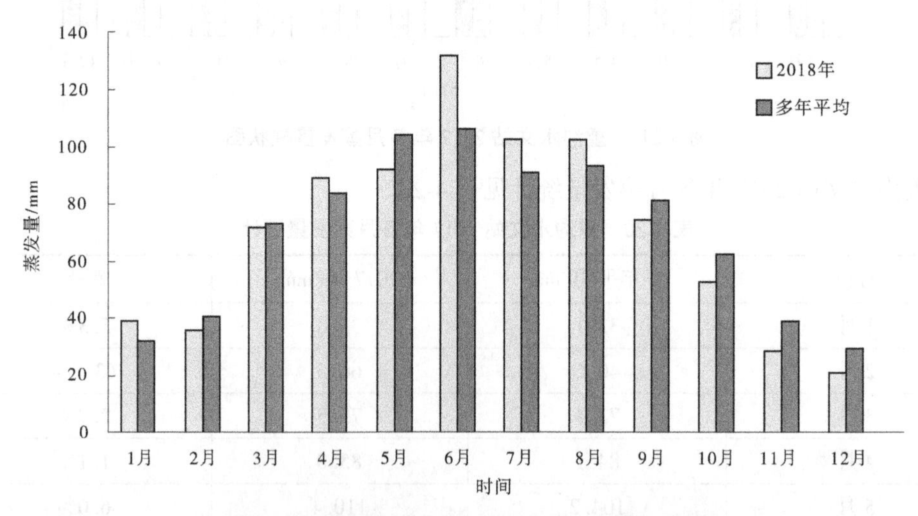

图 4-22　重沟水文站 2018 年各月蒸发量柱状图

重沟水文站 2018 年各月蒸发量统计见表 4-21。

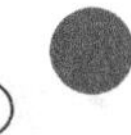

表 4-21　重沟水文站 2018 年各月蒸发量统计

月份	多年平均/mm	2018 年/mm	距平
1 月	32.1	39.0	21.5%
2 月	40.6	35.9	-11.6%
3 月	73.4	71.9	-2.0%
4 月	84.1	89.3	6.2%
5 月	104.2	92.1	-11.6%
6 月	106.3	132.1	24.3%
7 月	91.1	102.4	12.4%
8 月	93.6	102.4	9.4%
9 月	81.3	74.7	-8.1%
10 月	62.6	52.7	-15.8%
11 月	39.1	28.7	-26.8%
12 月	29.8	21.0	-29.5%
合计	838.2	842.2	0.5%

九、2019 年蒸发量

2019 年重沟站蒸发量为 781.9 mm，为多年平均值的 93.3%。最大日水面蒸发量发生在 5 月 27 日，蒸发量为 5.7 mm，终冰日期为 3 月 7 日，初冰日期为 11 月 18 日。蒸发量月际分布极不均匀。最多的为 5 月，蒸发量为 102.3 mm，占全年蒸发量的 13.1%，为多年平均值的 98.2%；最少的月份为 1 月，蒸发量为 22.6 mm，占全年蒸发量的 2.9%，为多年平均值的 71.4%。汛期蒸发量为 367.5 mm，占全年蒸发量的 47.0%；非汛期蒸发量为 414.4 mm，占全年蒸发量的 53.0%。

与多年平均相比，蒸发量距平最大的月份为 11 月，蒸发量为 40.4 mm，比多年平均偏多 3.3%；最小的月份为 1 月，蒸发量为 22.6 mm，比多年平均偏少 29.6%。汛期蒸发量为 367.5 mm，比多年平均偏少 1.3%，非汛期蒸发量为 414.4 mm，比多年平均偏少 11.1%。

重沟水文站 2019 年各月蒸发量柱状图见图 4-23。

重沟水文站 2019 年各月蒸发量统计见表 4-22。

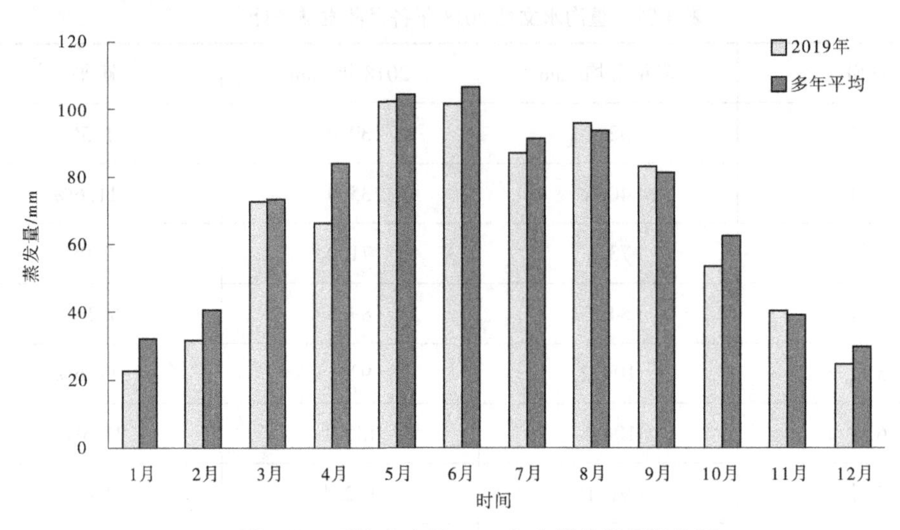

图 4-23 重沟水文站 2019 年各月蒸发量柱状图

表 4-22 重沟水文站 2019 年各月蒸发量统计

月份	多年平均/mm	2019 年/mm	距平
1 月	32.1	22.6	-29.6%
2 月	40.6	31.8	-21.7%
3 月	73.4	72.7	-1.0%
4 月	84.1	66.4	-21.0%
5 月	104.2	102.3	-1.8%
6 月	106.3	101.7	-4.3%
7 月	91.1	87.0	-4.5%
8 月	93.6	95.8	2.4%
9 月	81.3	83.0	2.1%
10 月	62.6	53.6	-14.4%
11 月	39.1	40.4	3.3%
12 月	29.8	24.6	-17.4%
合计	838.2	781.9	-6.7%

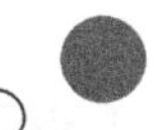

十、2020 年蒸发量

2020 年重沟水文站蒸发量为 782. 8 mm，为多年平均值的 93. 4%。最大日水面蒸发量发生在 5 月 18 日，蒸发量为 7. 0 mm，终冰日期为 3 月 4 日，初冰日期为 11 月 28 日。蒸发量月际分布极不均匀。最多的为 5 月，蒸发量为 99. 8 mm，占全年蒸发量的 12. 7%，为多年平均值的 95. 8%；最少的为 2 月，蒸发量为 30. 5 mm，占全年蒸发量的 3. 9%，为多年平均值的 75. 1%。汛期蒸发量为 325. 5 mm，占全年蒸发量的 41. 6%；非汛期蒸发量为 457. 3 mm，占全年蒸发量的 58. 4%。

与多年平均相比，蒸发量距平最大的月份为 4 月，蒸发量为 94. 9 mm，比多年平均偏多 12. 8%；最小的月份为 2 月，蒸发量为 30. 5 mm，比多年平均偏少 24. 9%。汛期蒸发量为 325. 5 mm，比多年平均偏少 12. 6%，非汛期蒸发量为 457. 3 mm，比多年平均偏少 1. 8%。

重沟水文站 2020 年各月蒸发量柱状图见图 4-24。

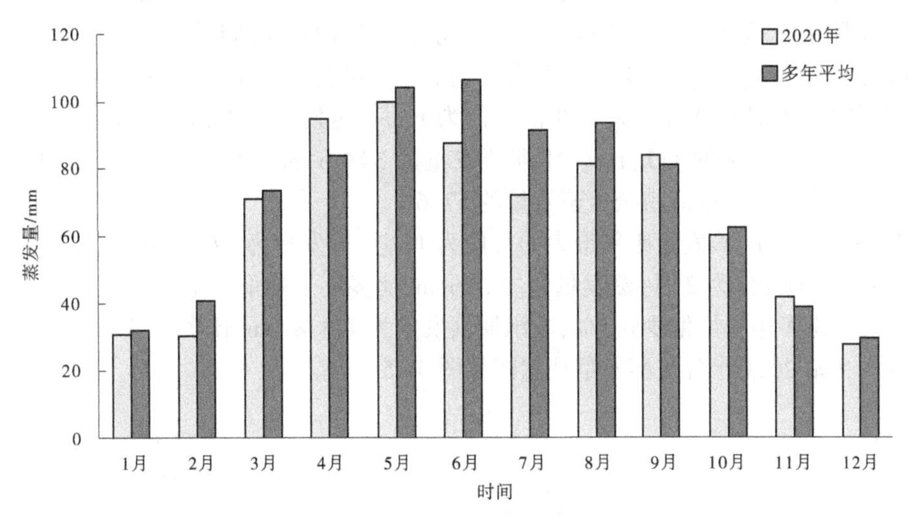

图 4-24　重沟水文站 2020 年各月蒸发量柱状图

重沟水文站 2020 年各月蒸发量统计见表 4-23。

表 4-23　重沟水文站 2020 年各月蒸发量统计

月份	多年平均/mm	2020 年/mm	距平
1 月	32. 1	30. 9	-3. 7%
2 月	40. 6	30. 5	-24. 9%
3 月	73. 4	71. 1	-3. 1%
4 月	84. 1	94. 9	12. 8%
5 月	104. 2	99. 8	-4. 2%
6 月	106. 3	87. 6	-17. 6%
7 月	91. 1	72. 2	-20. 7%

续表 4-23

月份	多年平均/mm	2020 年蒸发量/mm	距平/%
8 月	93.6	81.6	-12.8%
9 月	81.3	84.1	3.4%
10 月	62.6	60.4	-3.5%
11 月	39.1	41.9	7.2%
12 月	29.8	27.8	-6.7%
合计	838.2	782.8	-6.6%

十一、2021 年蒸发量

2021 年重沟水文站蒸发量为 822.1 mm，为多年平均值的 98.1%。最大日水面蒸发量发生在 6 月 6 日，蒸发量为 5.5 mm，终冰日期为 3 月 6 日，初冰日期为 11 月 22 日。蒸发量月际分布极不均匀。最多的月份为 5 月，蒸发量为 108.6 mm，占全年蒸发量的 13.2%，为多年平均值的 104.2%；最少的月份为 12 月，蒸发量为 33.1 mm，占全年蒸发量的 4.0%，为多年平均值的 111.1%。汛期蒸发量为 348.3 mm，占全年蒸发量的 42.4%；非汛期蒸发量为 473.8 mm，占全年蒸发量的 57.6%。

与多年平均相比，蒸发量距平最大的月份为 11 月，蒸发量为 47.2 mm，比多年平均偏多 20.7%；最小的月份为 2 月，蒸发量为 35.1 mm，比多年平均偏少 13.5%。汛期蒸发量为 348.3 mm，比多年平均偏少 6.5%，非汛期蒸发量为 473.8 mm，比多年平均偏多 1.7%。

重沟水文站 2021 年各月蒸发量柱状图见图 4-25。

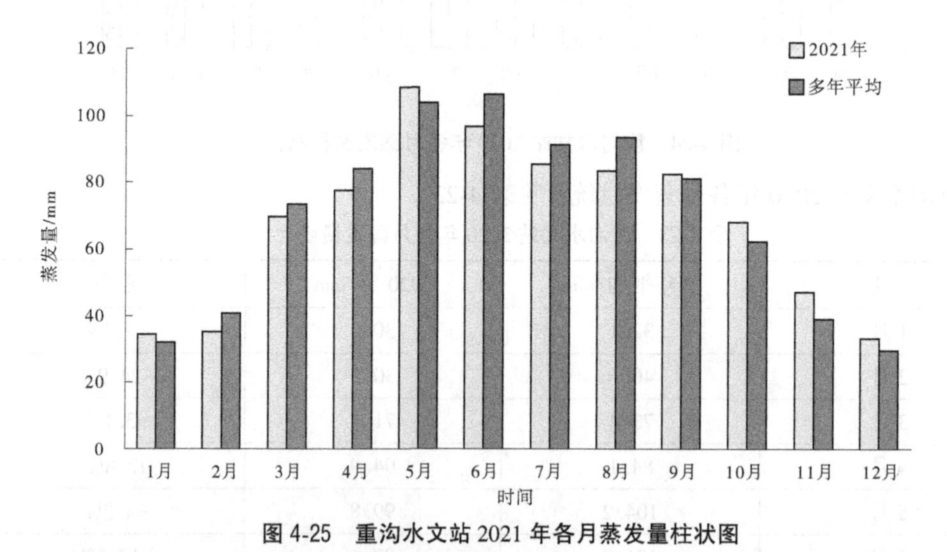

图 4-25 重沟水文站 2021 年各月蒸发量柱状图

重沟水文站 2021 年各月蒸发量统计见表 4-24。

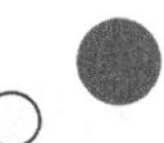

表 4-24　重沟水文站 2021 年各月蒸发量统计

月份	多年平均/mm	2021 年/mm	距平
1 月	32.1	34.2	6.5%
2 月	40.6	35.1	-13.5%
3 月	73.4	69.9	-4.8%
4 月	84.1	77.7	-7.6%
5 月	104.2	108.6	4.2%
6 月	106.3	96.9	-8.8%
7 月	91.1	85.5	-6.1%
8 月	93.6	83.5	-10.8%
9 月	81.3	82.4	1.4%
10 月	62.6	68.0	8.6%
11 月	39.1	47.2	20.7%
12 月	29.8	33.1	11.1%
合计	838.2	822.1	-1.9%

第三节　水　位

重沟水文站建成后，自 2011 年 6 月 22 日开始进行水位测验，2012 年 5—7 月由于部分河干无法量取水位，故 2011 年和 2012 年的观测数据不参与长系列特征值统计计算，仅作为资料参考。

一、多年平均水位

根据历年实测水位资料，重沟水文站多年平均水位为 52.58 m，年平均水位最大的年份为 2013 年，为 52.71 m，比多年平均值高 0.13 m。年平均水位最小的年份为 2015 年，为 52.46 m，比多年平均值低 0.12 m。最高年与最低年相差 0.25 m。

由于测站运行初期工程建设、河道整治及 2012 年汛期洪水冲刷等原因，2011 年汛后及 2012 年汛前水位较之后的河床平稳期偏高 0.4~0.5 m。

多年汛期平均水位 52.81 m，最大为 2020 年的 53.08 m，最小为 2015 年的 52.48 m；非汛期平均水位 52.47 m，最大为 2017 年的 52.57 m，最小为 2020 年的 52.38 m；其中汛前平均水位 52.45 m，汛后平均水位 52.51 m。多年汛期与非汛期平均水位差值为 0.34 m，最大为 2020 年的 0.71 m，最小为 2014 年的-0.04 m。一般情况下，汛前水位<汛后水位<年平均水位<汛期水位。

重沟水文站历年平均水位柱状图见图 4-26。

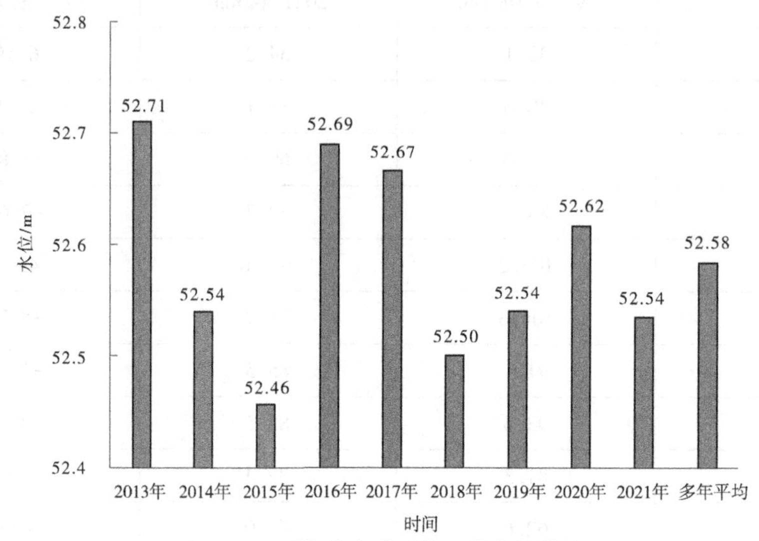

图 4-26 重沟水文站历年平均水位柱状图

水位最高为 8 月的 53. 20 m,高于多年平均水位 0. 62 m。水位最低的月份为 2 月的 52. 38 m,低于多年平均水位 0. 20 m。

重沟水文站多年平均各月水位柱状图见图 4-27。

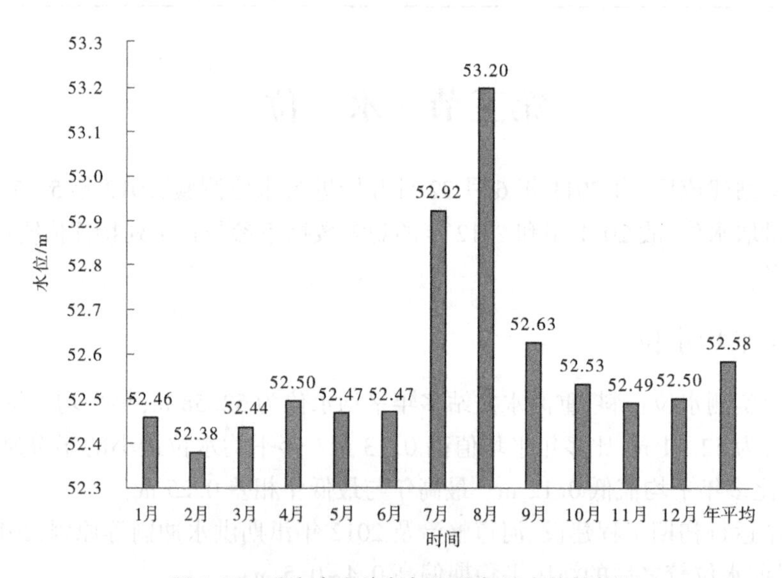

图 4-27 重沟水文站多年平均各月水位柱状图

重沟水文站实测最高水位 60. 26 m,发生日期 2020 年 8 月 15 日;最低水位为河干,发生在 2012 年 5 月,其次为 52. 01 m,发生日期 2021 年 6 月 5 日;根据断面变化,断流时水位在 52. 10~52. 30 m。

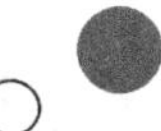

二、2011 年水位

2011 年重沟水文站水位自 6 月 22 日开始记录，最高水位 56.04 m，发生日期 8 月 29 日；实测到的最低水位 52.52 m，发生日期 6 月 22 日。全年发生洪峰水位超过 54.00 m 的洪水 3 次，其中超过 56.00 m 的 1 次。

8 月平均水位最高，为 53.36 m；11 月平均水位最低，为 52.85 m。

与多年平均相比，2011 年有实测资料月份的月平均水位均高于多年平均值，其中差值较大的为 9 月及 12 月，分别高于多年平均 0.60 m 和 0.53 m。

汛后平均水位 52.92 m，高于多年平均值 0.41 m。

汛期初期断流时水位为 53.00 m 左右；汛后断流时水位为 52.80 m 左右。

重沟水文站 2011 年各月平均水位柱状图见图 4-28。

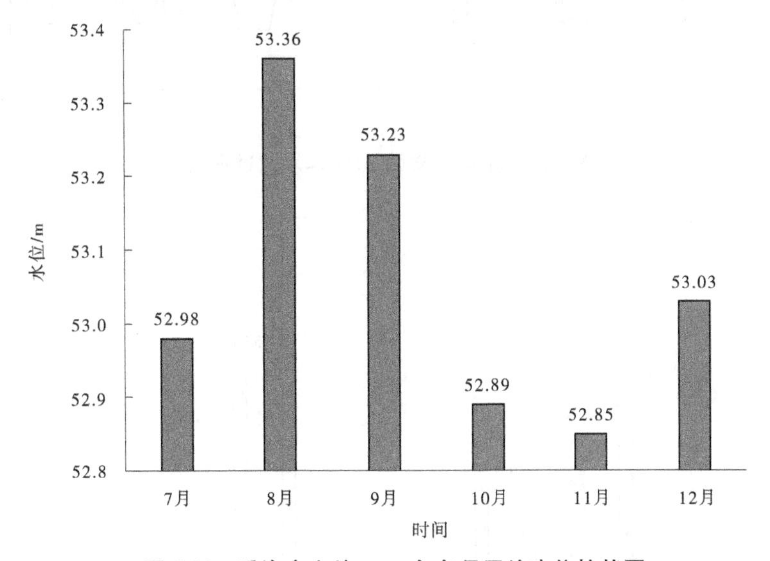

图 4-28　重沟水文站 2011 年各月平均水位柱状图

重沟水文站 2011 年水位过程线见图 4-29。

三、2012 年水位

2012 年由于 5—7 月发生部分河干，无法计算年平均水位。最高水位 56.34 m，发生在 7 月 23 日。自 5 月 15 日至 6 月 12 日，以及 6 月 15 日至 7 月 6 日，河干总日数长达 49 日。全年发生洪峰水位超过 54.00 m 的洪水 5 次，其中超过 56.00 m 的 2 次。

8 月平均水位最高，为 53.27 m；12 月平均水位最低，为 52.48 m。

月平均水位除 12 月外均大于或等于多年平均值；尤其是汛前各月，其中 2 月差值达到了 0.49 m。

汛后平均水位 52.56 m，与多年平均值持平。

汛前断流时水位在 52.60 m 左右，汛后断流时水位在 52.50 m 左右。

重沟水文站 2012 年各月平均水位柱状图见图 4-30。

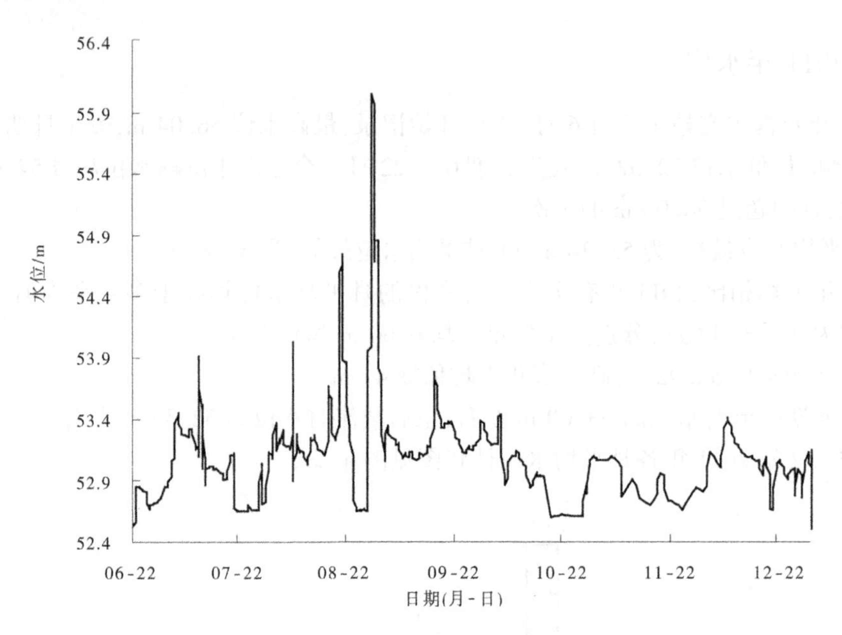

图 4-29 重沟水文站 2011 年水位过程线

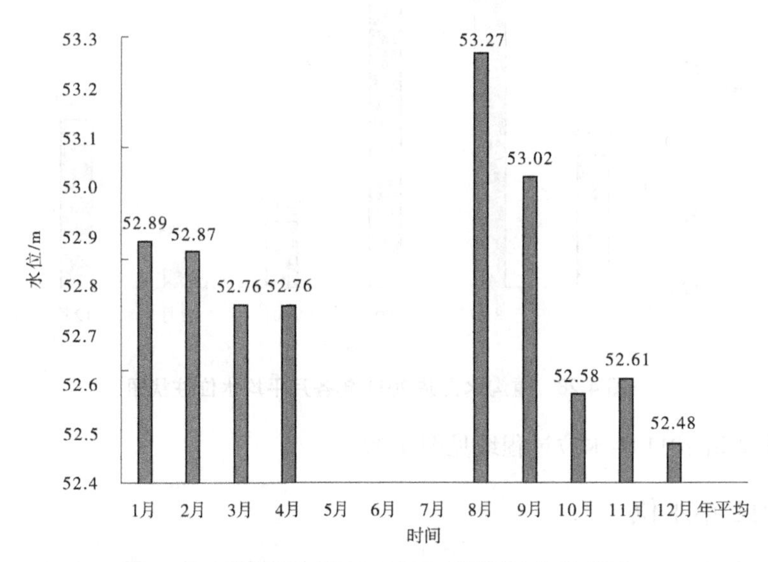

图 4-30 重沟水文站 2012 年各月平均水位柱状图

重沟水文站 2012 年水位过程线见图 4-31。

四、2013 年水位

2013 年平均水位 52. 71 m,高于多年平均值 0. 13 m,是有资料以来年平均水位最高的年份;最高水位 54. 57 m,发生在 7 月 5 日,最低水位 52. 31 m,发生在 3 月 24 日;水位年内变化幅度 2. 26 m。全年发生洪峰水位超过 54. 00 m 的洪水 2 次。

7 月平均水位最高,为 53. 47 m;2 月平均水位最低,为 52. 39 m。

月平均水位与多年平均值相差最大的为 7 月,高于多年平均值 0. 55 m,最小的为 2

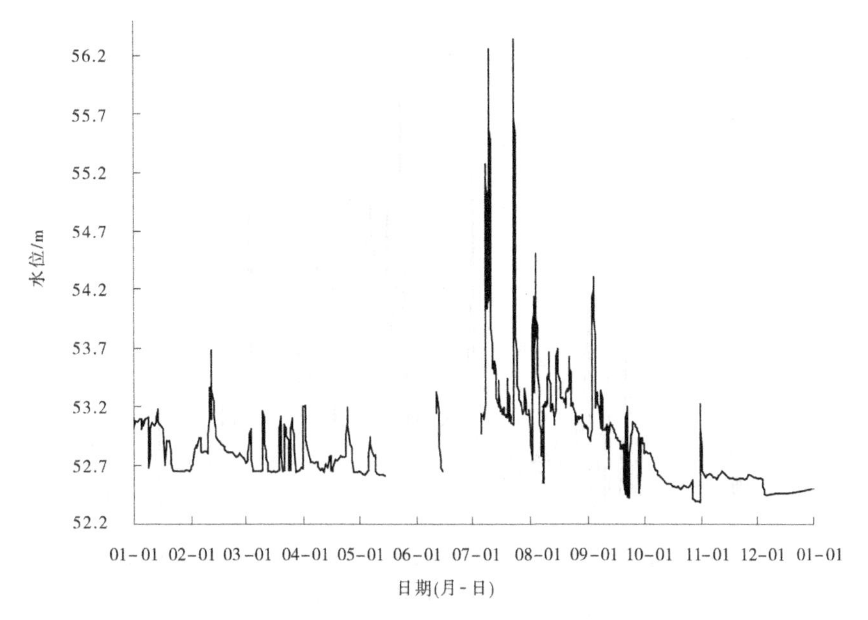

图 4-31　重沟水文站 2012 年水位过程线

月，高于多年平均值 0. 01 m。

汛前平均水位 52. 53 m，高于多年平均值 0. 08 m；汛期平均水位 53. 08 m，高于多年平均值 0. 27 m，比年平均高 0. 37 m，比非汛期高 0. 55 m；汛后平均水位 52. 53 m，高于多年平均值 0. 02 m。

汛前断流时水位在 52. 40 m 左右，汛后断流时水位在 52. 35 m 左右。

重沟水文站 2013 年各月平均水位柱状图见图 4-32。

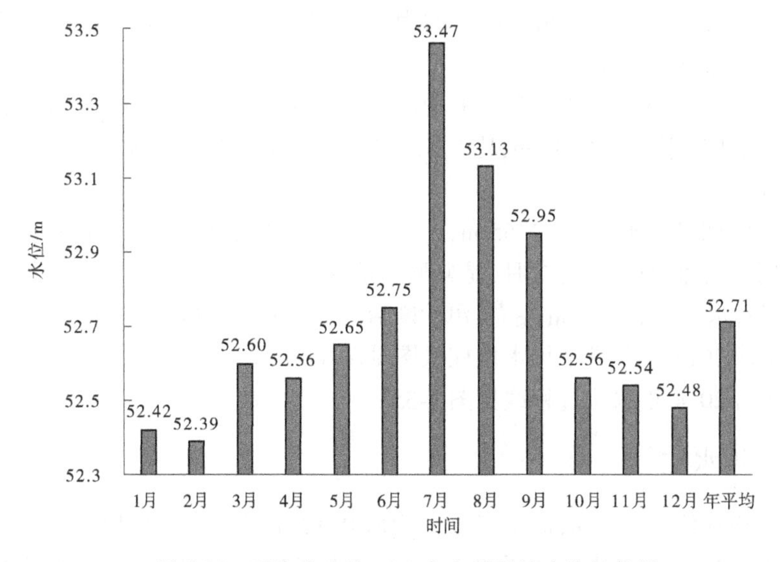

图 4-32　重沟水文站 2013 年各月平均水位柱状图

重沟水文站 2013 年水位过程线见图 4-33。

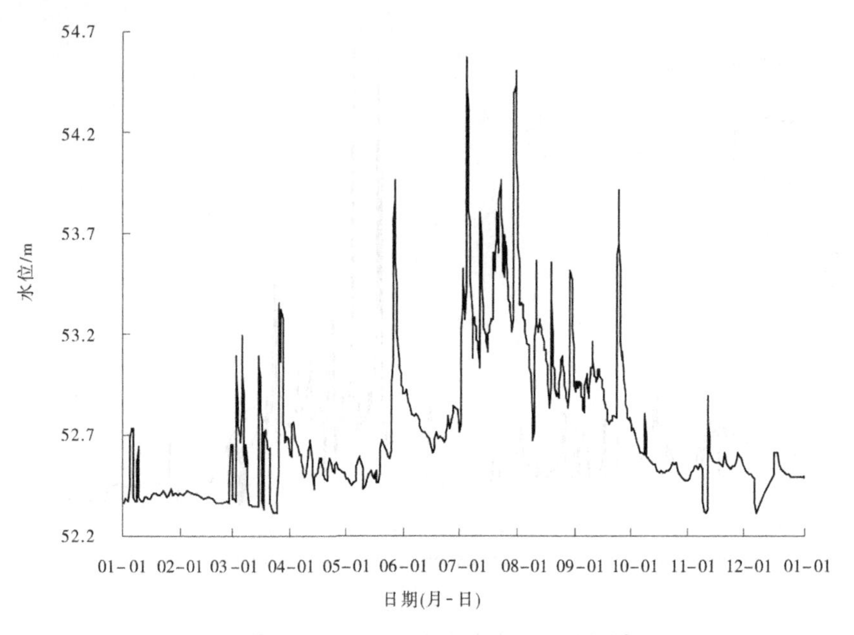

图 4-33 重沟水文站 2013 年水位过程线

五、2014 年水位

2014 年平均水位 52.54 m,低于多年平均值 0.04 m;最高水位 54.23 m,发生在 7 月 4 日,最低水位 52.22 m,发生在 7 月 21 日;水位年内变化幅度 2.01 m。全年发生洪峰水位超过 54.00 m 的洪水 1 次。

10 月平均水位最高,为 52.71 m;7 月平均水位最低,为 52.33 m。

月平均水位与多年平均值相差最大的为 7 月,低于多年平均值 0.59 m,最小的为 3 月,高于多年平均值 0.01 m。

汛前平均水位 52.52 m,高于多年平均值 0.07 m;汛期平均水位 52.51 m,低于多年平均值 0.30 m,比年平均低 0.03 m,比非汛期低 0.04 m;汛后平均水位 52.61 m,高于多年平均值 0.10 m。

2014 年非汛期平均水位为 52.55 m,比多年平均值高 0.08 m;汛期平均水位低于非汛期,且平均水位最低的月份为 7 月,是典型的枯水年表现。

汛前断流时水位在 52.35 m 左右,汛后断流时水位在 52.25 m 左右。

重沟水文站 2014 年各月平均水位柱状图见图 4-34。

重沟水文站 2014 年水位过程线见图 4-35。

六、2015 年水位

2015 年平均水位 52.46 m,低于多年平均值 0.12 m,是有资料以来平均水位最低的年份;最高水位 54.78 m,发生在 8 月 8 日,最低水位 52.12 m,发生在 9 月 23 日;水位年内变化幅度 2.66 m。全年发生洪峰水位超过 54.00 m 的洪水 1 次。

8 月平均水位最高,为 52.71 m;9 月平均水位最低,为 52.18 m。

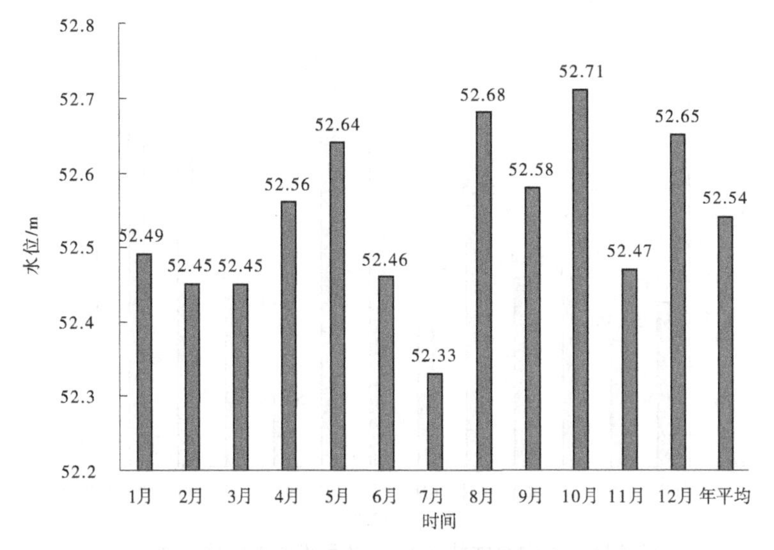

图 4-34　重沟水文站 2014 年各月平均水位柱状图

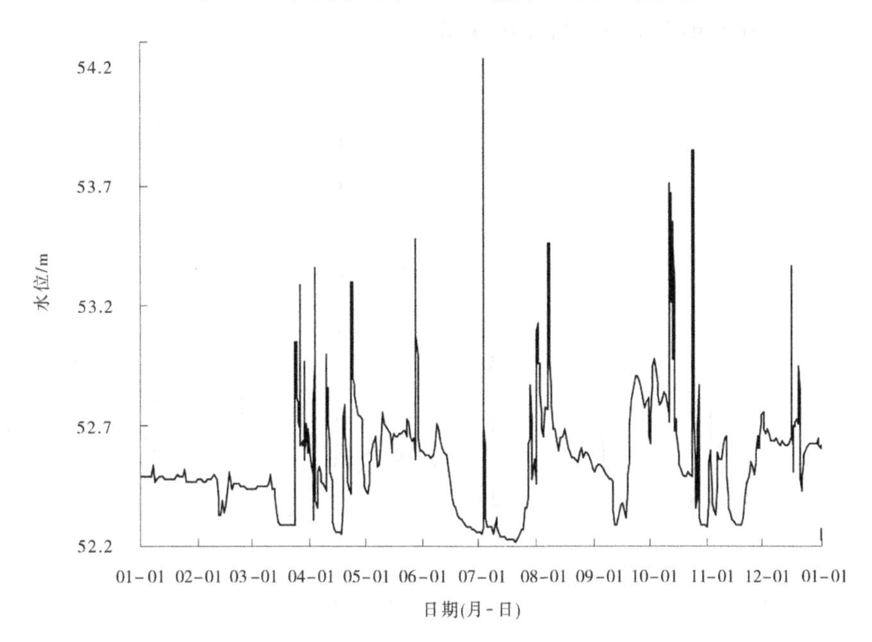

图 4-35　重沟水文站 2014 年水位过程线

月平均水位与多年平均值相差最大的为 8 月，低于多年平均值 0.49 m，最小的为 5 月，高于多年平均值 0.04 m。

汛前平均水位 52.39 m，低于多年平均值 0.06 m；汛期平均水位 52.48 m，低于多年平均值 0.33 m，比年平均高 0.03 m，比非汛期高 0.04 m；汛后平均水位 52.53 m，高于多年平均值 0.02 m。

2015 年整体水位偏低，且汛期平均水位低于汛后，是典型的枯水年表现。

重沟水文站 2015 年各月平均水位柱状图见图 4-36。

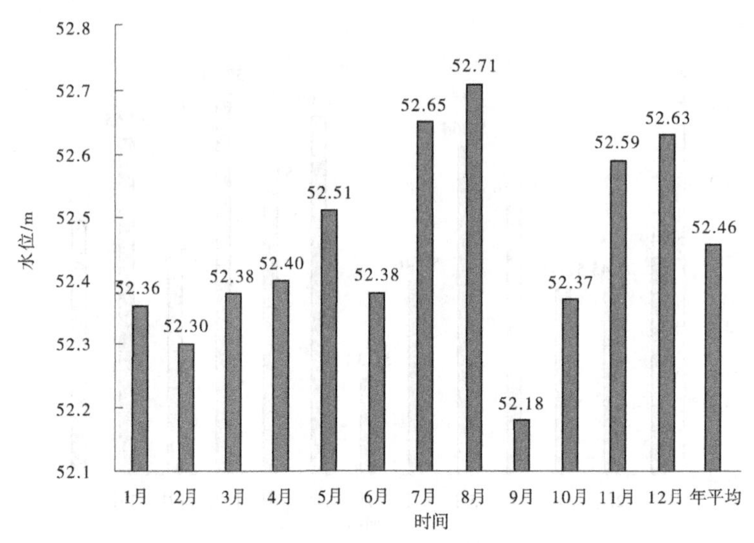

图 4-36 重沟水文站 2015 年各月平均水位柱状图

重沟水文站 2015 年水位过程线见图 4-37。

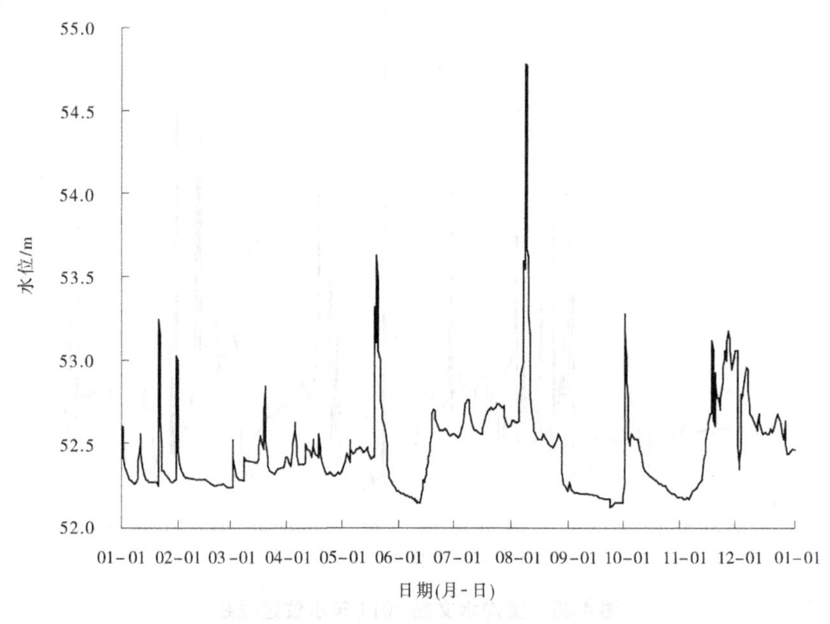

图 4-37 重沟水文站 2015 年水位过程线

七、2016 年水位

2016 年平均水位 52.69 m,高于多年平均值 0.11 m;最高水位 54.61 m,发生在 7 月 22 日,最低水位 52.12 m,发生在 9 月 23 日;水位年内变化幅度 2.49 m。全年发生洪峰水位超过 54.00 m 的洪水 3 次。

7 月平均水位最高,为 53.38 m;3 月平均水位最低,为 52.27 m。

月平均水位与多年平均值相差最大的为 7 月,高于多年平均值 0.46 m,最小的为 1

月，低于多年平均值0.03 m。

汛前平均水位52.34 m，低于多年平均值0.11 m；汛期平均水位53.02 m，高于多年平均值0.21 m，比年平均高0.33 m，比非汛期高0.49 m；汛后平均水位52.83 m，高于多年平均值0.32 m。

2016年汛前为枯水，汛期及汛后为平水年表现，为流域年际旱涝情况的转折年份。

重沟水文站2016年各月平均水位柱状图见图4-38。

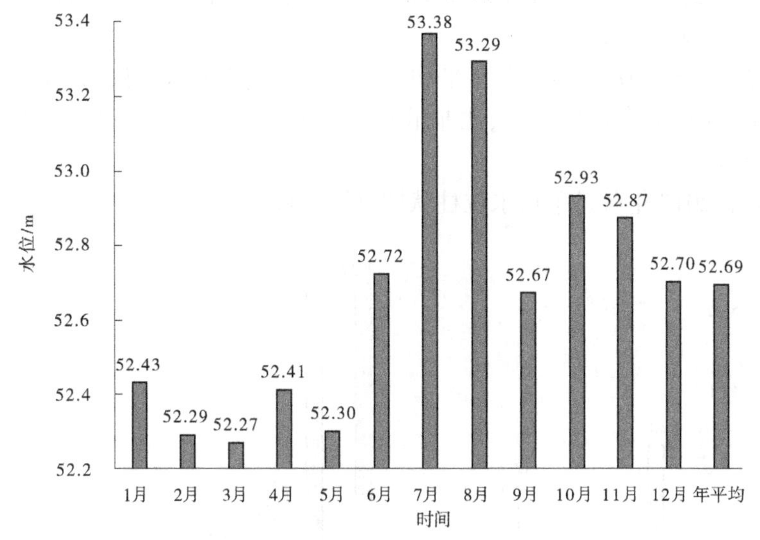

图4-38 重沟水文站2016年各月平均水位柱状图

重沟水文站2016年水位过程线见图4-39。

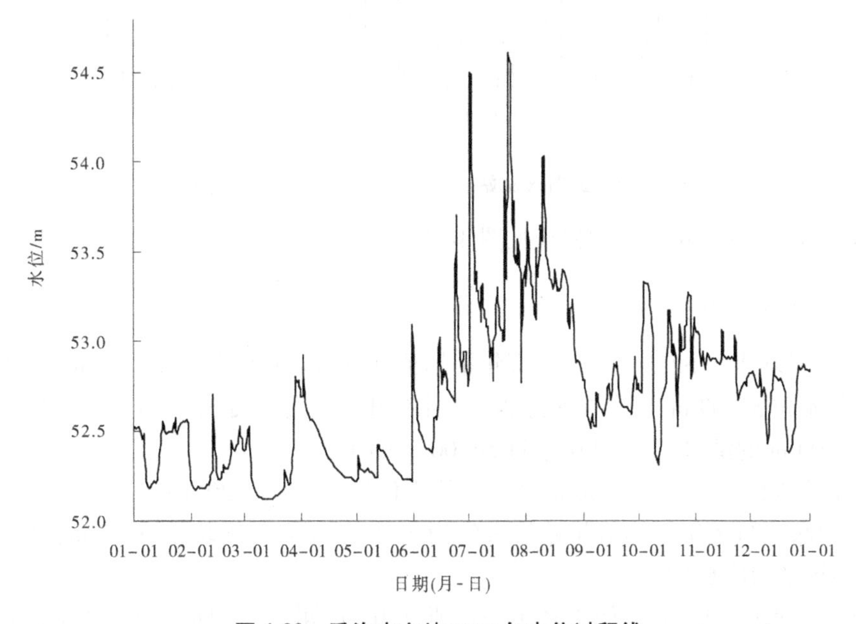

图4-39 重沟水文站2016年水位过程线

八、2017 年水位

2017 年平均水位 52. 67 m,高于多年平均值 0. 09 m;最高水位 55. 47 m,发生在 7 月 15 日,最低水位 52. 11 m,发生在 6 月 22 日;水位年内变化幅度 3. 36 m。全年发生洪峰水位超过 54. 00 m 的洪水 1 次。

7 月平均水位最高,为 53. 27 m;6 月平均水位最低,为 52. 26 m。

月平均水位与多年平均值相差最大的为 1 月,高于多年平均值 0. 41 m,最小的为 8 月,低于多年平均值 0. 02 m。

汛前平均水位 52. 60 m,高于多年平均值 0. 15 m;汛期平均水位 52. 86 m,高于多年平均值 0. 05 m,比年平均高 0. 20 m,比非汛期高 0. 30 m;汛后平均水位 52. 52 m,高于多年平均值 0. 01 m。

重沟水文站 2017 年各月平均水位柱状图见图 4-40。

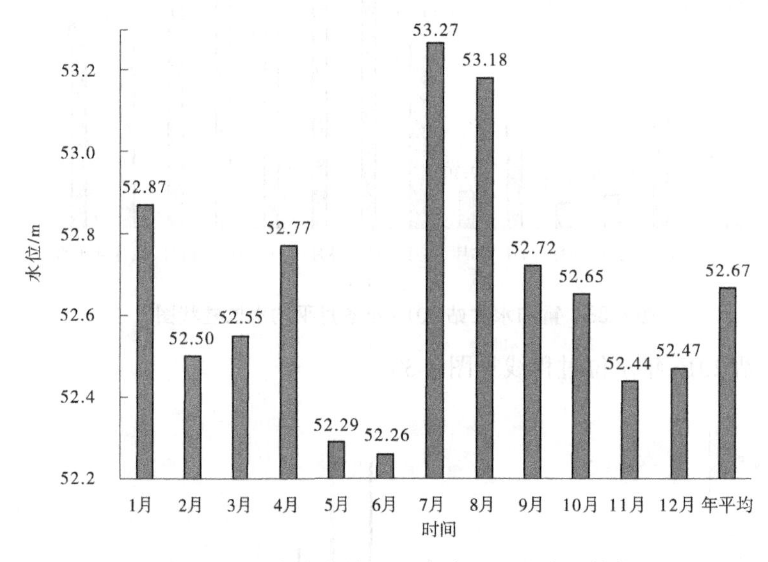

图 4-40　重沟水文站 2017 年各月平均水位柱状图

重沟水文站 2017 年水位过程线见图 4-41。

九、2018 年水位

2018 年平均水位 52. 50 m,低于多年平均值 0. 08 m;最高水位 57. 48 m,发生在 8 月 20 日,最低水位 52. 09 m,发生在 6 月 24 日;水位年内变化幅度 5. 39 m。全年发生洪峰水位超过 54. 00 m 的洪水 4 次,其中超过 56. 00 m 的 1 次。

8 月平均水位最高,为 53. 54 m;3 月平均水位最低,为 52. 20 m。

月平均水位与多年平均值相差最大的为 6 月,低于多年平均值 0. 27 m,最小的为 2 月,高于多年平均值 0. 03 m。

汛前平均水位 52. 35 m,低于多年平均值 0. 10 m;汛期平均水位 52. 79 m,低于多年平均值 0. 02 m,比年平均高 0. 29 m,比非汛期高 0. 44 m;汛后平均水位 52. 37 m,低于多

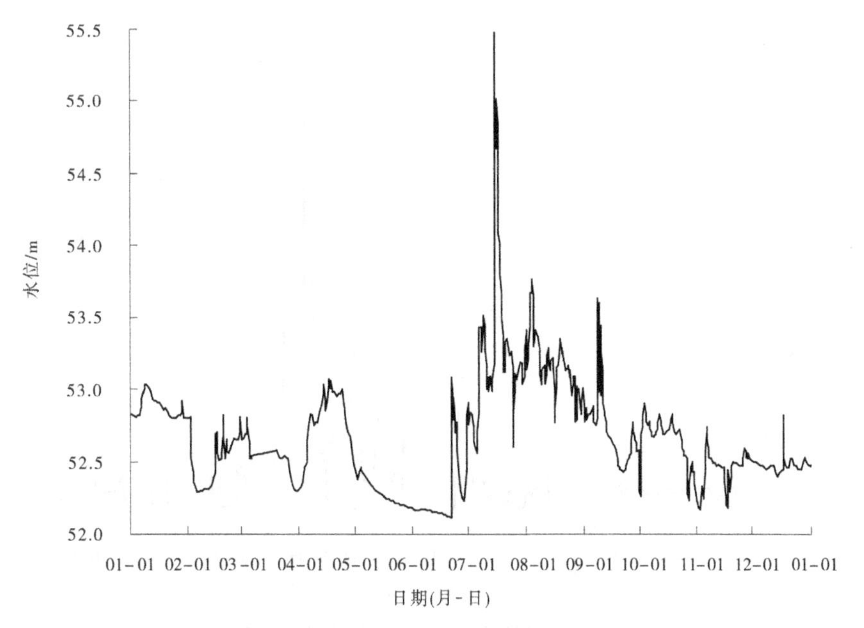

图 4-41　重沟水文站 2017 年水位过程线

年平均值 0.14 m。

重沟水文站 2018 年各月平均水位柱状图见图 4-42。

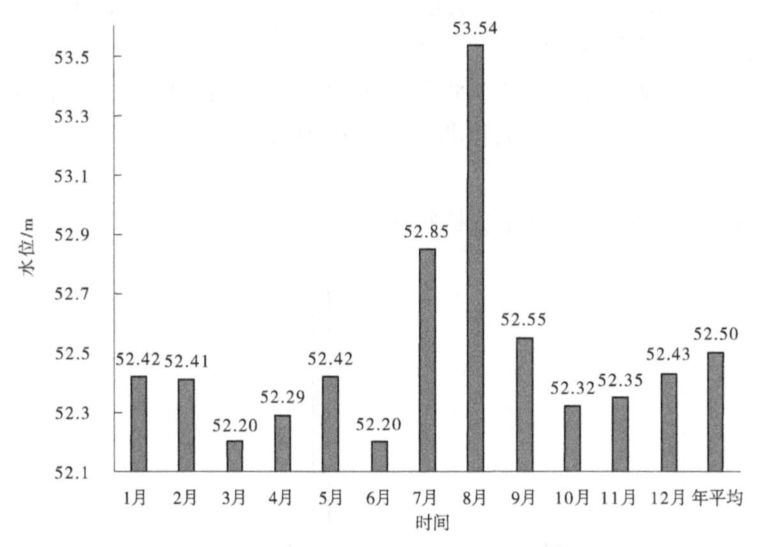

图 4-42　重沟水文站 2018 年各月平均水位柱状图

重沟水文站 2018 年水位过程线见图 4-43。

十、2019 年水位

2019 年平均水位 52.54 m，低于多年平均值 0.04 m；最高水位 57.13 m，发生在 8 月 11 日，最低水位 52.24 m，发生在 1 月 18 日；水位年内变化幅度 4.89 m。全年发生洪峰水

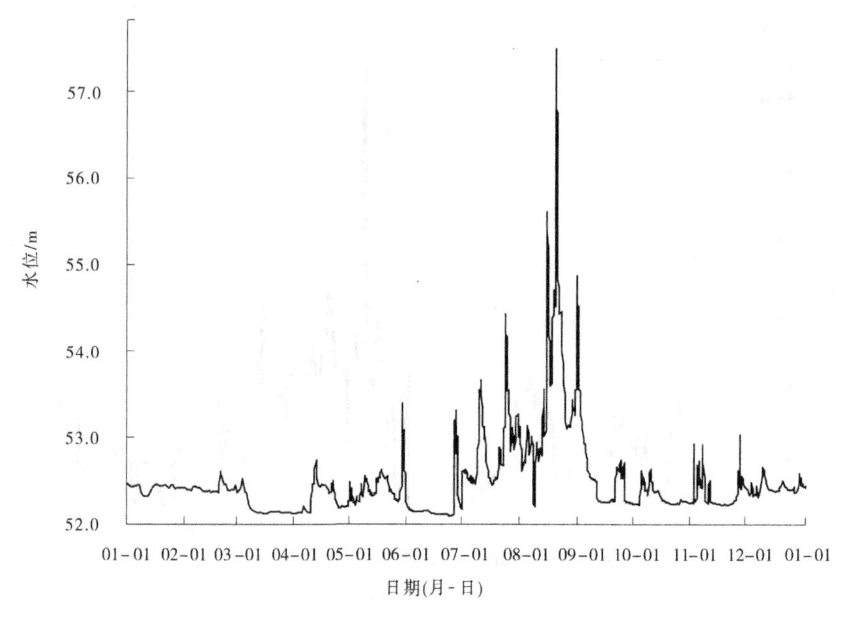

图 4-43　重沟水文站 2018 年水位过程线

位超过 54. 00 m 的洪水 2 次,其中超过 56. 00 m 的 1 次。

8 月平均水位最高,为 53. 27 m;1 月平均水位最低,为 52. 34 m。

月平均水位与多年平均值相差最大的为 7 月,低于多年平均值 0. 42 m,最小的为 2 月和 8 月,高于多年平均值 0. 02 m。

汛前平均水位 52. 49 m,高于多年平均值 0. 04 m;汛期平均水位 52. 68 m,低于多年平均值 0. 13 m,比年平均高 0. 14 m,比非汛期高 0. 21 m;汛后平均水位 52. 43 m,低于多年平均值 0. 08 m。

重沟水文站 2019 年各月平均水位柱状图见图 4-44。

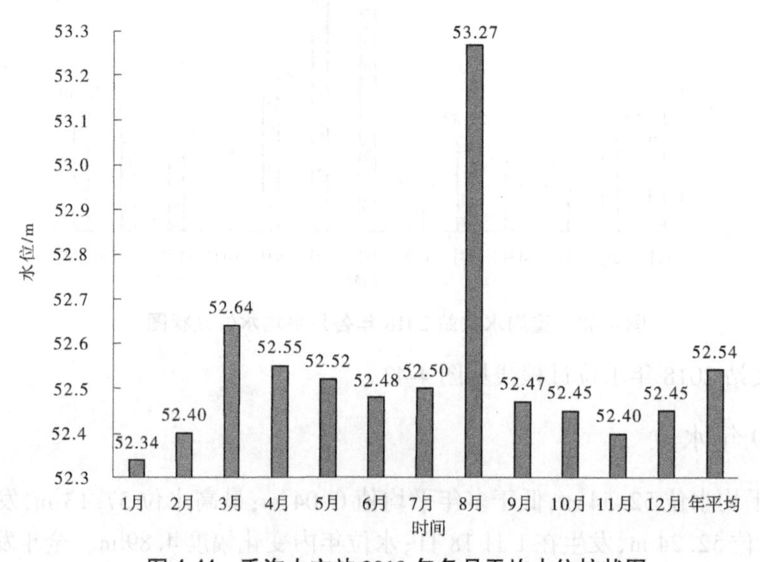

图 4-44　重沟水文站 2019 年各月平均水位柱状图

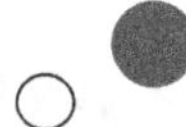

重沟水文站 2019 年水位过程线见图 4-45。

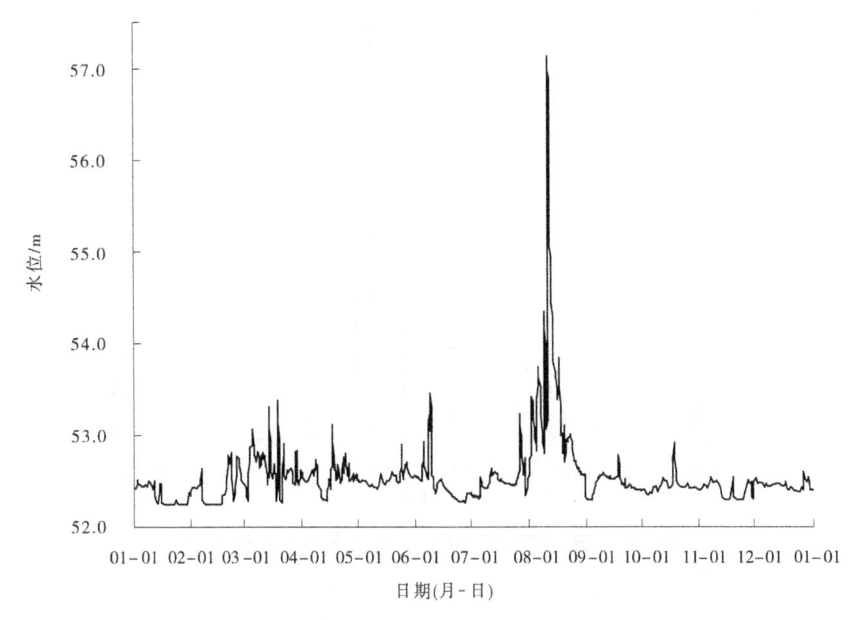

图 4-45　重沟水文站 2019 年水位过程线

十一、2020 年水位

2020 年平均水位 52.62 m，高于多年平均值 0.04 m；最高水位 60.26 m，发生在 8 月 15 日，最低水位 52.07 m，发生在 10 月 26 日；水位年内变化幅度 8.19 m。全年发生洪峰水位超过 54.00 m 的洪水 7 次，其中超过 56.00 m 的 2 次。

8 月平均水位最高，为 54.25 m；10 月平均水位最低，为 52.28 m。

月平均水位与多年平均值相差最大的为 8 月，高于多年平均值 1.05 m，最小的为 3 月和 5 月，均低于多年平均值 0.02 m。

汛前平均水位 52.40 m，低于多年平均值 0.05 m；汛期平均水位 53.09 m，高于多年平均值 0.28 m，比年平均高 0.47 m，比非汛期高 0.71 m；汛后平均水位 52.35 m，低于多年平均值 0.16 m。

2020 年为建站以来最丰水的年份，但水量主要集中在汛期，尤其是“8・14”洪水过程中；8 月平均水位高于多年平均值 1.05 m。除 6 月、7 月、8 月外，其余月份的月平均水位均低于多年平均值，汛后水位偏低主要受大洪水冲刷、河道下切影响。

重沟水文站 2020 年各月平均水位柱状图见图 4-46。

重沟水文站 2020 年水位过程线见图 4-47。

十二、2021 年水位

2021 年平均水位 52.54 m，低于多年平均值 0.04 m；最高水位 56.43 m，发生在 7 月 29 日，最低水位 52.01 m，发生在 6 月 5 日；水位年内变化幅度 4.42 m。全年发生洪峰水位超过 54.00 m 的洪水 5 次，其中超过 56.00 m 的 1 次。

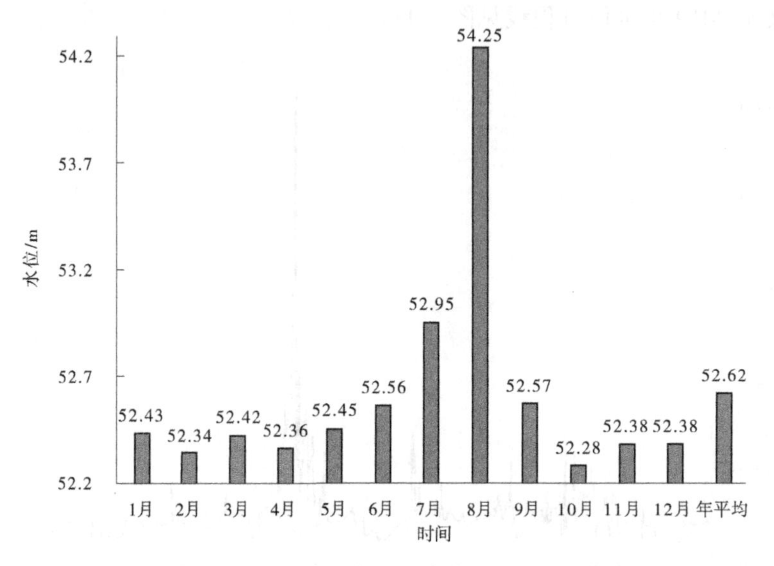

图 4-46　重沟水文站 2020 年各月平均水位柱状图

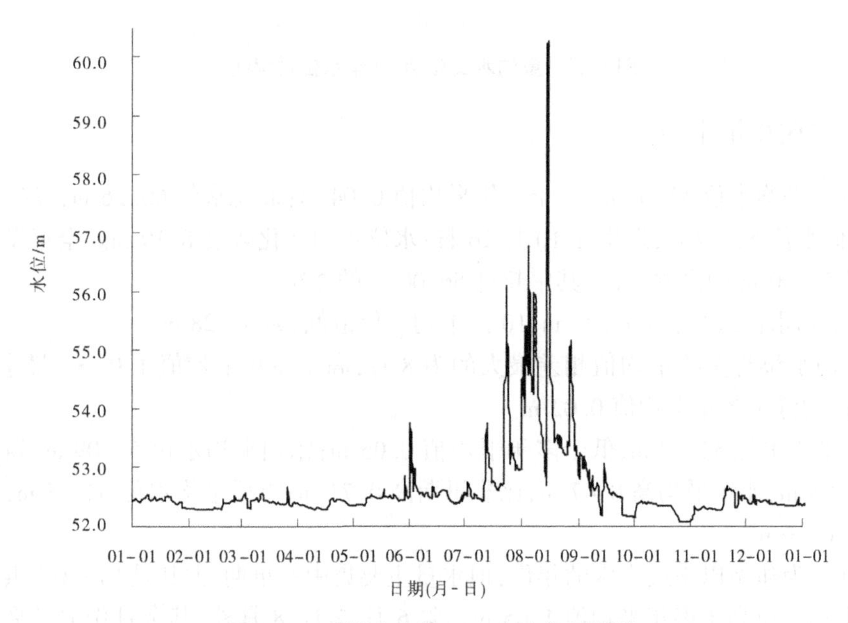

图 4-47　重沟水文站 2020 年水位过程线

9 月平均水位最高,为 52.96 m;12 月平均水位最低,为 52.32 m。

月平均水位与多年平均值相差最大的为 8 月,低于多年平均值 0.47 m,最小的为 10 月,高于多年平均值 0.01 m。

汛前平均水位 52.43 m,低于多年平均值 0.02 m;汛期平均水位 52.76 m,低于多年平均值 0.05 m,比年平均高 0.23 m,比非汛期高 0.34 m;汛后平均水位 52.41 m,低于多年平均值 0.10 m。

重沟站 2021 年各月平均水位柱状图见图 4-48。

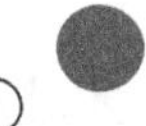

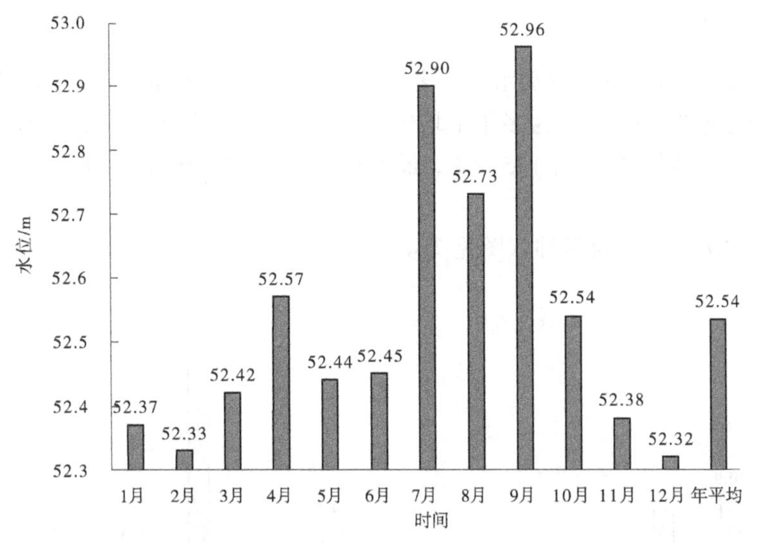

图 4-48　重沟水文站 2021 年各月平均水位柱状图

重沟水文站 2021 年水位过程线见图 4-49。

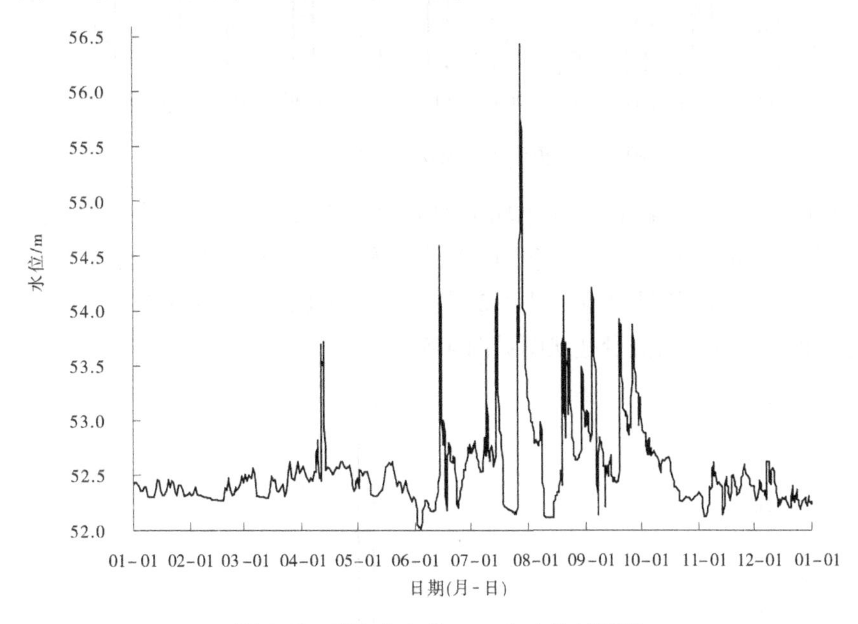

图 4-49　重沟水文站 2021 年水位过程线

第四节　流　量

重沟水文站建成后，自 2011 年 6 月 22 日开始进行流量测验，故 2011 年 7—12 月流量及径流量数据只作为参考资料，参与多年径流总量，不参与其他长系列特征值统计计算。

一、年平均流量

根据历年实测流量资料，重沟水文站多年平均流量为 29.3 m^3/s，年平均流量最大的年份为 2020 年，达 71.6 m^3/s，为多年平均值的 2.44 倍。年平均流量最小的为 2015 年，仅为 4.46 m^3/s，为多年平均值的 15.2%。最大年为最小年的 16.1 倍，是典型的年际变化剧烈的河道。

重沟水文站历年平均流量柱状图见图 4-50。

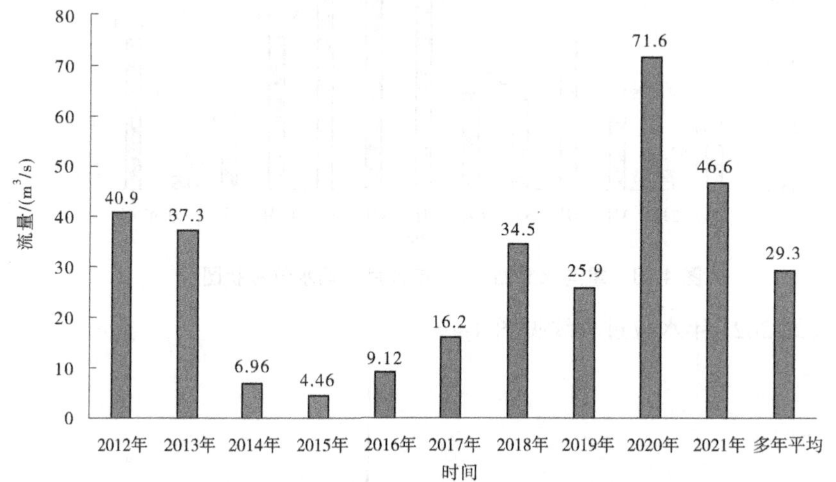

图 4-50 重沟水文站历年平均流量柱状图

汛期平均流量为 72.4 m^3/s，非汛期平均流量为 7.75 m^3/s，其中汛前平均流量 6.74 m^3/s，汛后平均流量 9.97 m^3/s。流量最大的月份为 7 月和 8 月，分别为 79.2 m^3/s 和 150.0 m^3/s。流量最小的月份为 1 月和 2 月，分别为 4.82 m^3/s 和 3.25 m^3/s。

重沟水文站各月平均流量柱状图见图 4-51。

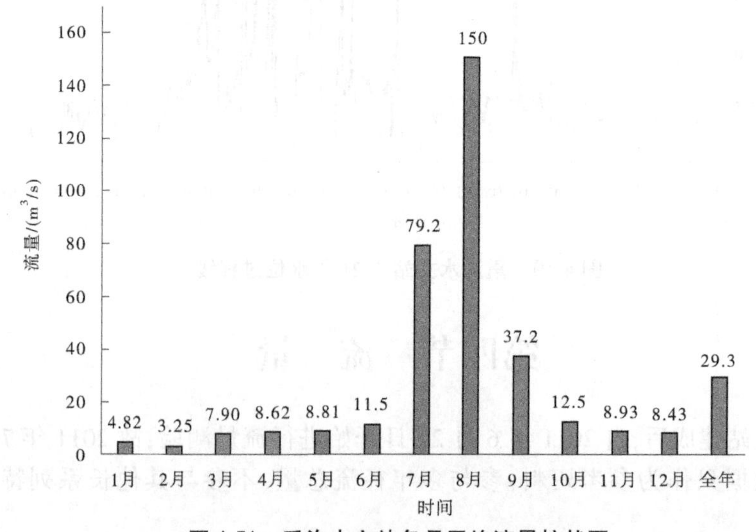

图 4-51 重沟水文站各月平均流量柱状图

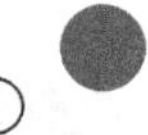

多年以来有 8 个月的单月平均流量超过 100 m^3/s,16 个月的单月平均流量低于 1.00 m^3/s。单月平均流量最大的月份为 2020 年 8 月,达到了 631 m^3/s,是多年该月平均流量的 4.21 倍,是单月平均流量次大月份的 2.14 倍(2018 年 8 月平均流量 295 m^3/s);单月平均流量最小的月份为 2017 年 5 月,全月断流,其次为 2015 年 9 月,全月基本断流。

重沟水文站较大/小月平均流量统计见表 4-25。

表 4-25　重沟水文站较大/小月平均流量统计

月份	流量/(m^3/s)	月份	流量/(m^3/s)	月份	流量/(m^3/s)
2020 年 8 月	631	2017 年 5 月	0	2016 年 2 月	0.401
2018 年 8 月	295	2015 年 9 月	0.006	2016 年 5 月	0.433
2012 年 7 月	210	2015 年 7 月	0.078	2018 年 3 月	0.433
2019 年 8 月	194	2015 年 4 月	0.126	2014 年 2 月	0.496
2013 年 7 月	188	2015 年 3 月	0.223	2017 年 6 月	0.689
2012 年 8 月	130	2015 年 2 月	0.243	2017 年 2 月	0.767
2011 年 8 月	117	2015 年 6 月	0.319	2014 年 1 月	0.893
2020 年 7 月	111	2017 年 3 月	0.346	2016 年 3 月	0.936

重沟水文站平均年径流量为 9.189 亿 m^3,其中汛期径流量为 7.612 亿 m^3,占年径流量的 82.8%;非汛期径流量为 1.577 亿 m^3,占年径流量的 17.2%。

8 月径流量最大,占全年径流量的 44.7%;2 月径流量最小,占全年径流量不到 1%。

重沟水文站多年平均月径流量占比见图 4-52。

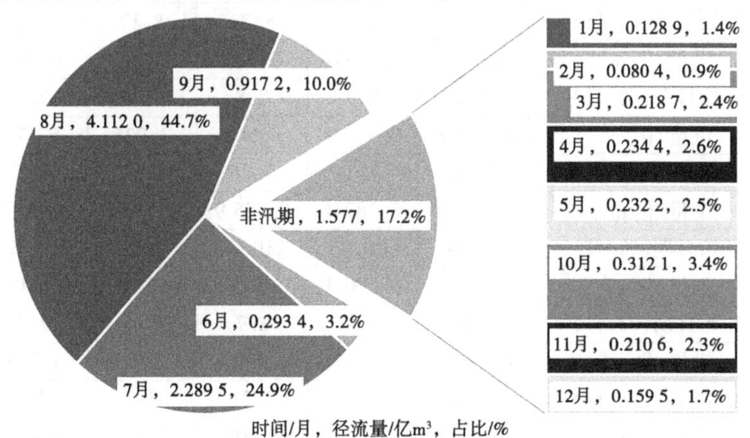

图 4-52　重沟水文站多年平均月径流量占比

有实测资料以来径流总量 98.02 亿 m^3。年最大径流量发生在 2020 年,达 22.65 亿 m^3,是多年平均值的 2.46 倍,占多年径流总量的 23.1%;次之为 2021 年,径流量为 13.92 亿 m^3,是多年平均值的 1.51 倍,占多年径流总量的 14.2%。年最小径流量发生在 2015 年,仅为 1.406 亿 m^3,是多年平均值的 15.3%;最大年份是最小年份的 16.1 倍。

重沟水文站历年径流量占比见图 4-53。

重沟水文站实测最大流量发生在 2020 年 8 月 14 日,为 5 940 m^3/s。最小流量为 0,重沟水文站多次出现河干断流现象,为典型的北方季节性山洪河道。

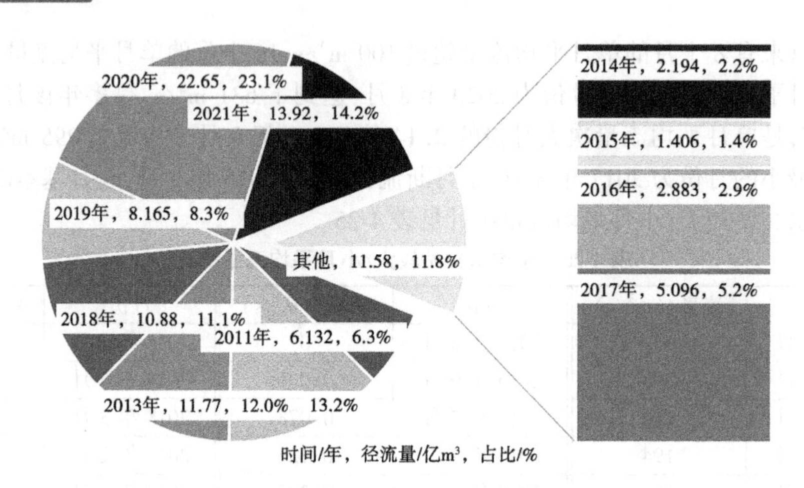

图 4-53　重沟水文站历年径流量占比

重沟水文站最大 1 日、3 日、7 日、15 日、30 日及 60 日洪量均发生在 2020 年，次大多日洪量均发生在 2018 年。除 2014 年外，历年最大 1 日、3 日、7 日洪量均发生在 7—8 月。

重沟水文站历年最大洪量统计见表 4-26。

表 4-26　重沟水文站历年最大洪量统计

年份	项目	最大 1 日	最大 3 日	最大 7 日	最大 15 日	最大 30 日	最大 60 日
2011 年	洪量/亿 m^3	0.716 3	1.715	1.952	2.715	3.321	4.563
	开始日期(月-日)	8.3	8.29	8.28	8.17	8.2	8.7
2012 年	洪量/亿 m^3	1.037	1.965	2.826	3.981	6.557	9.812
	开始日期(月-日)	7.1	7.9	7.8	7.1	7.8	7.8
2013 年	洪量/亿 m^3	0.426 8	0.978 9	1.506	3.025	5.178	7.458
	开始日期(月-日)	7.31	7.3	7.26	7.19	7.5	7.3
2014 年	洪量/亿 m^3	0.079 9	0.182 4	0.355 9	0.494 8	0.681 2	0.774 2
	开始日期(月-日)	10.24	10.9	10.7	10.1	9.25	9.19
2015 年	洪量/亿 m^3	0.224 6	0.500 4	0.555 9	0.575 3	0.590 7	0.658 4
	开始日期(月-日)	8.8	8.8	8.7	8.6	7.3	8.6
2016 年	洪量/亿 m^3	0.147 7	0.336 9	0.490 4	0.729 4	1.221	1.888
	开始日期(月-日)	7.22	7.22	7.21	7.2	7.2	7.1
2017 年	洪量/亿 m^3	0.557 3	1.332	1.691	2.013	2.937	3.955
	开始日期(月-日)	7.16	7.15	7.15	7.15	7.15	7.15
2018 年	洪量/亿 m^3	1.918	3.542	5.126	6.768	8.236	9.889
	开始日期(月-日)	8.2	8.2	8.15	8.15	8.7	7.9
2019 年	洪量/亿 m^3	1.253	3.024	3.834	4.595	5.271	5.579
	开始日期(月-日)	8.12	8.11	8.11	8.6	7.27	7.25
2020 年	洪量/亿 m^3	3.188	6.244	7.167	12.85	16.89	20.27
	开始日期(月-日)	8.15	8.14	8.14	8.2	7.31	7.12
2021 年	洪量/亿 m^3	1.305	2.272	2.906	3.427	4.283	6.789
	开始日期(月-日)	7.29	7.28	7.27	7.27	7.1	7.27

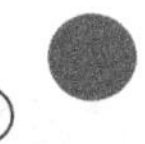

二、2011 年流量

重沟站自 2011 年 6 月 22 日开始记录水情数据，自 7 月 4 日开始测流。有资料记录的时段内平均流量为 36.8 m^3/s；汛期平均流量 56.2 m^3/s，汛后平均流量 15.5 m^3/s，流量较大的 8 月和 9 月，平均流量分别为 117 m^3/s 和 52.7 m^3/s。

与多年平均相比，月平均流量距平最大的月份为 12 月，为 23.2 m^3/s，是多年平均的 2.75 倍；7 月平均流量为 14.7 m^3/s，仅为多年平均的 18.6%。汛后平均流量为多年平均值的 1.56 倍。

各月平均流量柱状图见图 4-54。

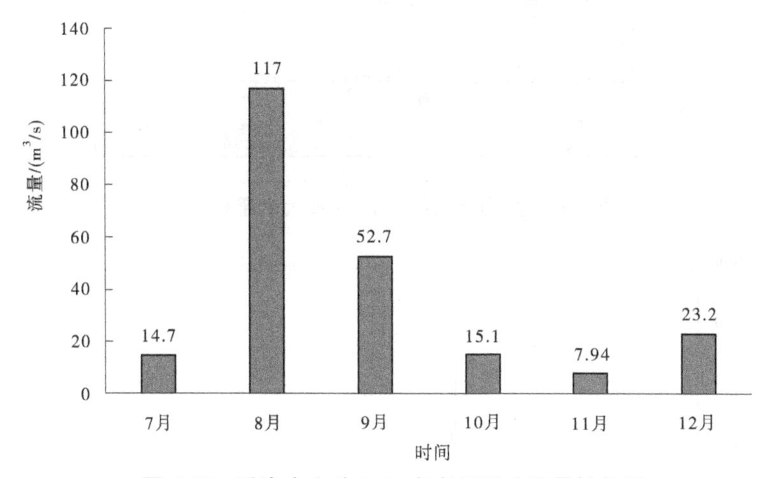

图 4-54　重沟水文站 2011 年各月平均流量柱状图

2011 年有资料记录的时段径流量为 6.132 亿 m^3，各月径流量占比见图 4-55。

年最大流量为 1 500 m^3/s，发生在 8 月 29 日。最小流量为 0，共有 27 日的日均流量小于 1.00 m^3/s，其中 7 日为断流。

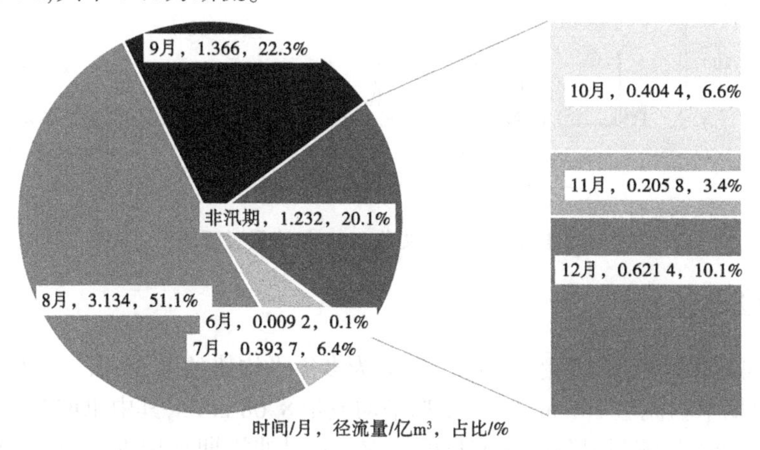

图 4-55　重沟水文站 2011 年各月径流量占比

最大 1 日洪量发生在 8 月 30 日，为 0.716 3 亿 m^3；最大 3 日洪量发生在 8 月 29—31 日，为 1.715 亿 m^3，最大 7 日洪量发生在 8 月 28 日至 9 月 3 日，为 1.952 亿 m^3。最大洪

量见图 4-56,全年流量过程线见图 4-57。

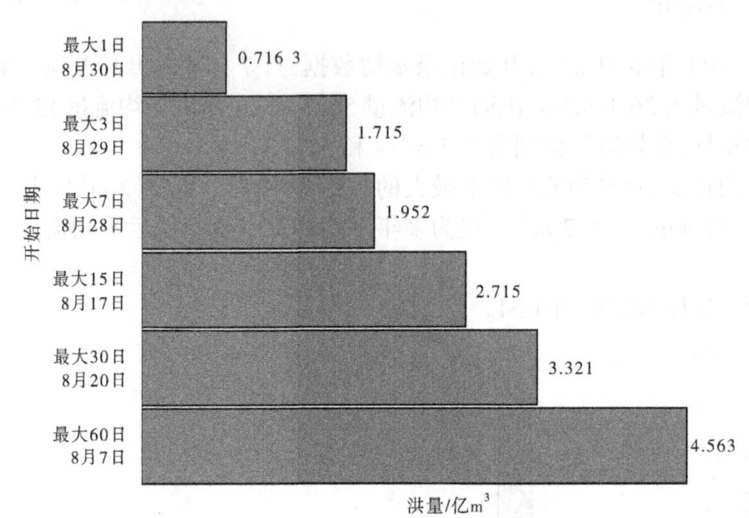

图 4-56　重沟水文站 2011 年最大洪量柱状图

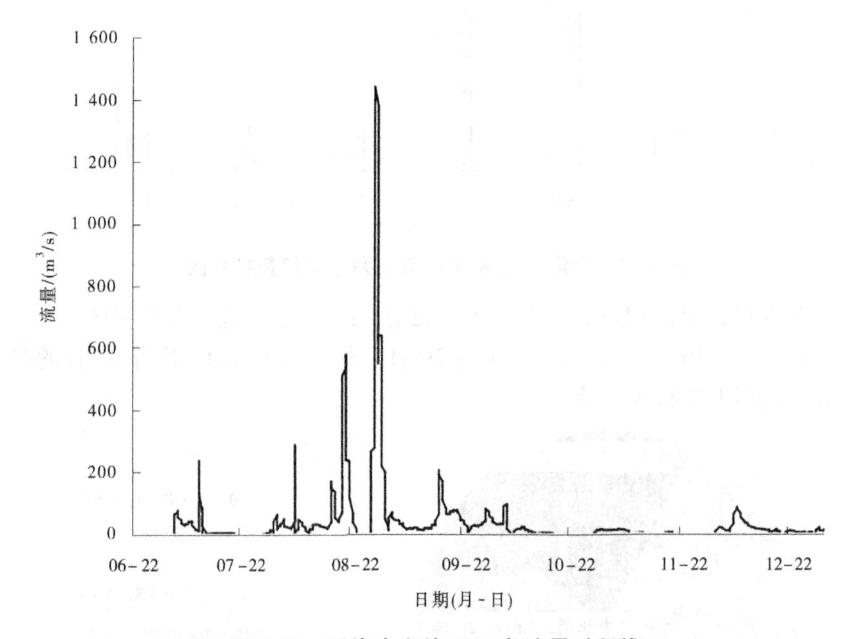

图 4-57　重沟水文站 2011 年流量过程线

三、2012 年流量

2012 年重沟站年平均流量为 40.9 m^3/s,为多年平均值的 1.39 倍。流量的月际分布极不均匀:汛期平均流量 106 m^3/s,非汛期平均流量 8.08 m^3/s,其中汛前 7.46 m^3/s,汛后 9.12 m^3/s,汛期平均流量是年平均流量的 2.60 倍,是非汛期平均流量的 13.2 倍;流量较大的 7 月和 8 月,平均流量分别为 210 m^3/s 和 130 m^3/s;流量较小的 5 月和 6 月,平均流量分别为 1.48 m^3/s 和 1.87 m^3/s。

与多年平均相比,月平均流量距平最大的月份为 2 月,月平均流量为 11.1 m^3/s,为多

年平均的 3.41 倍；而 5 月和 6 月月平均流量仅分别为多年平均的 16.8%和 16.3%，各月平均流量见图 4-58。

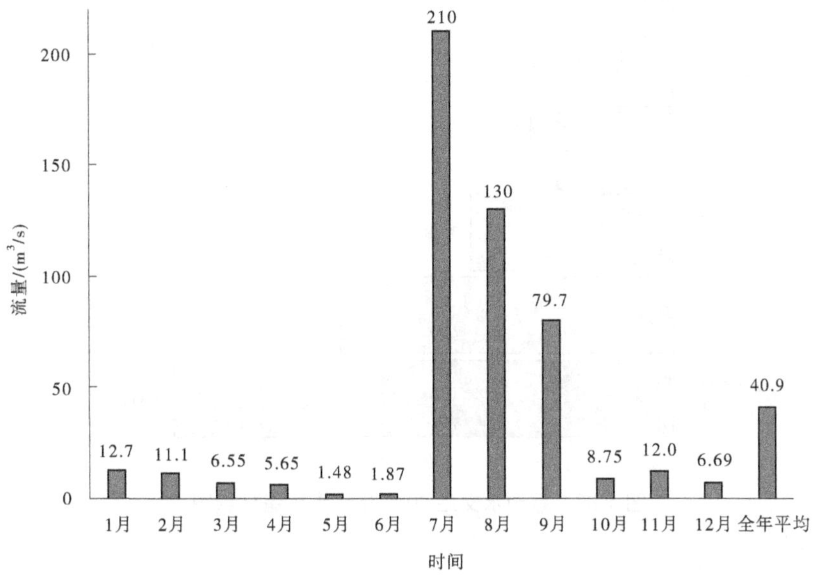

图 4-58　重沟水文站 2012 年各月平均流量柱状图

2012 年径流量为 12.93 亿 m^3。其中汛期径流量为 11.22 亿 m^3，占全年径流量的 86.8%；非汛期径流量为 1.704 亿 m^3，占全年径流量的 13.2%，见图 4-59。

年最大流量为 2 070 m^3/s，发生在 7 月 23 日。最小流量为 0，共有 82 日的日均流量小于 1.00 m^3/s，其中 52 日小于 0.10 m^3/s，其中 47 日为断流。

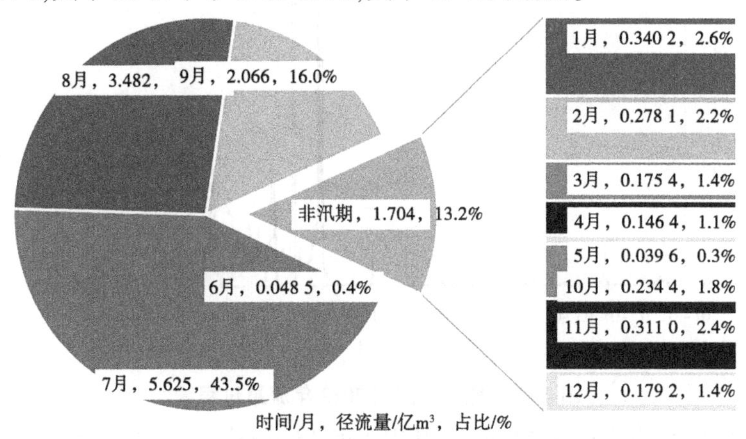

图 4-59　重沟水文站 2012 年各月径流量占比

最大 1 日洪量发生在 7 月 10 日，为 1.037 亿 m^3；最大 3 日洪量发生在 7 月 9—11 日，为 1.965 亿 m^3，最大 7 日洪量发生在 7 月 8—14 日，为 2.826 亿 m^3，见图 4-60，全年流量过程线见图 4-61。

四、2013 年流量

2013 年重沟站年平均流量为 37.3 m^3/s，为多年平均值的 1.27 倍。汛期平均流量

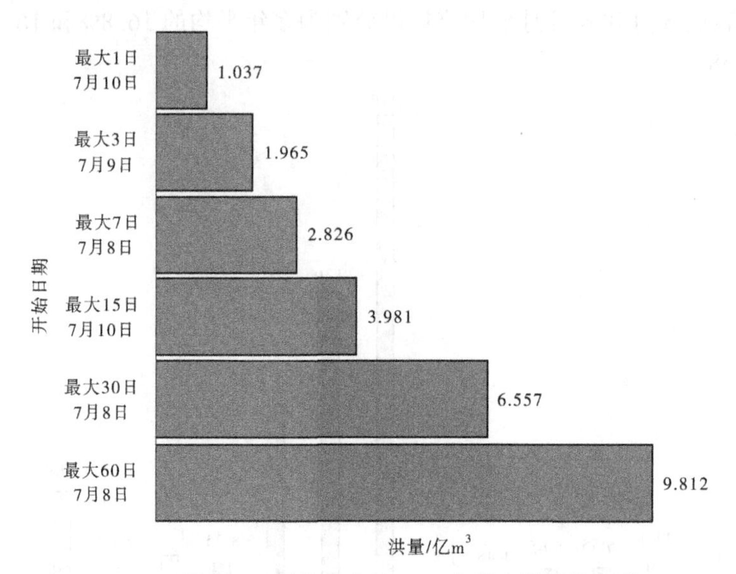

图 4-60　重沟水文站 2012 年最大洪量柱状图

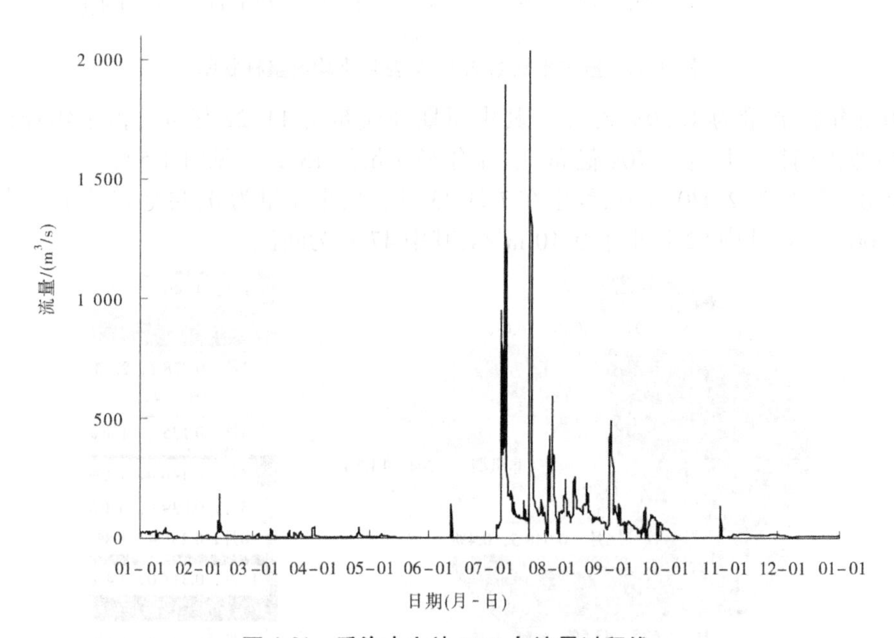

图 4-61　重沟水文站 2012 年流量过程线

92.9 m^3/s,非汛期平均流量 9.43 m^3/s,其中汛前 13.4 m^3/s,汛后 2.93 m^3/s,汛期平均流量是年平均流量的 2.49 倍,是非汛期平均流量的 9.85 倍;流量较大的 7 月和 8 月,平均流量分别为 188 m^3/s 和 93.1 m^3/s;流量较小的 12 月和 2 月,平均流量分别为 1.29 m^3/s 和 2.93 m^3/s。

与多年平均相比,月平均流量距平最大的月份为 5 月,月平均流量为 28.6 m^3/s,为多年平均的 3.25 倍;12 月的月平均流量仅为多年平均的 15.3%,各月平均流量见图 4-62。

2013 年径流量为 11.77 亿 m^3。其中汛期径流量为 9.792 亿 m^3,占全年径流量的 83.2%;非汛期径流量为 1.979 亿 m^3,占全年径流量的 16.8%,各月径流量占比见图 4-63。

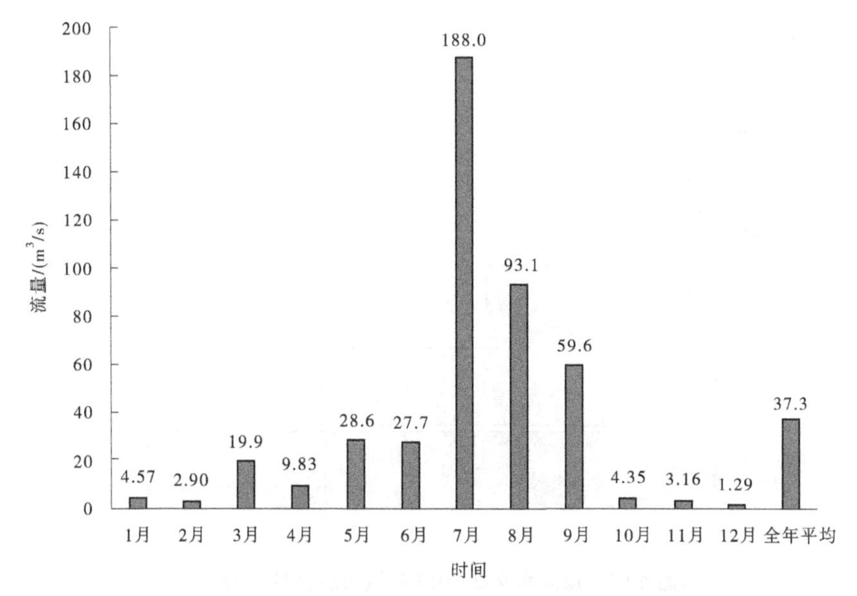

图 4-62 重沟水文站 2013 年各月平均流量柱状图

年最大流量为 633 m^3/s,发生在 7 月 5 日。最小流量为 0,共有 31 日的日均流量小于 1.00 m^3/s,其中 6 日小于 0.10 m^3/s。

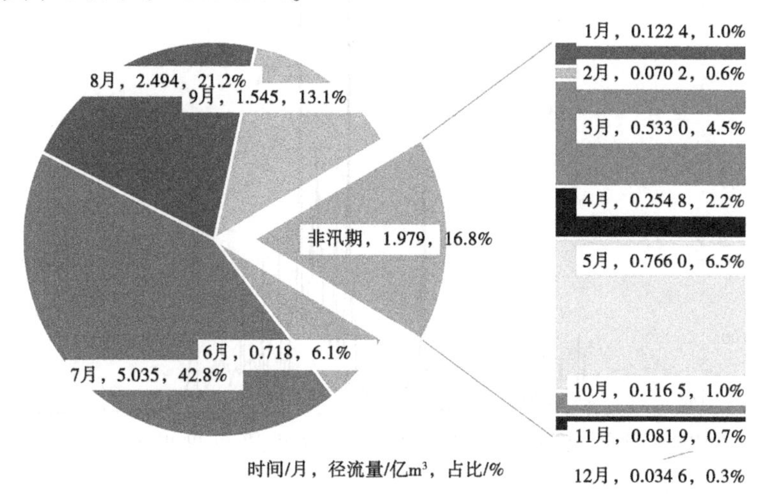

图 4-63 重沟水文站 2013 年各月径流量占比

最大 1 日洪量发生在 7 月 31 日,为 0.426 8 亿 m^3;最大 3 日洪量发生在 7 月 30 日至 8 月 1 日,为 0.978 9 亿 m^3,最大 7 日洪量发生在 7 月 26 日至 8 月 1 日,为 1.506 亿 m^3,最大洪量柱状图见图 4-64,全年流量过程线见图 4-65。

五、2014 年流量

2014 年重沟站年平均流量为 6.96 m^3/s,为多年平均值的 23.7%。汛期平均流量 4.86 m^3/s,非汛期平均流量 8.01 m^3/s,其中汛前 5.75 m^3/s,汛后 11.7 m^3/s,汛期平均流

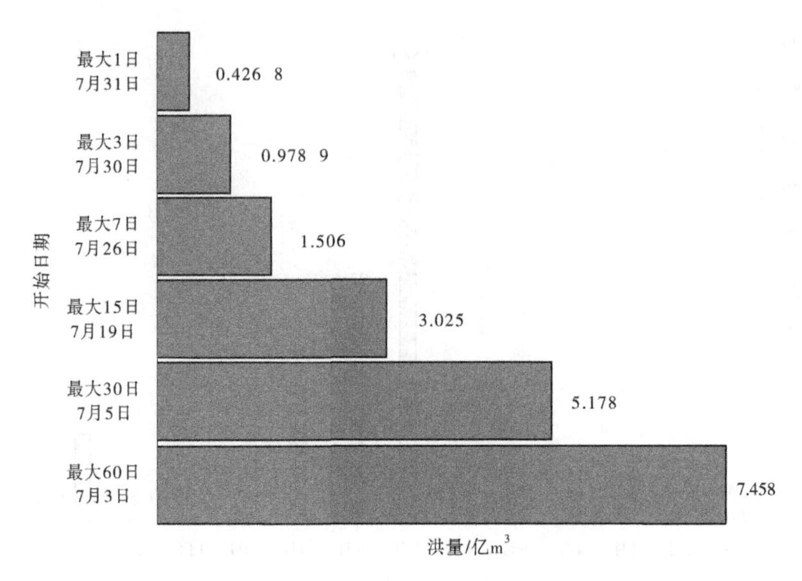

图 4-64 重沟水文站 2013 年最大洪量柱状图

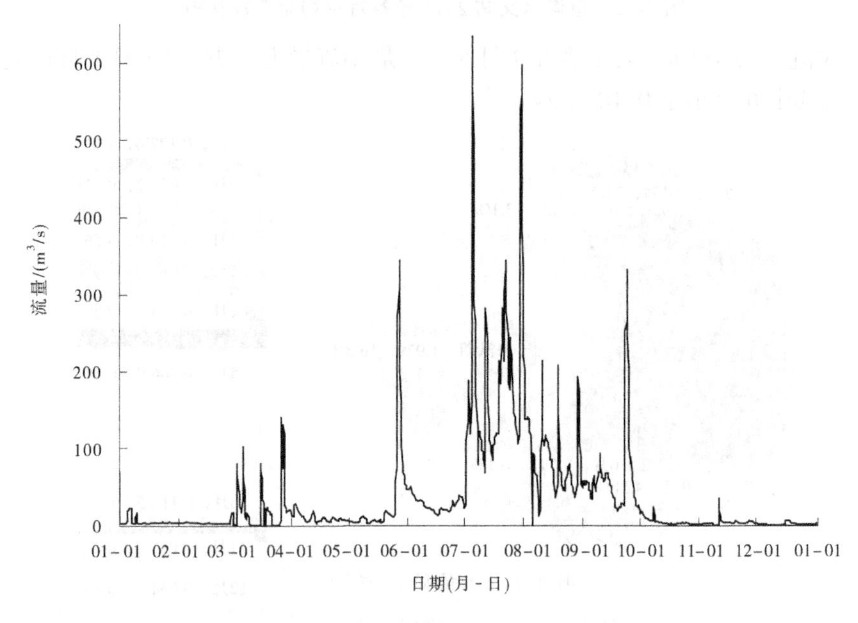

图 4-65 重沟水文站 2013 年流量过程线

量是年平均流量的 69.8%,是非汛期平均流量的 60.7%;流量最大的为 10 月,平均流量为 24.0 m^3/s;流量较小的 1 月和 2 月,平均流量分别为 0.893 m^3/s 和 0.496 m^3/s。该年度整体水量偏小,汛期水量小于非汛期,是典型的干旱年份。

与多年平均相比,月平均流量距平最大的月份为 10 月,月平均流量为多年平均的 1.91 倍;7 月和 8 月的月平均流量分别为 2.94 m^3/和 9.24 m^3/s,仅为多年平均的 3.7%和 6.1%,各月平均流量见图 4-66。

2014 年径流量为 2.194 亿 m^3。其中汛期径流量为 0.512 1 亿 m^3,占全年径流量的

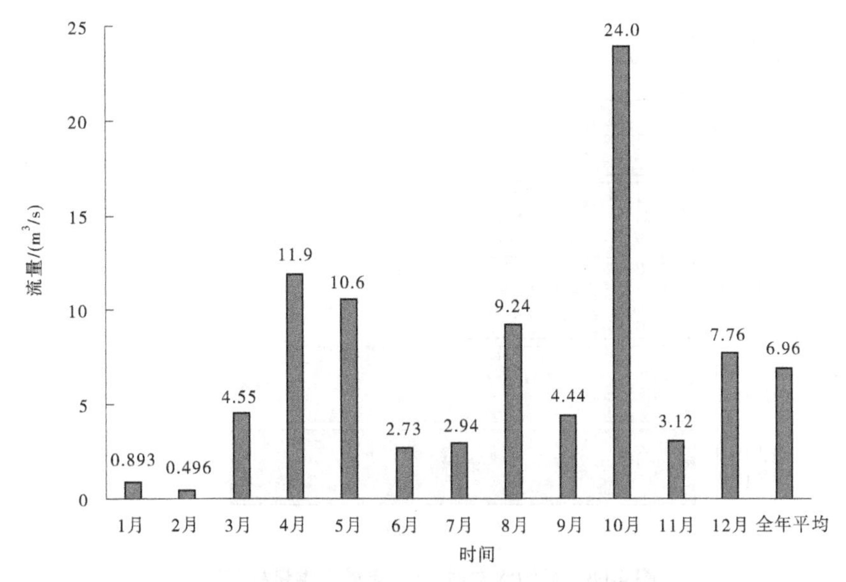

图 4-66　重沟水文站 2014 年各月平均流量柱状图

23.3%；非汛期径流量为 1.682 亿 m^3，占全年径流量的 76.7%，见图 4-67。

全年未发生自然洪水，年最大流量为 260 m^3/s，发生在 7 月 4 日华山橡胶坝泄洪过程中。最小流量为 0，共有 147 日的日均流量小于 1.00 m^3/s，其中 37 日小于 0.10 m^3/s，其中 27 日为断流。各月径流量占比见图 4-67。

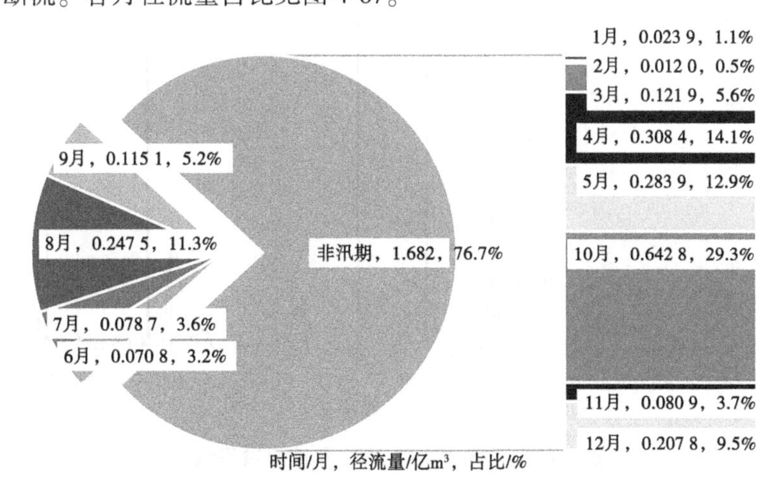

图 4-67　重沟水文站 2014 年各月径流量占比

最大 1 日洪量发生在 10 月 24 日，为 0.079 9 亿 m^3；最大 3 日洪量发生在 10 月 9—11 日，为 0.182 4 亿 m^3；最大 7 日洪量发生在 10 月 7—13 日，为 0.355 9 亿 m^3，最大洪量柱状图见图 4-68，全年流量过程线见图 4-69。

六、2015 年流量

2015 年重沟站年平均流量为 4.46 m^3/s，为多年平均值的 15.2%，是有资料以来平均

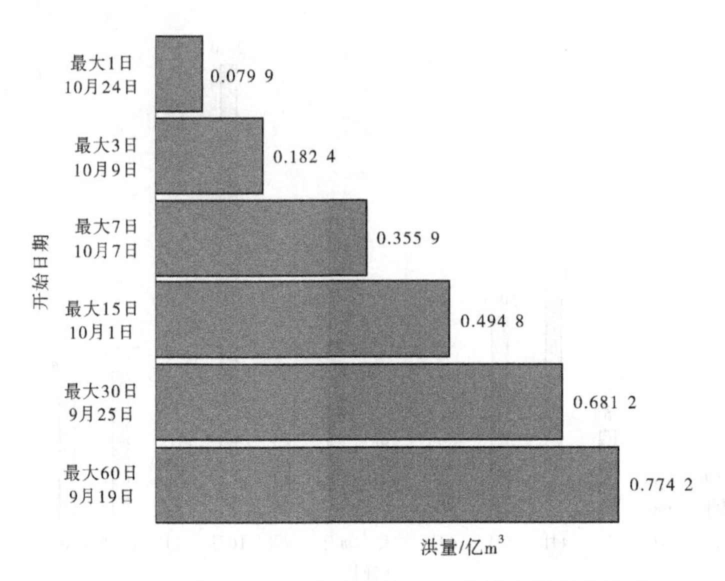

图 4-68 重沟水文站 2014 年最大洪量柱状图

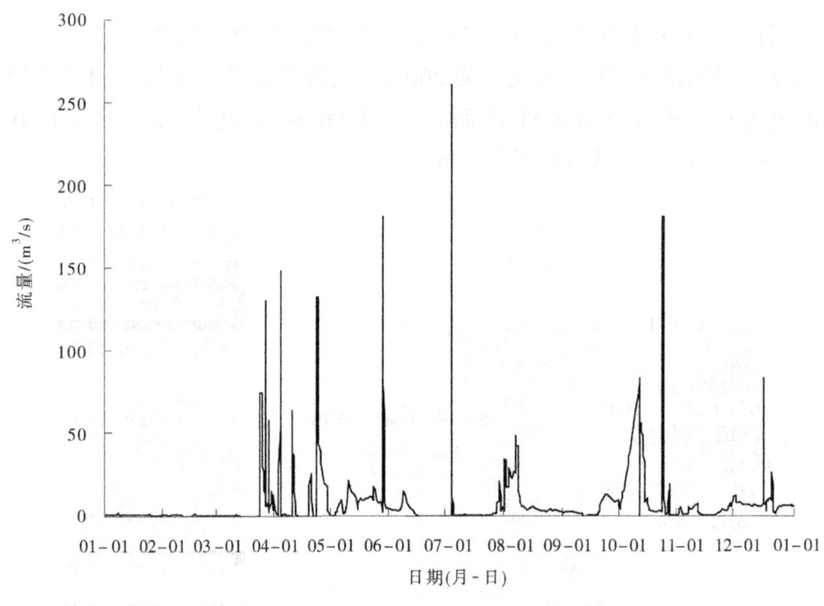

图 4-69 重沟水文站 2014 年流量过程线

流量最小的年份。汛期平均流量 5.72 m^3/s,非汛期平均流量 3.83 m^3/s,其中汛前 1.53 m^3/s,汛后 7.60 m^3/s,汛期平均流量是年平均流量的 1.28 倍,是非汛期平均流量的 1.49 倍;流量最大的为 8 月,平均流量为 22.1 m^3/s,其次为 11 月的 12.9 m^3/s;流量最小的月份为 9 月,平均流量仅为 0.006 m^3/s。该年度整体水量偏小,汛期平均流量小于汛后,是典型的干旱年份。

与多年平均相比,月平均流量距平最大的月份为 11 月,月平均流量为多年平均的 1.4 倍;9 月平均流量仅为多年平均的 0.02%,7 月平均流量 0.078 m^3/s,也仅相当于多年

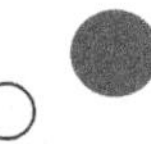

平均值的0.1%,各月平均流量柱状图见图4-70。

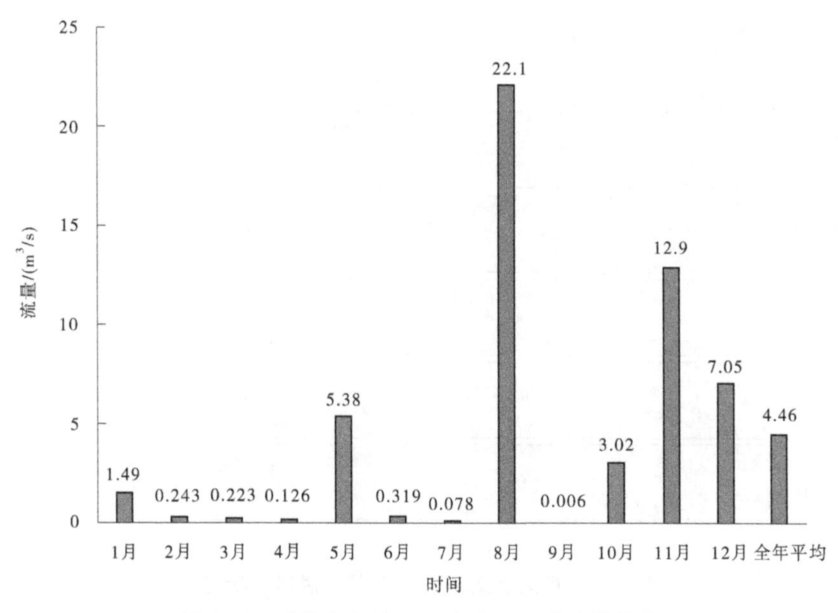

图4-70　重沟水文站2015年各月平均流量柱状图

2015年径流量为1.406亿m^3,是有资料记录以来水量最少的年份。其中汛期径流量为0.602 4亿m^3,占全年径流量的42.9%;非汛期径流量为0.803 2亿m^3,占全年径流量的57.1%,汛期水量小于非汛期。

全年未发生自然洪水,年最大流量为384 m^3/s,发生在8月9日华山橡胶坝泄洪过程中。最小流量为0,共有261日的日均流量小于1.00 m^3/s,其中205日小于0.10 m^3/s,其中69日流量小于0.01 m^3/s。各月径流量占比见图4-71。

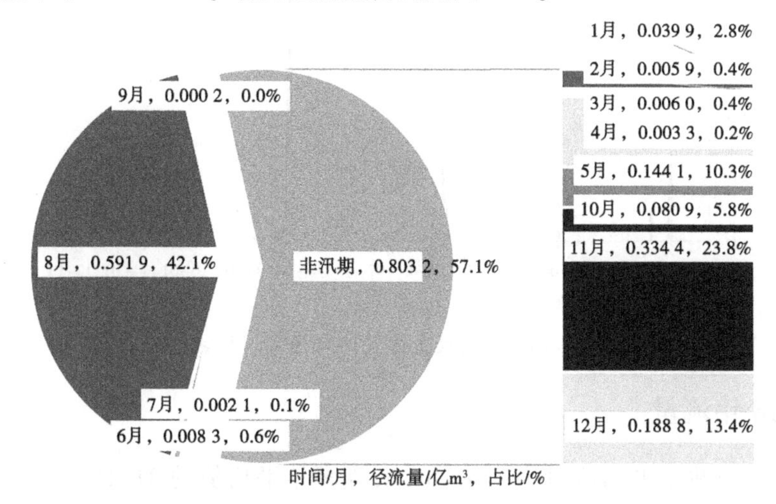

图4-71　重沟水文站2015年各月径流量占比

最大1日洪量发生在8月8日,为0.224 6亿m^3;最大3日洪量发生在8月8—10日,为0.500 4亿m^3;最大7日洪量发生在8月7—13日,为0.555 9亿m^3,最大洪量柱状图见图 4-72,全年流量过程线见图 4-73。

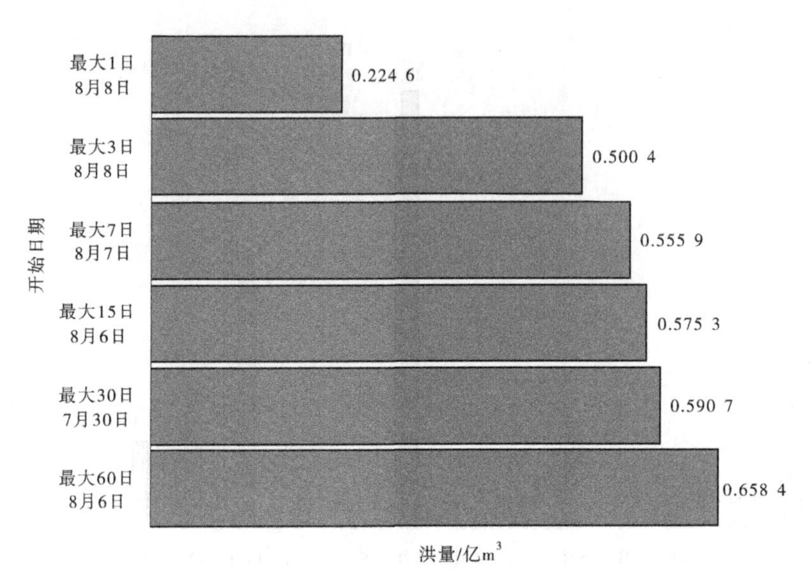

图 4-72 重沟水文站 2015 年最大洪量柱状图

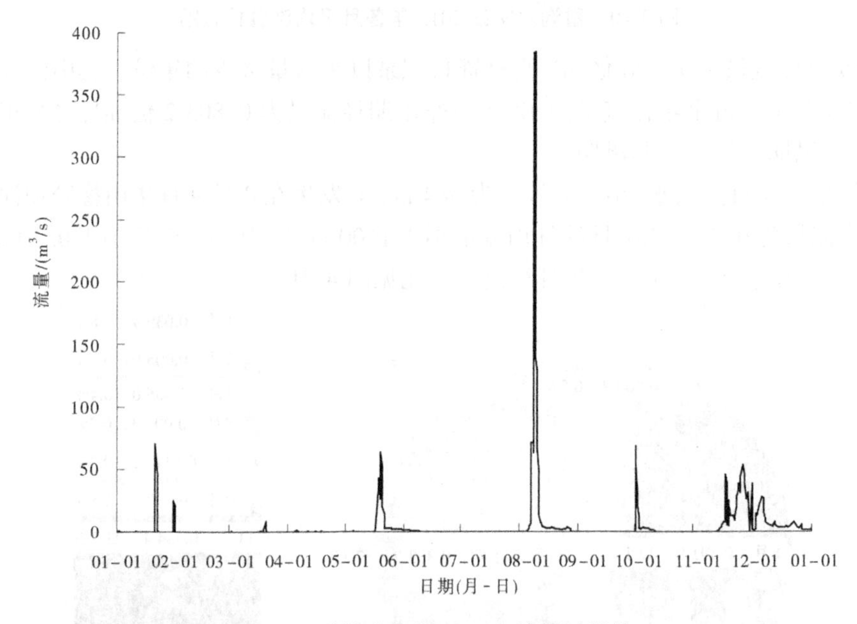

图 4-73 重沟水文站 2015 年流量过程线

七、2016 年流量

2016 年重沟站年平均流量为 9. 12 m³/s,为多年平均值的 31. 1%。汛期平均流量 20. 3 m³/s,非汛期平均流量 3. 55 m³/s,其中汛前 0. 924 m³/s,汛后 7. 89 m³/s,汛期平均流量是年平均流量的 2. 2 倍,是非汛期平均流量的 5. 7 倍;流量最大的为 7 月,平均流量为 40. 8 m³/s,其次为 8 月的 30. 0 m³/s;流量较小的月份为 2 月和 5 月,分别为

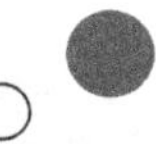

0.401 m^3/s 和 0.433 m^3/s。

各月平均流量均小于多年平均值;5 月平均流量为多年平均的 4.92%。各月平均流量见图 4-74。

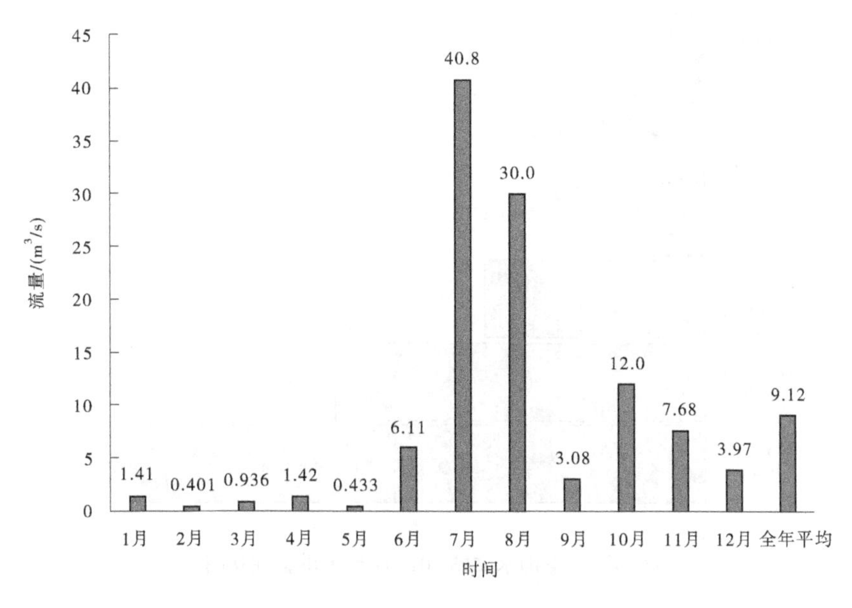

图 4-74　重沟水文站 2016 年各月平均流量柱状图

2016 年径流量为 2.883 亿 m^3。其中汛期径流量 2.135 亿 m^3,占全年径流量的 74.0%;非汛期径流量 0.748 1 亿 m^3,占全年径流量的 26.0%。

年最大流量为 222 m^3/s,发生在 7 月 22 日。最小流量为 0,共有 117 日的日均流量小于 1.00 m^3/s,其中 61 日小于 0.10 m^3/s,其中 25 日为断流。各月径流量占比见图 4-75。

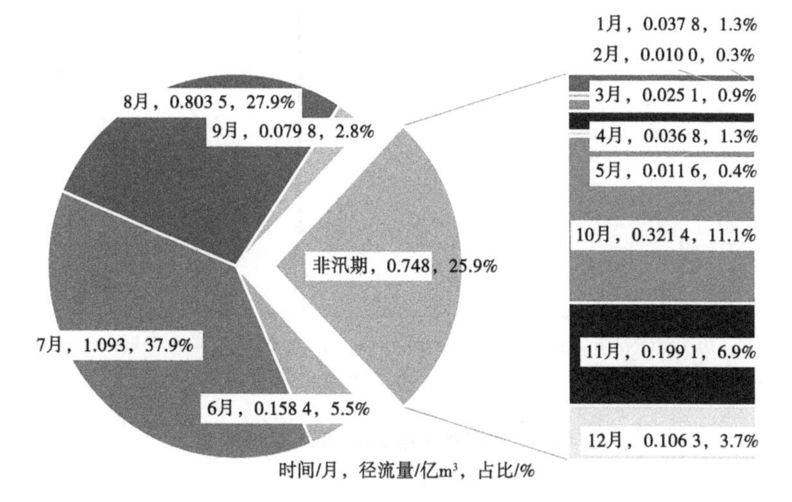

图 4-75　重沟水文站 2016 年各月径流量占比

最大 1 日洪量发生在 7 月 22 日,为 0. 147 7 亿 m^3;最大 3 日洪量发生在 7 月 22—24 日,为 0. 336 9 亿 m^3,最大 7 日洪量发生在 7 月 21—27 日,为 0. 490 4 亿 m^3 最大洪量柱状图见图 4-76,全年流量过程线见图 4-77。

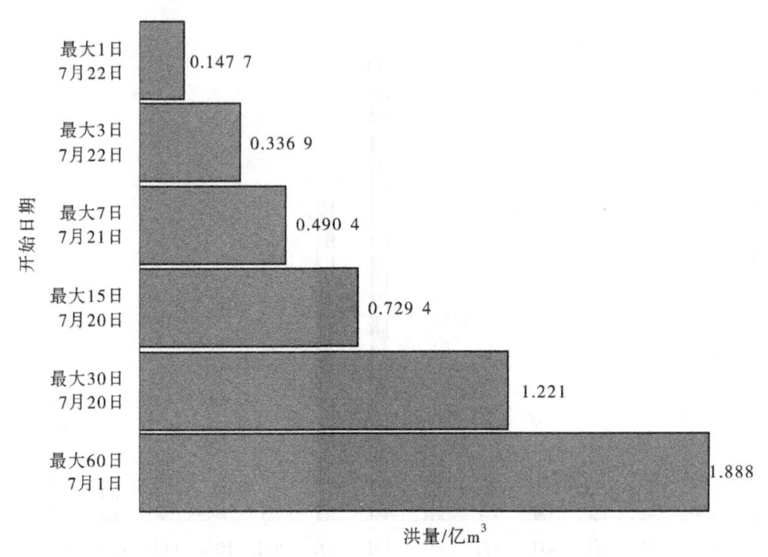

图 4-76 重沟水文站 2016 年最大洪量柱状图

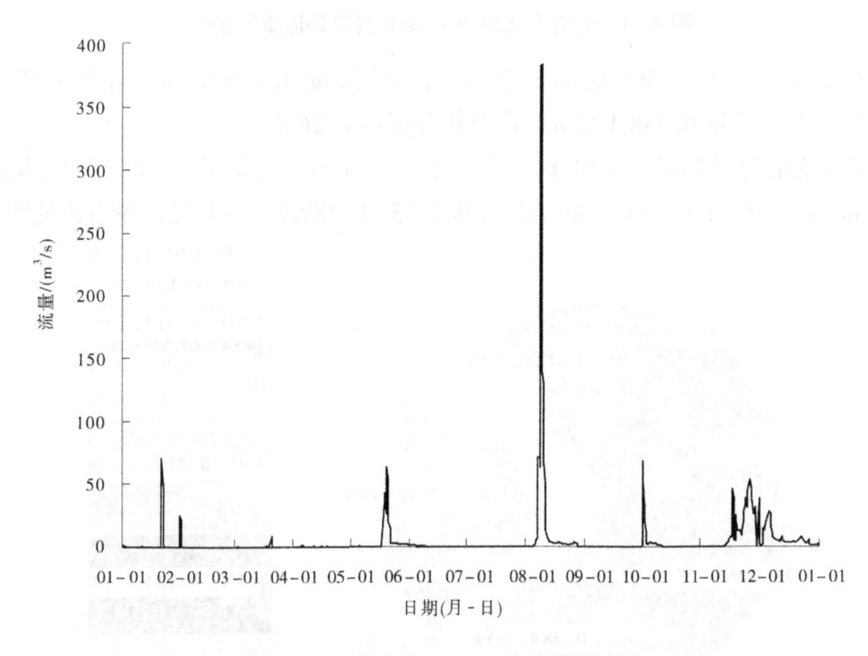

图 4-77 重沟水文站 2016 年流量过程线

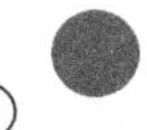

八、2017 年流量

2017 年重沟水文站年平均流量为 16.2 m^3/s，为该站多年平均值的 55.1%。汛期平均流量 40.4 m^3/s，非汛期平均流量 4.00 m^3/s，其中汛前 2.93 m^3/s，汛后 5.75 m^3/s，汛期平均流量是年平均流量的 2.5 倍，是非汛期平均流量的 10.1 倍，水量年内分布极不均匀；流量最大的月份为 7 月，平均流量为 85.4 m^3/s，其次为 8 月的 54.6 m^3/s；流量最小的月份为 5 月，全月断流。

与多年平均相比，月平均流量距平最大的月份为 1 月，月平均流量为 7.57 m^3/s，是多年平均的 1.57 倍；除 5 月全月断流外，3 月平均流量为 0.346 m^3/s，是多年平均的 4.38%，各月平均流量见图 4-78。

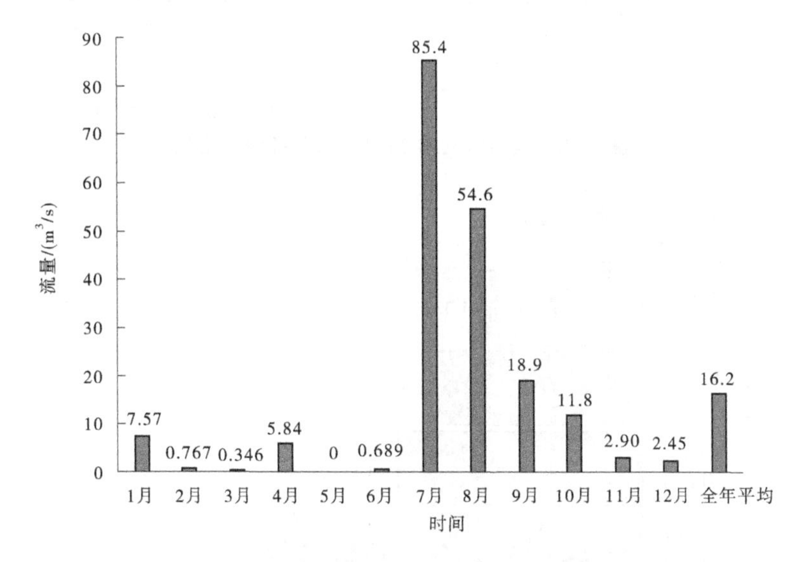

图 4-78　重沟水文站 2017 年各月平均流量柱状图

2017 年径流量为 5.096 亿 m^3。其中汛期径流量 4.258 亿 m^3，占全年径流量的 83.5%；非汛期径流量 0.838 8 亿 m^3，占全年径流量的 16.5%，各月径流量占比见图 4-79。

年最大流量为 957 m^3/s，发生在 7 月 15 日。最小流量为 0，共有 122 日的日均流量小于 1.00 m^3/s，其中 82 日小于 0.10 m^3/s，其中 67 日为断流。

最大 1 日洪量发生在 7 月 16 日，为 0.557 3 亿 m^3；最大 3 日洪量发生在 7 月 15—17 日，为 1.332 亿 m^3；最大 7 日洪量发生在 7 月 15—21 日，为 1.691 亿 m^3 最大洪量柱状图见图 4-80，全年流量过程见图 4-81。

九、2018 年流量

2018 年重沟站年平均流量为 34.5 m^3/s，为多年平均值的 1.18 倍。汛期平均流量 97.5 m^3/s，非汛期平均流量 2.87 m^3/s，其中汛前 1.84 m^3/s，汛后 4.57 m^3/s，汛期平均流量是年平均流量的 2.83 倍，是非汛期平均流量的 34 倍，水量年内分布极不均匀；流量最大的月份为 8 月，平均流量为 295 m^3/s，其次为 7 月的 55.6 m^3/s；流量最小的月份为 3

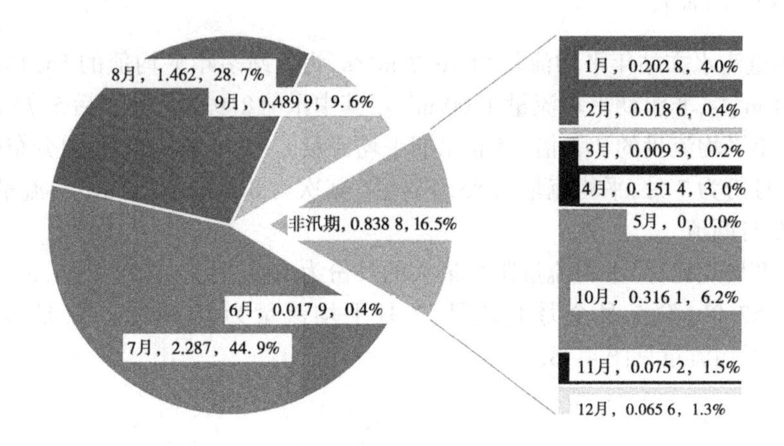

图 4-79　重沟水文站 2017 年各月径流量占比

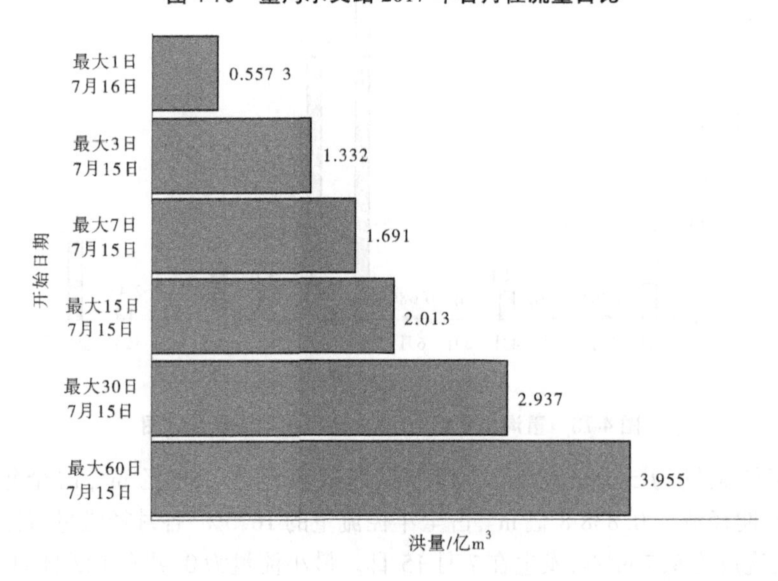

图 4-80　重沟水文站 2017 年最大洪量柱状图

月，仅为 0.433 m^3/s。

与多年平均相比，月平均流量距平最大的月份为 8 月，月平均流量是多年平均的 1.9 倍；3 月平均流量是多年平均的 5.48%，各月平均流量见图 4-82。

2018 年径流量为 10.88 亿 m^3。其中汛期径流量 10.28 亿 m^3，占全年径流量的 94.4%；非汛期径流量 0.602 7 亿 m^3，占全年径流量的 5.6%；其中 8 月径流量 7.901 亿 m^3，占全年径流量的 72.6%。

年最大流量为 3 130 m^3/s，发生在 8 月 20 日。最小流量为 0，共有 117 日的日均流量小于 1.00 m^3/s，其中 47 日小于 0.10 m^3/s，其中 26 日小于 0.01 m^3/s。各月径流量占比见图 4-83。

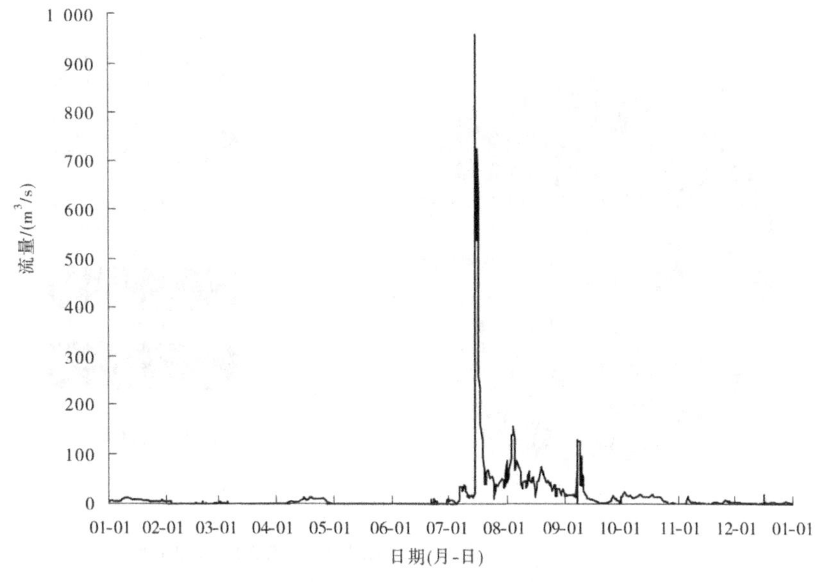

图 4-81　重沟水文站 2017 年流量过程线

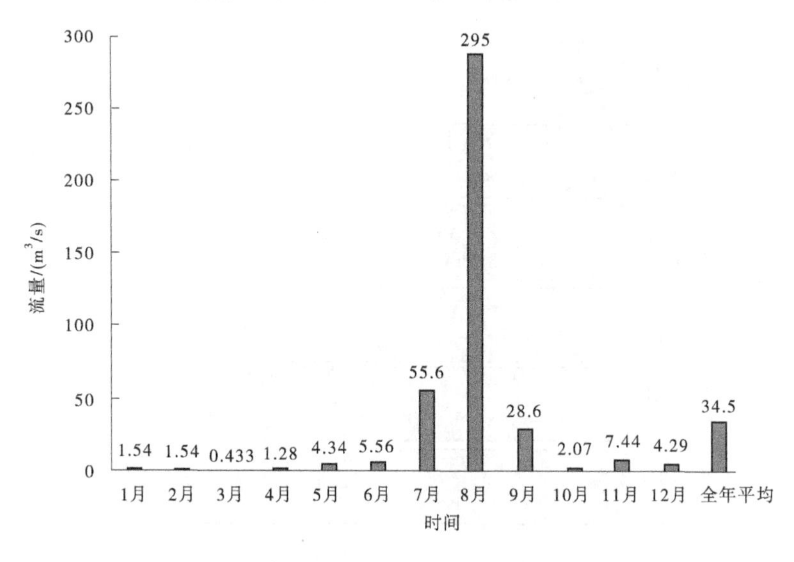

图 4-82　重沟水文站 2018 年各月平均流量柱状图

最大 1 日洪量发生在 8 月 20 日，为 1.918 亿 m^3；最大 3 日洪量发生在 8 月 20—22 日，为 3.542 亿 m^3；最大 7 日洪量发生在 8 月 15—21 日，为 5.126 亿 m^3，最大洪量柱状图见图 4-84，全年流量过程线见图 4-85。

十、2019 年流量

2019 年重沟站年平均流量为 25.9 m^3/s，为多年平均值的 88.2%。汛期平均流量 57.9 m^3/s，非汛期平均流量 9.82 m^3/s，其中汛前 12.3 m^3/s，汛后 5.70 m^3/s，汛期平均流量是年平均流量的 2.24 倍，是非汛期平均流量的 5.9 倍；流量最大的月份为 8 月，平均流

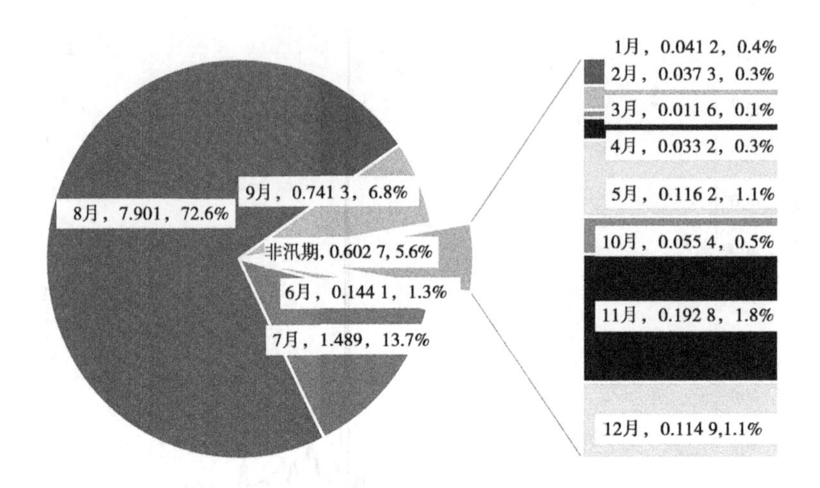

图 4-83　重沟水文站 2018 年各月径流量占比

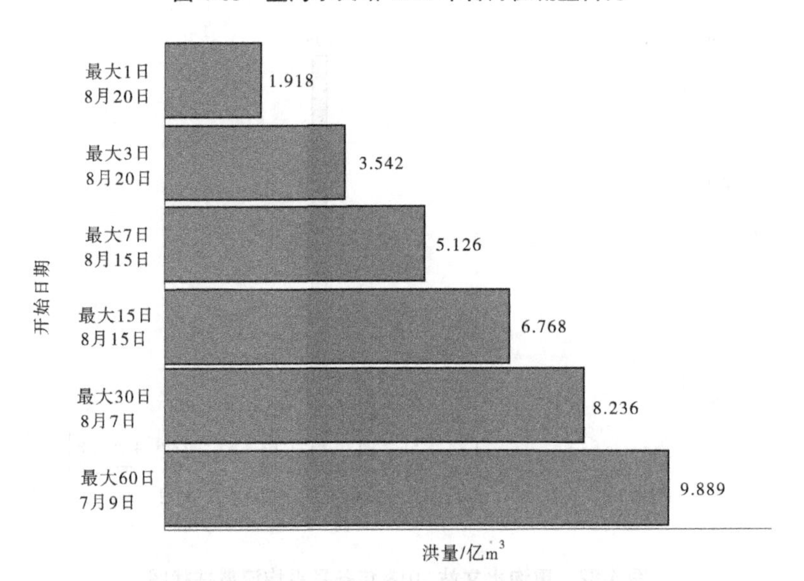

图 4-84　重沟水文站 2018 年最大洪量柱状图

量为 194 m^3/s；流量最小的月份为 1 月，为 2.09 m^3/s，见图 4-86。

与多年平均相比，月平均流量距平最大的月份为 3 月，月平均流量为 26.5 m^3/s，是多年平均的 3.35 倍；7 月平均流量为 12.0 m^3/s，是多年平均的 15.2%。

2019 年径流量为 8.165 亿 m^3。其中汛期径流量 6.104 亿 m^3，占全年径流量的 74.8%；非汛期径流量 2.061 亿 m^3，占全年径流量的 25.2%；其中 8 月径流量 5.196 亿 m^3，占全年径流量的 63.6%。

年最大流量为 2 720 m^3/s，发生在 8 月 11 日。最小流量为 0，共有 67 日的日均流量

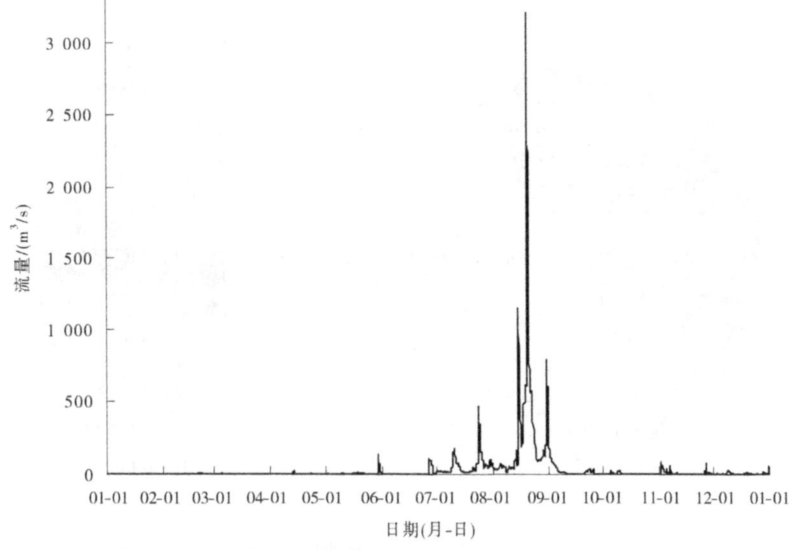

图 4-85　重沟水文站 2018 年流量过程线

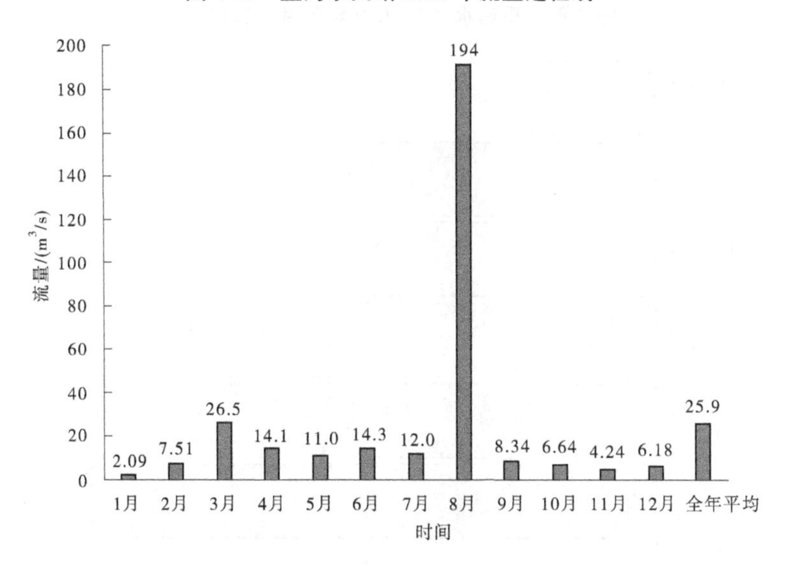

图 4-86　重沟水文站 2019 年各月平均流量柱状图

小于 1.00 m^3/s,其中 37 日为断流。各月径流量占比见图 4-87。

最大 1 日洪量发生在 8 月 12 日,为 1.253 亿 m^3;最大 3 日洪量发生在 8 月 11—13 日,为 3.024 亿 m^3;最大 7 日洪量发生在 8 月 11—17 日,为 3.834 亿 m^3,见图 4-88,全年流量过程见图 4-89。

十一、2020 年流量

2020 年重沟站年平均流量为 71.6 m^3/s,为多年平均值的 2.44 倍。汛期平均流量 202 m^3/s,非汛期平均流量 6.45 m^3/s,其中汛前 3.82 m^3/s,汛后 10.8 m^3/s,汛期平均流量是年平均流量的 2.82 倍,是非汛期平均流量的 31 倍,年内分布极不均匀;流量最大的

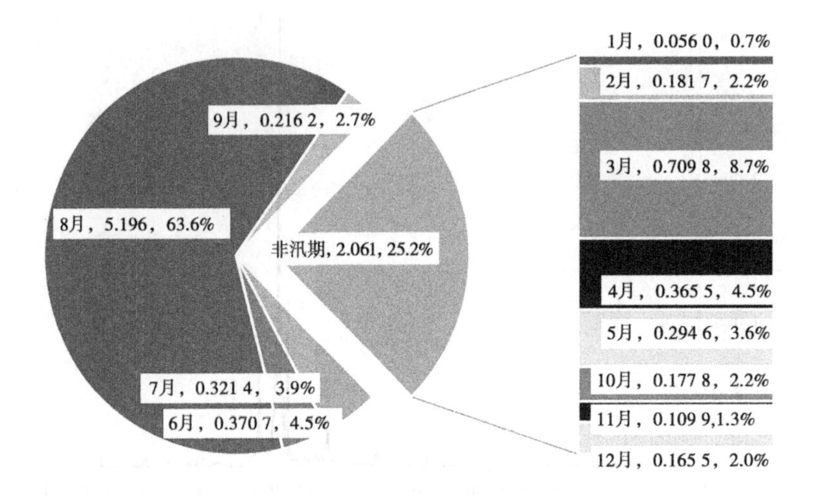

图 4-87　重沟水文站 2019 年各月径流量占比

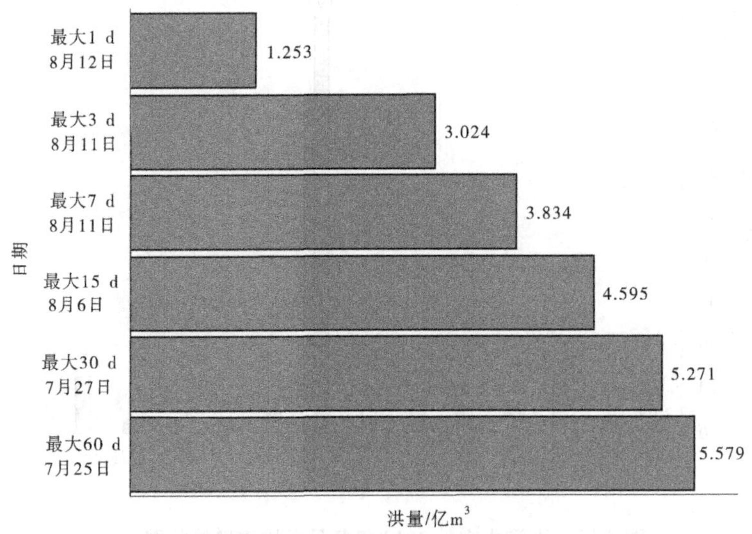

图 4-88　重沟水文站 2019 年最大洪量柱状图

为 8 月,平均流量为 631 m^3/s;流量最小的月份为 2 月,为 1.45 m^3/s。

与多年平均相比,月平均流量距平最大的月份为 8 月,月平均流量是多年平均的 4.2 倍; 4 月平均流量为 1.69 m^3/s 是多年平均的 19.60%,各月平均流量柱状图见图 4-90。

2020 年径流量为 22.65 亿 m^3。其中汛期径流量 21.29 亿 m^3,占全年径流量的 94.0%;非汛期径流量 1.360 亿 m^3,占全年径流量的 6.0%;其中 8 月径流量 16.90 亿 m^3,占全年径流量的 74.6%。

2020 年是重沟水文站有资料记录以来水量最大的一年,年径流量是多年平均值的 2.6 倍,其中 8 月的月径流量就超过了 2017 年与 2018 年的年径流量之和;但非汛期水量

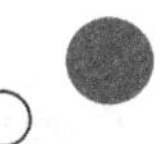

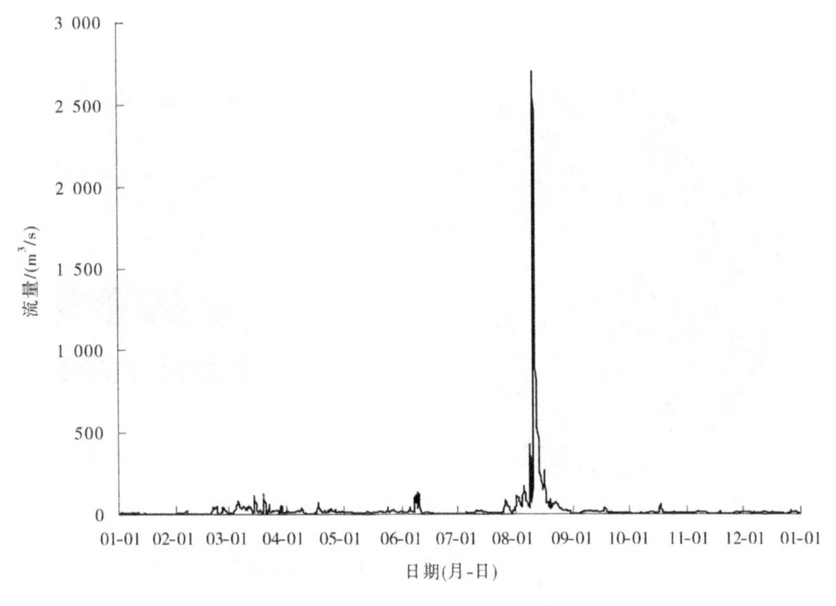

图 4-89　重沟水文站 2019 年流量过程线

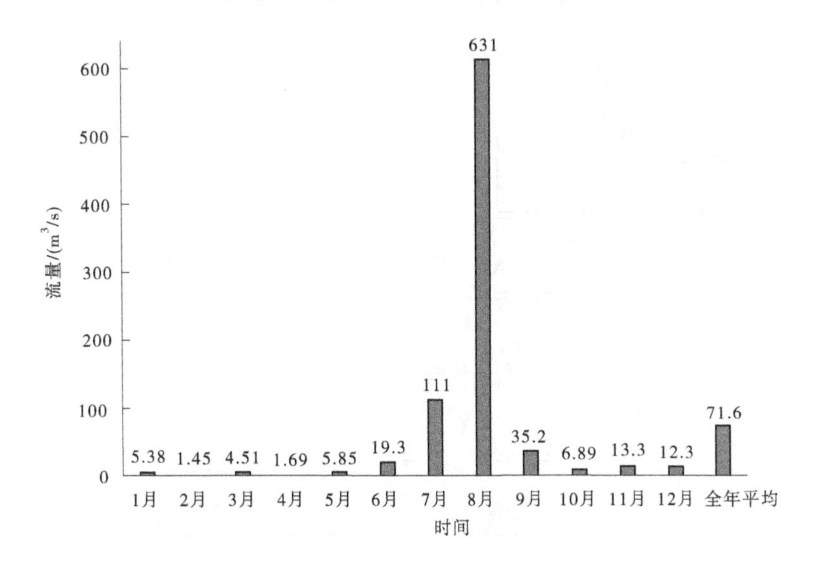

图 4-90　重沟水文站 2020 年各月平均流量柱状图

与多年平均值基本持平,汛期水量是多年平均值的近 3 倍。

年最大流量为 5 940 m^3/s,发生在 8 月 14 日。最小流量为 0,共有 67 日的日均流量小于 1.00 m^3/s,其中 46 日为断流。各月径流量占比见图 4-91。

最大 1 日洪量发生在 8 月 15 日,为 3.188 亿 m^3;最大 3 日洪量发生在 8 月 14—16 日,为 6.244 亿 m^3;最大 7 日洪量发生在 8 月 14—20 日,为 7.167 亿 m^3,最大洪量柱状图见图 4-92,全年流量过程线见图 4-93。

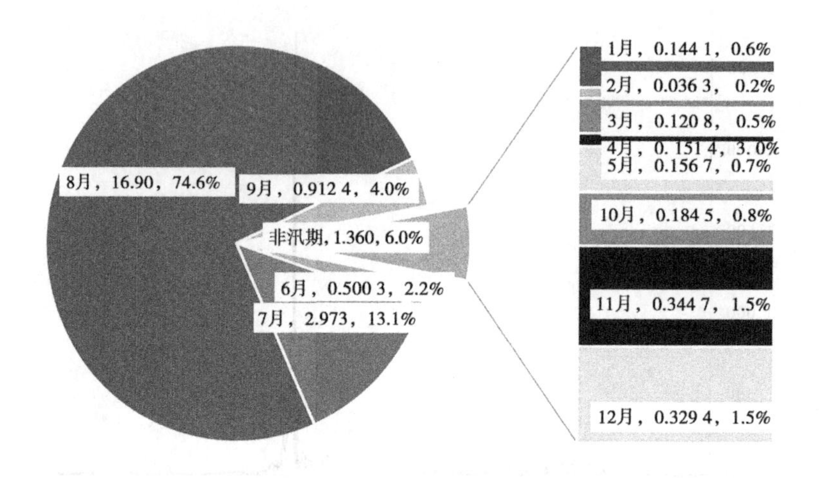

图 4-91　重沟水文站 2020 年各月径流量占比

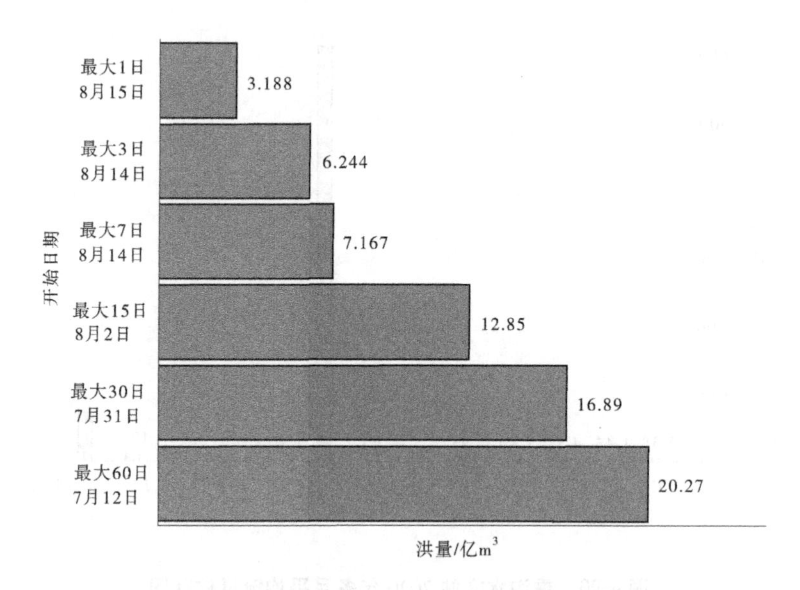

图 4-92　重沟水文站 2020 年最大洪量柱状图

十二、2021 年流量

2021 年重沟站年平均流量为 46.6 m³/s，为多年平均值的 1.59 倍。汛期平均流量 97.0 m³/s，非汛期平均流量 21.5 m³/s，其中汛前 17.4 m³/s，汛后 28.1 m³/s，汛期平均流量是年平均流量的 2.07 倍，是非汛期平均流量的 4.5 倍，年内分布较为均匀；流量最大的为 7 月，平均流量为 151 m³/s；流量最小的月份为 2 月，为 6.11 m³/s。

与多年平均相比，月平均流量距平最大的月份为 4 月，月平均流量是多年平均的

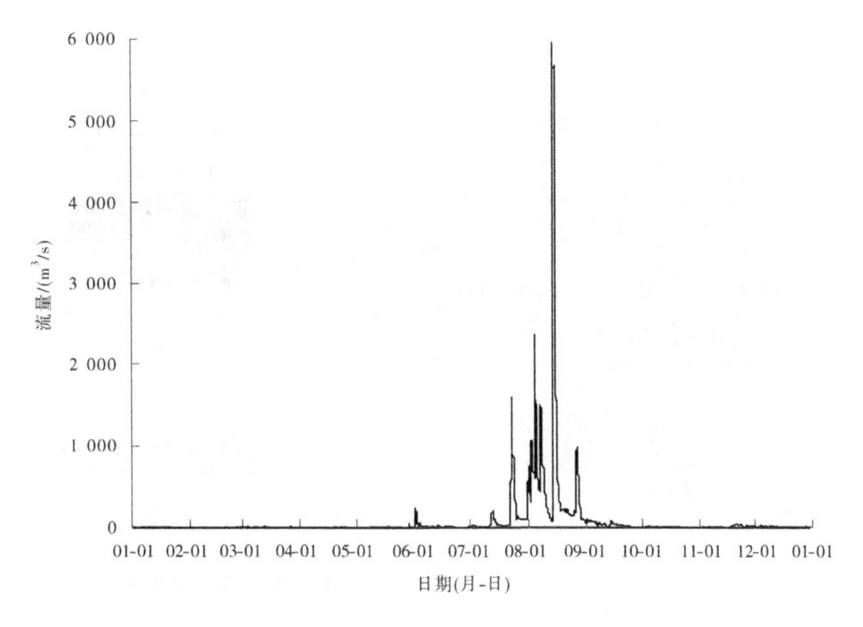

图 4-93　重沟水文站 2020 年流量过程线

3.99 倍；除 8 月外，其余月份的月平均流量均大于多年平均值，8 月平均流量 78.6 m^3/s 是多年平均的 52.2%。各月平均流量柱状图见图 4-94。

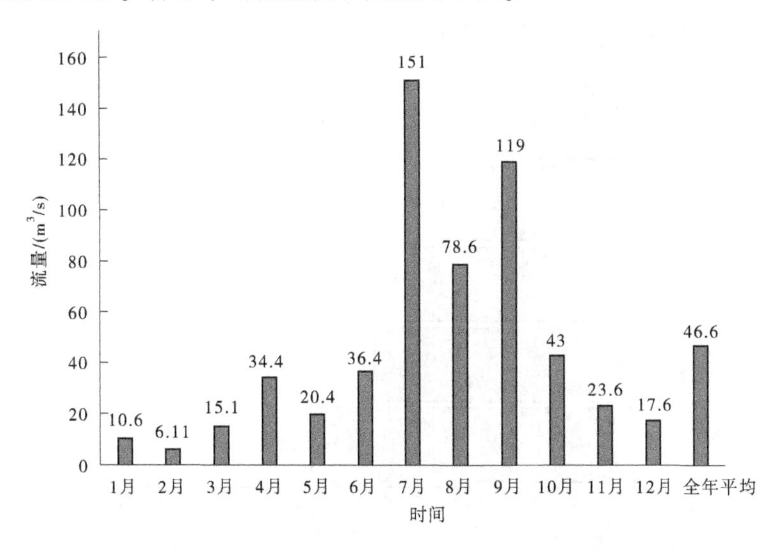

图 4-94　重沟水文站 2021 年各月平均流量柱状图

2021 年径流量为 13.92 亿 m^3。其中汛期径流量 9.935 亿 m^3，占全年径流量的 71.4%；非汛期径流量 3.988 亿 m^3，占全年径流量的 28.6%；其中 9 月径流量 3.991 亿 m^3，占全年径流量的 28.7%。

年最大流量为 1 920 m^3/s，发生在 7 月 29 日。最小流量为 0，共有 30 日的日均流量小于 1.00 m^3/s，其中 6 日为断流。各月径流量占比见图 4-95。

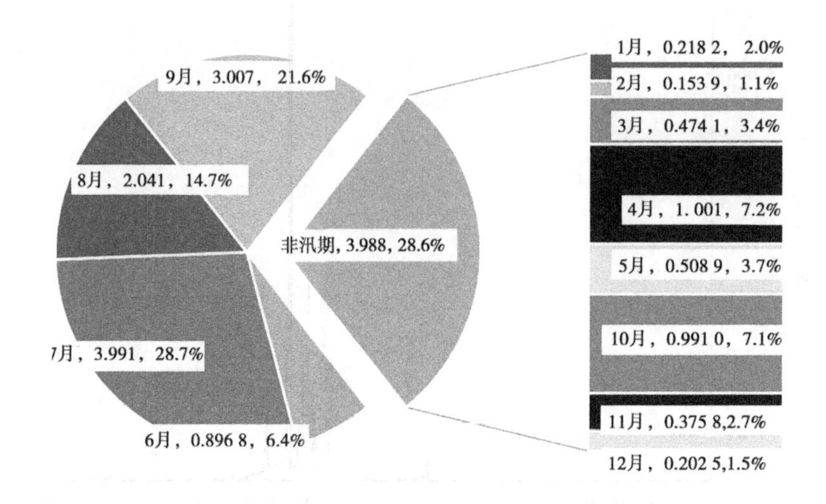

图 4-95　重沟水文站 2021 年各月径流量占比

最大 1 日洪量发生在 7 月 29 日，为 1.305 亿 m^3；最大 3 日洪量发生在 7 月 28—30 日，为 2.272 亿 m^3；最大 7 日洪量发生在 7 月 27 至 8 月 2 日，为 2.906 亿 m^3，最大洪量柱状图见图 4-96，全年流量过程线见图 4-97。

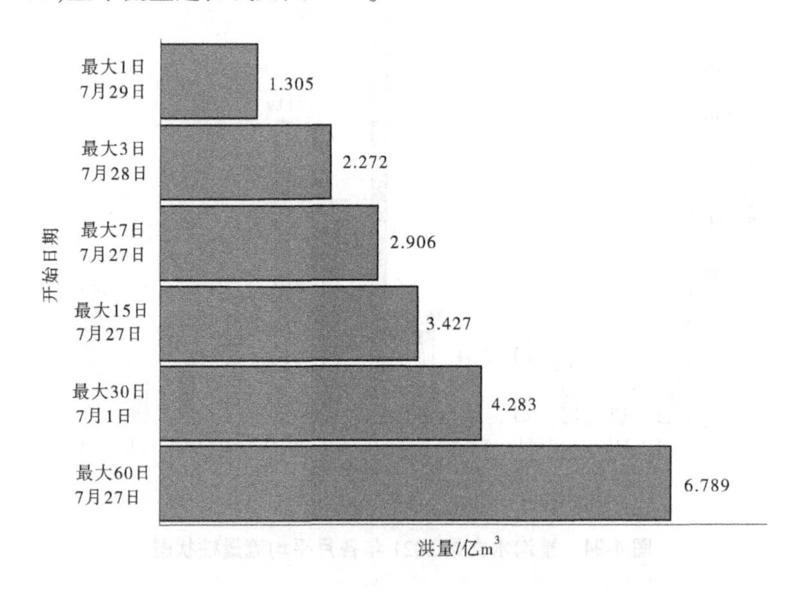

图 4-96　重沟水文站 2021 年最大洪量柱状图

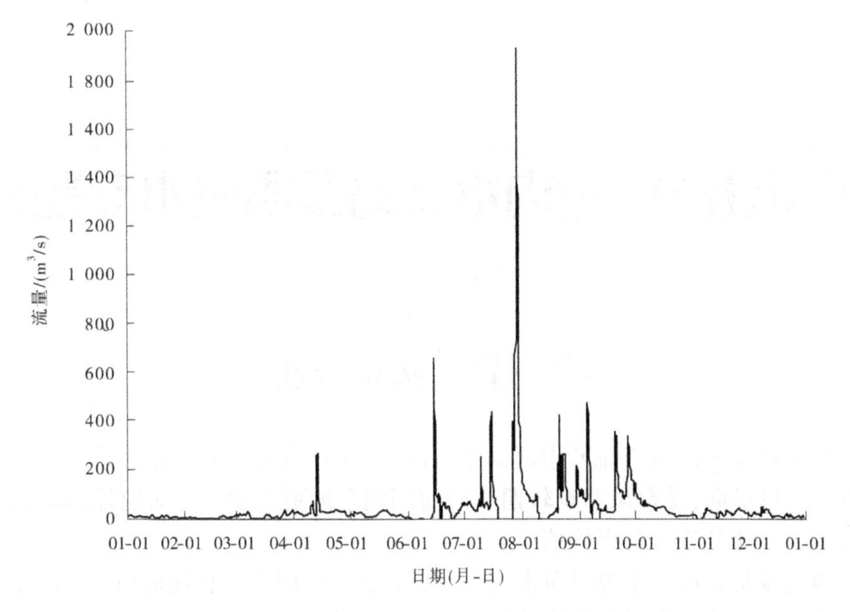

图 4-97　重沟水文站 2021 年流量过程线

第五章 重沟水文站暴雨洪水专题分析

第一节 暴雨分析

重沟水文站位于沂沭泗流域中部偏东地区,气候具有典型的沂沭泗流域特征,因为所处的位置更接近沿海,受台风影响较西部的南四湖等地更为频繁。对应地,暴雨的日数和量级也均大于沂沭泗流域的平均值。

沂沭泗流域暴雨成因主要是黄淮气旋、台风及南北切变。长历时降雨多数由切变线和低涡接连出现造成。台风主要影响沂沭河及南四湖湖东区。暴雨移动方向由西向东较多。降雨一般自南向北递减,沿海多于内陆,山地多于平原;年际变化较大,单站最大年降雨量和最小年降雨量相差达 4.5 倍(重沟水文站附近的沂河临沂站)。由于沂沭泗流域处于南北过渡地区,暴雨的特性兼有南北地区的特性。主要的暴雨特性为天气变化剧烈,降水集中,旱涝交替,例如 1957 年、1960 年、1974 年和 1993 年等。但当江淮梅雨区偏北时,可能造成沂沭泗流域类似梅雨的天气,降水量大,降水历时长,时间空间上分布均匀,例如 1971 年。

根据新中国成立后历年统计,沂沭泗流域内最大 1 日暴雨为 563.1 mm(2000 年 8 月 30 日在江苏响水口站),次之为 399.6 mm(1958 年 6 月 29 日在山东峄城站);最大 3 日暴雨为 877.4 mm(2000 年 8 月 28—30 日在江苏响水口站),次之为 575.8 mm(1971 年 8 月 8—10 日在山东微山站);最大 7 日暴雨为 1 046.3 mm(2000 年 8 月 24—30 日在江苏响水口站),次之为 676.8 mm(1963 年 7 月 18—24 日在山东前城子站)。2000 年 8 月 30 日,响水口站 24 h 降雨量 825 mm。

一、重沟水文站暴雨统计

(一)暴雨日数

重沟水文站多年平均暴雨日数为 3.56 d,2013 年出现的暴雨天数最多,为 6 天;2015 年出现的暴雨天数最少,为 1 天,见表 5-1。

(二)最大 1 日暴雨

最大 1 日暴雨最大的发生在 2017 年(196.4 mm),次之为 2012 年(141.1 mm)。最大 1 日暴雨最小的发生在 2014 年(64.6 mm)。

(三)最大 3 日暴雨

最大 3 日暴雨最大的发生在 2012 年(308.7 mm),次之为 2017 年(257.0 mm)。最大 3 日暴雨最小的发生在 2014 年(64.6 mm)。

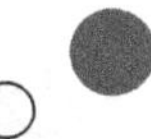

(四)最大7日暴雨

最大7日暴雨最大的发生在2012年(403.1 mm),次之为2017年(260.0 mm)。最大7日暴雨最小的发生在2014年(100.0 mm)。

表5-1　重沟水文站暴雨日数及时段暴雨量统计

年份	暴雨日数/d	最大1日/mm	最大3日/mm	最大7日/mm
2012年	5	141.1	308.7	403.1
2013年	6	123.2	130.0	137.6
2014年	2	64.6	64.6	100.0
2015年	1	138.8	166.6	192.2
2016年	6	120.0	120.0	123.0
2017年	3	196.4	257.0	260.0
2018年	3	109.2	151.0	216.4
2019年	2	111.0	143.0	187.5
2020年	5	124.0	153.5	237.5
2021年	6	133.0	204.5	204.5
最大(多)	6	196.4	308.7	403.1

二、2012年重沟水文站暴雨分析

2012年重沟水文站共出现3次暴雨过程(7月4—5日、7月7—9日、8月9—10日),其中7月7—9日的暴雨造成沭河自1993年以来最大洪水过程。

(一)7月4—5日

降水自7月4日14时开始,至7月5日20时结束,次暴雨量93.7 mm,其中7月4日降水量17.8 mm,7月5日降水量75.9 mm。降水强度最大的时段为7月5日17—18时,降水量21.5 mm。

(二)7月7—9日

降水自7月8日2时开始,至7月10日9时结束,次暴雨量309.4 mm,其中7月7日降水量100.5 mm,7月8日降水量67.1 mm,7月9日降水量141.1 mm,7月10日降水量0.7 mm。降水主要集中在两个时段,第一时段为7日8—11时,降水量为153.7 mm;第二时段为7月10日3—7时,降水量为102.2 mm。强度最大的时段为7月10日5—6时,1 h降水量42.7 mm。

(三)8月9—10日

降水自8月10日3时开始,至8月10日8时结束,次暴雨量58.2 mm。降水主要集中在10日3—6时,降水量为51.5 mm,降水强度最大的时段为10日3—4时,1 h降水量

21.5 mm。

三、2013年重沟水文站暴雨分析

2013年重沟水文站共出现5次暴雨过程(5月25—29日、7月1—4日、8月1—3日、8月9—10日、9月23—24日)

(一)5月25—29日

降水自5月26日3时开始,至5月29日10时结束,次暴雨量128.6 mm,其中5月26日降水量123.2 mm,5月27日降水量4.6 mm,5月28日降水量0.6 mm,5月29日降水量0.2 mm。降水主要集中在5月26日13时至27日2时,降水量为106.4 mm,降水强度最大的时段为5月27日1—2时,降水量23.8 mm。

(二)7月1—4日

降水自7月1日10时开始,至7月4日24时结束,次暴雨量121.4 mm,其中7月1日降水量2.4 mm,7月2日降水量16.8 mm,7月3日降水量0.6 mm,7月10日降水量101.6 mm。降水主要集中在7月4日19—24时,降水量为97.6 mm。强度最大的时段为7月4日22—23时,1 h降水量44.4 mm。

(三)8月1—3日

降水自8月1日6时开始,至8月3日11时结束,次暴雨量76.2 mm。其中8月1日降水量70.8 mm,8月2日降水量4.2 mm,8月3日降水量1.2 mm。降水主要集中在1日18—19时,降水量为61.6 mm,降水强度最大的时段为1日18—19时,1 h降水量61.6 mm。

(四)8月9—10日

降水自8月10日0时开始,至8月10日5时结束,次暴雨量55.2 mm。其中8月9日降水量55.2 mm,降水主要集中在10日1—4时,降水量为50.4 mm,降水强度最大的时段为10日1—2时,1 h降水量20.2 mm。

(五)9月23—24日

降水自9月23日12时开始,至9月24日7时结束,次暴雨量112.8 mm。其中9月23日降水量112.8 mm,降水主要集中在23日16—19时,降水量为100.8 mm,降水强度最大的时段为23日16—17时,1 h降水量37.6 mm。

四、2014年重沟水文站暴雨分析

2014年重沟水文站共出现2次暴雨过程(5月10—11日、7月24—25日)。

(一)5月10—11日

降水自5月10日13时开始,至5月11日5时结束,次暴雨量64.6 mm,其中5月10日降水量64.6 mm。降水主要集中在5月10日21时至11日2时,降水量为40.6 mm,降水强度最大的时段为5月11日0—1时,降水量11.6 mm。

(二)7月24—25日

降水自7月24日15时开始,至7月25日13时结束,次暴雨量58.8 mm,其中7月

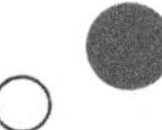

24 日降水量 57.4 mm,7 月 25 日降水量 1.4 mm。降水主要集中在两个时段,第一时段为 7 月 24 日 16—18 时,降水量为 12.4 mm;第二时段为 7 月 25 日 4—8 时,降水量为 31.4 mm。强度最大的时段为 7 月 25 日 4—5 时,1 h 降水量 11.4 mm。

五、2015 年重沟水文站暴雨分析

2015 年重沟水文站共出现 1 次暴雨过程(8 月 5—8 日)。

降水自 8 月 5 日 16 时开始,至 8 月 8 日 17 时结束,次暴雨量 174.2 mm,其中 8 月 5 日降水量 24.0 mm,8 月 6 日降水量 3.8 mm,8 月 7 日降水量 138.8 mm,8 月 8 日降水量 7.6 mm。降水主要集中在两个时段,第一时段为 8 月 5 日 17—21 时,降水量为 19 mm;第二时段为 8 月 7 日 10—14 时,降水量为 137.8 mm。强度最大的时段为 8 月 7 日 12—13 时,1 h 降水量 79.0 mm。

六、2016 年重沟水文站暴雨分析

2016 年重沟水文站共出现 6 次暴雨过程(5 月 1—2 日、6 月 23—24 日、6 月 30 日至 7 月 1 日、7 月 19—22 日、8 月 19—20 日、9 月 7 日)。

(一)5 月 1—2 日

降水自 5 月 1 日 20 时开始,至 5 月 2 日 24 时结束,次暴雨量 80.6 mm,其中 5 月 1 日降水量 5.6 mm,5 月 2 日降水量 75.0 mm。降水主要集中在 5 月 2 日 15—19 时,降水量为 66.2 mm,降水强度最大的时段为 5 月 2 日 17—18 时,降水量 30.6 mm。

(二)6 月 23—24 日

降水自 6 月 23 日 12 时开始,至 6 月 24 日 1 时结束,次暴雨量 120.0 mm,其中 6 月 23 日降水量 120.0 mm。降水主要集中在 6 月 23 日 13—17 时,降水量为 91.0 mm。强度最大的时段为 6 月 23 日 14—15 时,1 h 降水量 69.0 mm。

(三)6 月 30 日至 7 月 1 日

降水自 6 月 30 日 23 时开始,至 7 月 1 日 8 时结束,次暴雨量 55.2 mm。其中 6 月 30 日降水量 55.2 mm。降水主要集中在 6 月 30 日 23 时至 7 月 1 日 3 时,降水量为 46.6 mm,降水强度最大的时段为 7 月 1 日 2—3 时,1 h 降水量 39.2 mm。

(四)7 月 19—22 日

降水自 7 月 19 日 19 时开始,至 22 日 1 时结束,次暴雨量 82.0 mm。其中 7 月 19 日降水量 5.6 mm,7 月 20 日降水量 21.2 mm,7 月 21 日降水量 55.2 mm。降水主要集中在 21 日 18—19 时,降水量为 52.0 mm,降水强度最大的时段为 21 日 18—19 时,1 h 降水量为 52.0 mm。

(五)8 月 19—20 日

降水自 8 月 19 日 18 时开始,至 8 月 20 日 4 时结束,次暴雨量 57.2 mm。其中 8 月 19 日降水量 57.2 mm,降水主要集中在 19 日 18—24 时,降水量为 52.6 mm,降水强度最大的时段为 19 日 21—22 时,1 h 降水量 17.4 mm。

(六)9月7日

降水自9月7日6时开始,至当日23时结束,次暴雨量62.8 mm。其中9月6日降水量3.8 mm,9月7日降水量59.0 mm。降水主要集中在7日16—17时,降水量为46.6 mm,降水强度最大的时段为7日16—17时,1 h降水量46.6 mm。

七、2017年重沟水文站暴雨分析

2017年重沟水文站共出现2次暴雨过程(7月14—16日、7月30—31日)

(一)7月14—16日

降水自7月14日2时开始,至7月16日2时结束,次暴雨量257.0 mm,其中7月13日降水量1.4 mm,7月14日降水量196.4 mm,7月15日降水量59.2 mm。降水主要集中在两个时段,第一时段为7月14日14时至15日6时,降水量为192.0 mm;第二时段为7月15日8时至16日1时,降水量为58.2 mm。降水强度最大的时段为7月15日1—2时,降水量33.4 mm。

(二)7月30—31日

降水自7月30日17时开始,至7月31日15时结束,次暴雨量133.6 mm,其中7月30日降水量95.4 mm,7月31日降水量38.2 mm。降水主要集中在7月31日4—12时,降水量为125.2 mm。强度最大的时段为7月31日4—5时,1 h降水量43.6 mm。

八、2018年重沟水文站暴雨分析

2018年重沟水文站共出现3次暴雨过程(7月8—10日、8月13—15日、8月17—20日)。

(一)7月8—10日

降水自7月8日17时开始,至7月10日14时结束,次暴雨量142.0 mm,其中7月8日降水量29.0 mm,7月9日降水量102.4 mm,7月10日降水量10.6 mm。降水主要集中在两个时段,第一时段为7月9日1—12时,降水量为74.4 mm;第二时段为7月9日23时至10日2时,降水量为49.0 mm。降水强度最大的时段为7月9日9—10时,降水量35.0 mm。

(二)8月13—15日

降水自8月13日3时开始,至8月15日6时结束,次暴雨量151.0 mm,其中8月13日降水量14.8 mm,8月14日降水量27.0 mm,8月15日降水量109.2 mm。降水主要集中8月15日0—6时,降水量为102.6 mm。强度最大的时段为8月15日0—1时,1 h降水量74.0 mm。

(三)8月17—20日

降水自8月17日10时开始,至8月20日8时结束,次暴雨量76.2 mm。其中8月17日降水量53.6 mm,8月18日降水量1.0 mm,8月19日降水量21.6 mm。降水主要集中在8月18日1—4时,降水量为37.4 mm,降水强度最大的时段为8月18日3—4时,1 h降水量19.0 mm。

九、2019年重沟水文站暴雨分析

2019年重沟水文站共出现2次暴雨过程（8月1—2日、8月10—12日）。

（一）8月1—2日

降水自8月1日1时开始，至8月2日11时结束，次暴雨量95.5 mm，其中8月1日降水量62.0 mm，8月2日降水量33.5 mm。降水主要集中在三个时段，第一时段为8月1日1—4时，降水量为29.5 mm；第二时段为8月1日10—15时，降水量为31.0 mm；第三时段为8月2日2—11时，降水量为64.5 mm。降水强度最大的时段为8月2日2—3时，降水量30.0 mm。

（二）8月10—12日

降水自8月10日8时开始，至8月12日12时结束，次暴雨量143.0 mm，其中8月10日降水量111.0 mm，8月11日降水量30.5 mm，8月12日降水量1.5 mm。降水主要集中在两个时段，第一时段为8月10日12时至11日2时，降水量为67.0 mm；第二时段为8月11日6—13时，降水量为34.5 mm。强度最大的时段为8月10日13—14时，1 h降水量21.5 mm。

十、2020年重沟水文站暴雨分析

2020年重沟水文站共出现5次暴雨过程（7月11—12日、7月22—23日、7月31日至8月1日、8月6—8日、8月13—14日）。

（一）7月11—12日

降水自7月11日23时开始，至7月12日19时结束，次暴雨量82.0 mm，其中7月11日降水量73.5 mm，7月12日降水量8.5 mm。降水主要集中在7月12日0—9时，降水量为78.0 mm，降水强度最大的时段为7月12日7—8时，降水量13.5 mm。

（二）7月22—23日

降水自7月22日1时开始，至7月23日2时结束，次暴雨量145.0 mm，其中7月21日降水量21.0 mm，7月22日降水量124.0 mm。降水主要集中7月22日5—23时，降水量为139.5 mm。强度最大的时段为7月22日19—20时，1 h降水量29.0 mm。

（三）7月31日至8月1日

降水自7月31日2时开始，至8月1日20时结束，次暴雨量106.0 mm。其中7月30日降水量22.0 mm，7月31日降水量84.0 mm。降水主要集中在两个时段，第一时段为7月31日11—13时，降水量为59.0 mm；第二时段为7月31日17—18时，降水量为20.0 mm。降水强度最大的时段为7月31日11—12时，1 h降水量46.0 mm。

（四）8月6—8日

降水自8月6日7时开始，至8日21时结束，次暴雨量149.0 mm。其中8月6日降水量105.0 mm，8月7日降水量39.5 mm，8月8日降水量4.5 mm。降水主要集中在两个时段，第一时段为8月6日7—9时，降水量为69.5 mm；第二时段为8月7日10—16时，降水量为34.5 mm。降水强度最大的时段为6日8—9时，1 h降水量为60.5 mm。

(五)8月13—14日

降水自8月13日22时开始,至8月14日15时结束,次暴雨量72.0 mm。其中8月13日降水量12.5 mm,8月14日降水量59.5 mm。降水主要集中在14日9—15时,降水量为59.5 mm,降水强度最大的时段为14日14—15时,1 h降水量25.5 mm。

十一、2021年重沟水文站暴雨分析

2021年重沟水文站共出现6次暴雨过程(6月14—15日、7月27—29日、8月20日、8月23日、8月29—30日、9月19—20日)。

(一)6月14—15日

降水自6月14日20时开始,至6月15日4时结束,次暴雨量83.5 mm,其中6月14日降水量12.0 mm,6月15日降水量71.5 mm。降水主要集中在6月15日0—3时,降水量为66.0 mm,降水强度最大的时段为6月15日0—1时,降水量36.0 mm。

(二)7月27—29日

降水自7月27日4时开始,至7月29日8时结束,次暴雨量140.5 mm,其中7月27日降水量41.5 mm,7月28日降水量127.5 mm,7月29日降水量21.5 mm。降水主要集中在7月28日12—18时,降水量为82.0 mm。强度最大的时段为7月28日14—15时,1 h降水量28.5 mm。

(三)8月20日

降水自8月20日4时开始,至当日18时结束,次暴雨量61.5 mm。降水主要集中8月20日11—17时,降水量为49.5 mm。强度最大的时段为8月20日12—13时,1 h降水量14.5 mm。

(四)8月23日

降水自8月23日4时开始,至当日11时结束,次暴雨量87.0 mm。降水主要集中8月23日7—10时,降水量为75.5 mm。强度最大的时段为8月23日8—9时,1 h降水量48.0 mm。

(五)8月29—30日

降水自8月29日23时开始,至8月30日12时结束,次暴雨量73.5 mm。其中8月29日降水量4.5 mm,8月30日降水量69.0 mm。降水主要集中在两个时段,第一时段为8月30日0—3时,降水量为40.0 mm;第二时段为8月29日8—12时,降水量为24.5 mm。降水强度最大的时段为30日2—3时,1 h降水量17.0 mm。

(六)9月19—20日

降水自9月19日23时开始,至9月20日4时结束,次暴雨量81.5 mm,其中9月19日降水量1.5 mm,9月20日降水量80.0 mm。降水主要集中在9月20日0—3时,降水量为72.0 mm,降水强度最大的时段为9月20日1—2时,降水量27.5 mm。

第二节 历年洪水过程

自2011年以来,重沟水文站共出现12次洪峰流量超过1 000 m^3/s的洪水过程,其

中，2011—2012 年 3 次，2018—2021 年 9 次，洪水来量最大的 2020 年重沟水文站共出现 7 次洪水过程，洪峰流量在 1 000 m^3/s 以上的洪水过程 5 次。

自 2011 年以来，重沟水文站共出现 5 次超过 2 000 m^3/s 的编号洪水，分别为 2012 年 1 号洪水，峰现日期为 2012 年 7 月 23 日，洪峰流量 2 070 m^3/s，相应水位 56.34 m；2018 年 1 号洪水，峰现日期为 2018 年 8 月 20 日，洪峰流量 3 200 m^3/s，相应水位 57.48 m；2019 年 1 号洪水，峰现日期为 2019 年 8 月 11 日，洪峰流量 2 710 m^3/s，相应水位 57.13 m；2020 年 1 号洪水，峰现日期为 2020 年 8 月 4 日，洪峰流量 2 340 m^3/s，相应水位 56.77 m；2020 年 2 号洪水，峰现日期为 2020 年 8 月 14 日，洪峰流量 5 940 m^3/s，相应水位 59.47 m。

重沟水文站历年较大洪水统计见表 5-2。

表 5-2　重沟水文站历年较大洪水统计

年份	日期	洪峰流量/(m^3/s)	洪峰水位/m	备注
2011 年	8 月 29 日	1 500	56.04	
2012 年	7 月 10 日	1 890	56.26	
	7 月 23 日	2 070	56.34	2012 年 1 号洪水
2013 年	7 月 5 日	633	54.57	
2014 年	7 月 4 日	260	53.72	
2015 年	8 月 9 日	384	54.77	
2016 年	7 月 22 日	222	54.61	
2017 年	7 月 15 日	957	55.47	
2018 年	8 月 15 日	1 150	55.61	
	8 月 20 日	3 200	57.48	2018 年 1 号洪水
2019 年	8 月 11 日	2 710	57.13	2019 年 1 号洪水
2020 年	7 月 23 日	1 560	56.09	
	8 月 3 日	1 090	55.40	
	8 月 4 日	2 340	56.77	2020 年 1 号洪水
	8 月 7 日	1 550	55.97	
	8 月 14 日	5 940	59.47	2020 年 2 号洪水
2021 年	6 月 15 日	638	54.57	
	7 月 29 日	1 920	56.42	

一、主要洪水过程

(一)2020 年 2 号洪水

沭河重沟水文站 8 月 14 日 7 时水位从 52.70 m 开始起涨。水位上涨速度较快,最大涨幅每小时超过 1 m。11 时 36 分达到编号标准,13 时 6 分水位 57.42 m,超过警戒水位,相应流量 3 060 m^3/s。19 时 22 分出现最大流量 5 940 m^3/s,此时水位 59.47 m。15 日 1 时出现最高水位 60.26 m,超警戒水位 2.86 m,距保证水位 1.32 m,此时流量 5 660 m^3/s。15 日 16 时水位回落至 57.40 m,与警戒水位持平,相应流量约 2 700 m^3/s。17 日 11 时 12 分水位落平至 54.01 m,流量 378 m^3/s。沭河 2020 年 2 号洪水重沟水文站水位和流量过程线见图 5-1。

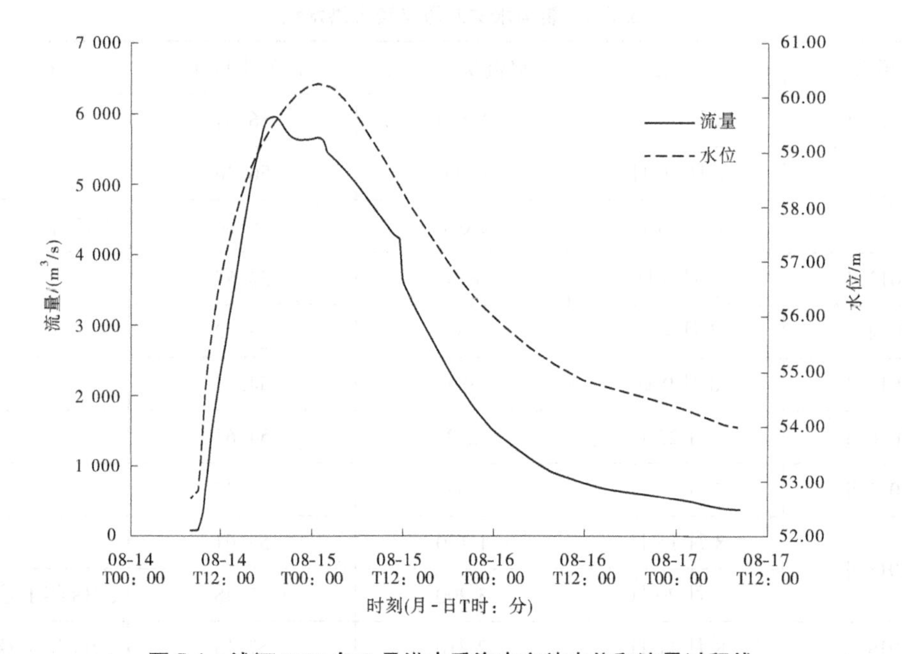

图 5-1 沭河 2020 年 2 号洪水重沟水文站水位和流量过程线

(二)2018 年 1 号洪水

沭河 2018 年 1 号洪水,重沟水文站 8 月 20 日 0 时水位从 54.52 m 开始起涨。水位上涨速度较快,最大涨幅每小时超过 0.45 m。7 时 59 分达到编号标准,11 时 29 分水位 57.40 m,到达警戒水位,相应流量 3 080 m^3/s。13 时 22 分出现最大流量 3 200 m^3/s,此时水位 57.48 m。20 日 16 时 2 分水位回落至 57.36 m,低于警戒水位,相应流量约 3 030 m^3/s。26 日 20 时 12 分水位落平至 53.11 m,流量 91.1 m^3/s。沭河 2018 年 1 号洪水重沟水文站水位和流量过程线见图 5-2。

(三)2019 年 1 号洪水

沭河 2019 年 1 号洪水,重沟水文站 8 月 11 日 0 时水位从 53.16 m 开始起涨。水位上涨速度较快,最大涨幅每小时超过 0.44 m。14 时 6 分达到编号标准,18 时 24 分出现最大流量 2 710 m^3/s,此时水位 57.13 m,未达警戒水位。16 日 20 时水位落平至 53.39 m,

流量 147 m^3/s。沭河 2019 年 1 号洪水重沟水文站水位和流量过程线见图 5-3。

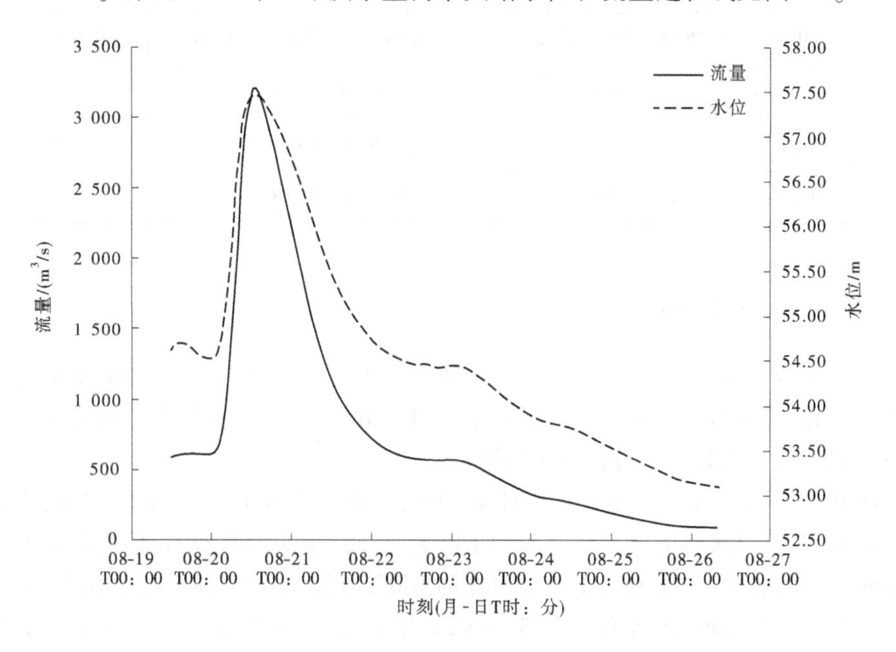

图 5-2　沭河 2018 年 1 号洪水重沟水文站水位和流量过程线

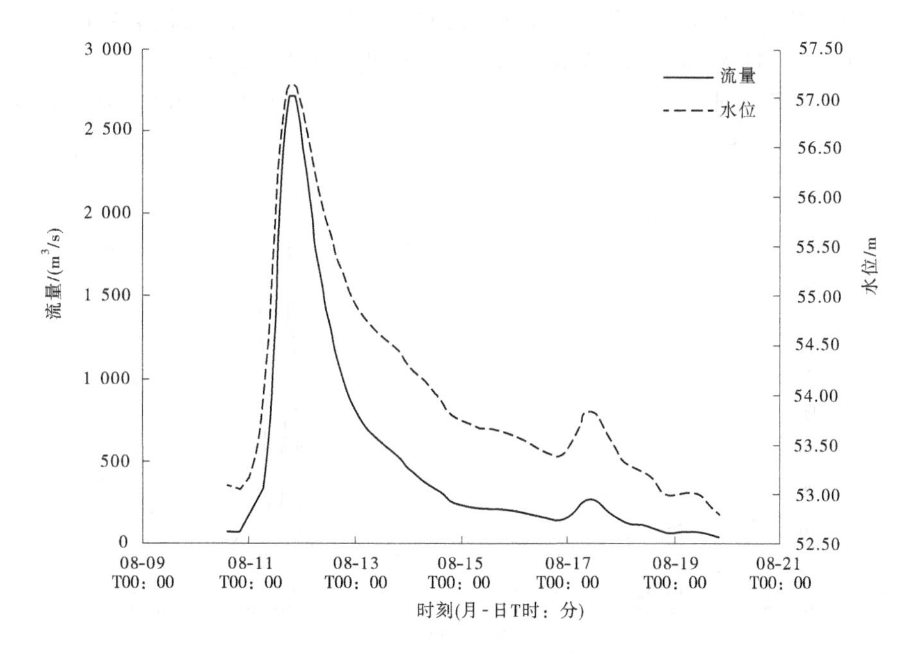

图 5-3　沭河 2019 年 1 号洪水重沟水文站水位和流量过程线

主要洪水洪峰要素见表 5-3。

表 5-3　沭河重沟水文站主要洪水洪峰要素

序号	年份	洪峰流量/(m^3/s)	出现时间(年-月-日 T 时:分)	相应洪峰水位/m
1	2020 年	5 940	2020-08-14T18:40	59.47
2	2018 年	3 200	2018-08-20T13:22	57.48
3	2019 年	2 710	2019-08-11T18:24	57.13

二、2011 年洪水过程

2011 年重沟水文站共发生 5 次较为明显的洪水过程,其中以 8 月 30 日前后发生的洪水过程为最大,洪峰水位 56.04 m,洪峰流量 1 500 m^3/s。全年洪量 3.38 亿 m^3。

(一)第一次洪水过程(7 月 4—13 日)

2011 年第一次洪水过程发生在 7 月 4—13 日(由于该站建站自 6 月 22 日开始测验水位和流量,但对照沭河上游石拉渊站和下游大官庄站水文测验资料,仍可认定该场洪水为本年度第一场洪水)。洪水自 7 月 4 日 8 时起涨,起涨水位 53.09 m,起涨流量为 7.73 m^3/s。7 月 5 日 3 时 40 分,水位涨至 53.43 m,相应流量 78.5 m^3/s。以后水位基本呈回落趋势,至 7 月 11 日 15 时,水位落至 53.09 m,相应流量 10.6 m^3/s。受流域上游降水影响,7 月 11 日 16 时水位再次上涨,至 20 时 24 分,出现本年度第一次洪水洪峰,洪峰水位 53.91 m,相应流量 426 m^3/s。以后水位回落,并在回落过程中出现涨落变化,至 7 月 13 日 8 时,水位落至 52.86 m,相应流量 2.48 m^3/s,至此本次洪水过程结束。

本次洪水过程洪水总量为 0.37 亿 m^3,洪水历时 10 天左右。2011 年第一次洪水水位-流量过程线见图 5-4。

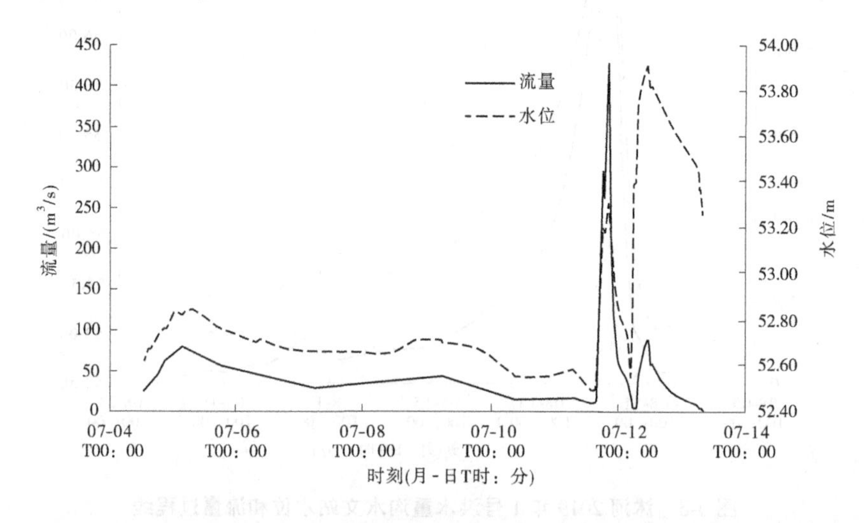

图 5-4　2011 年第一次洪水水位-流量过程线

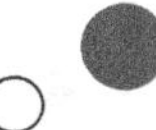

(二)第二次洪水过程(8月6—7日)

2011年第二次洪水过程发生在8月6—7日。洪水自8月6日20时起涨,起涨水位53.15 m,起涨流量为18.2 m^3/s。至7日5时30分,出现本年度第二次洪水洪峰,洪峰水位54.02 m,相应流量288 m^3/s。以后水位回落,至7日10时,水位落至52.93 m,相应流量24.1 m^3/s,至此本次洪水过程结束。

本次洪水过程洪水总量为0.07亿 m^3,洪水历时2天左右。2011年第二次洪水水位-流量过程线见图5-5。

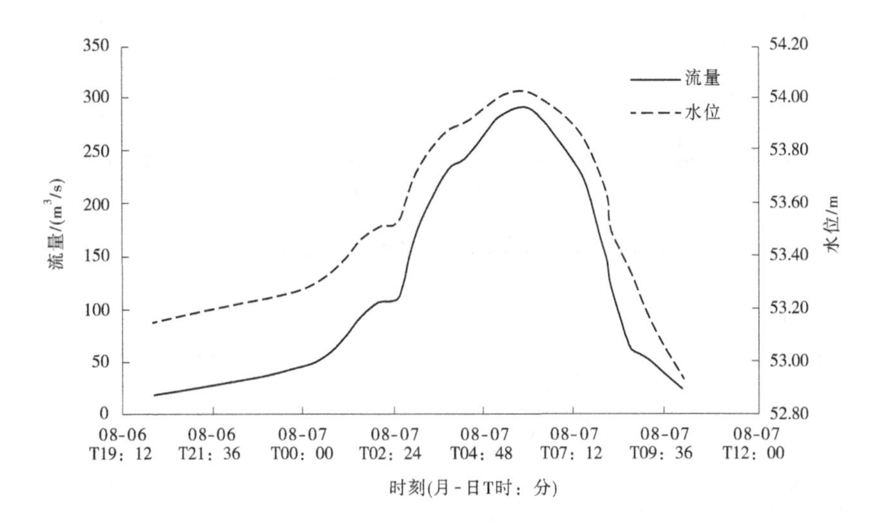

图5-5　2011年第二次洪水水位-流量过程线

(三)第三次洪水过程(8月19—24日)

2011年第三次洪水过程发生在8月19—24日。洪水自8月19日8时起涨,起涨水位53.22 m,起涨流量为46.8 m^3/s。至21日2时,出现本年度第三次洪水洪峰,洪峰水位54.73 m,相应流量581 m^3/s。以后水位回落,至24日20时,水位落至53.05 m,相应流量20.8 m^3/s,至此本次洪水过程结束。

本次洪水过程洪水总量为0.72亿 m^3,洪水历时5天左右。2011年第三次洪水水位-流量过程线见图5-6。

(四)第四次洪水过程(8月28日至9月2日)

2011年第四次洪水过程发生在8月28日至9月2日。洪水自8月28日12时起涨,起涨水位52.73 m,起涨流量为1.63 m^3/s。8月29日6时12分,水位涨至54.30 m,相应流量402 m^3/s。以后水位基本呈回落趋势,至29日8时12分,水位落至54.20 m,相应流量363 m^3/s。受流域上游降水影响,29日10时水位再次上涨,至29日21时6分,出现本年度第四次洪水洪峰,洪峰水位56.04 m,相应流量1 500 m^3/s。以后水位回落,至9月2日8时,水位落至53.05 m,相应流量20.8 m^3/s,至此本次洪水过程结束。

本次洪水过程洪水总量为1.87亿 m^3,洪水历时5天左右。2011年第四次洪水水位-流量过程线见图5-7。

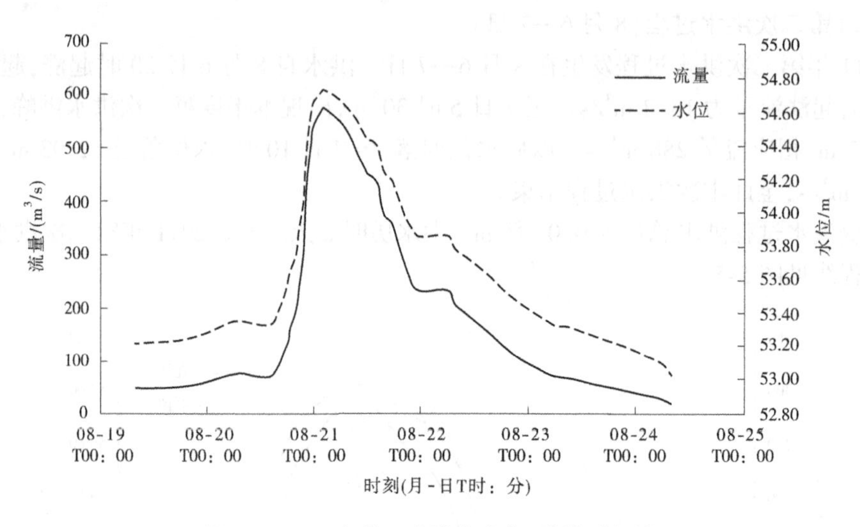

图 5-6 2011 年第三次洪水水位-流量过程线

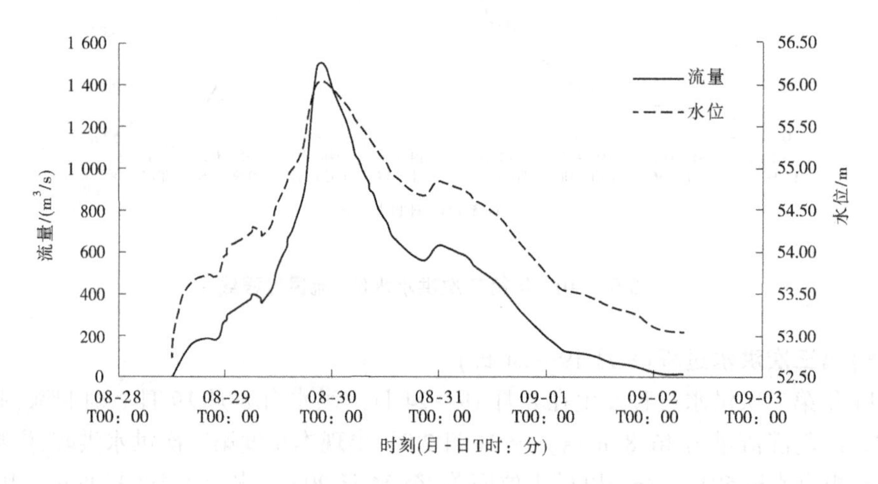

图 5-7 2011 年第四次洪水水位-流量过程线

(五)第五次洪水过程(9 月 13—18 日)

2011 年第五次洪水过程发生在 9 月 13—18 日。洪水自 9 月 13 日 8 时起涨,起涨水位 53.09 m,起涨流量为 25.8 m^3/s。至 16 日 13 时 18 分,出现本年度第五次洪水洪峰,洪峰水位 53.77 m,相应流量 203 m^3/s。以后水位回落,至 18 日 20 时,水位落至 53.32 m,相应流量 68.0 m^3/s,至此本次洪水过程结束。

本次洪水过程洪水总量为 0.35 亿 m^3,洪水历时 5 天左右。2011 年第五次洪水水位-流量过程线见图 5-8。

三、2012 年洪水过程

2012 年重沟水文站共发生 6 次较为明显的洪水过程,其中以 7 月 23 日前后发生的洪水过程为最大,洪峰水位 56.34 m,洪峰流量 2 070 m^3/s。全年洪量 6.56 亿 m^3。

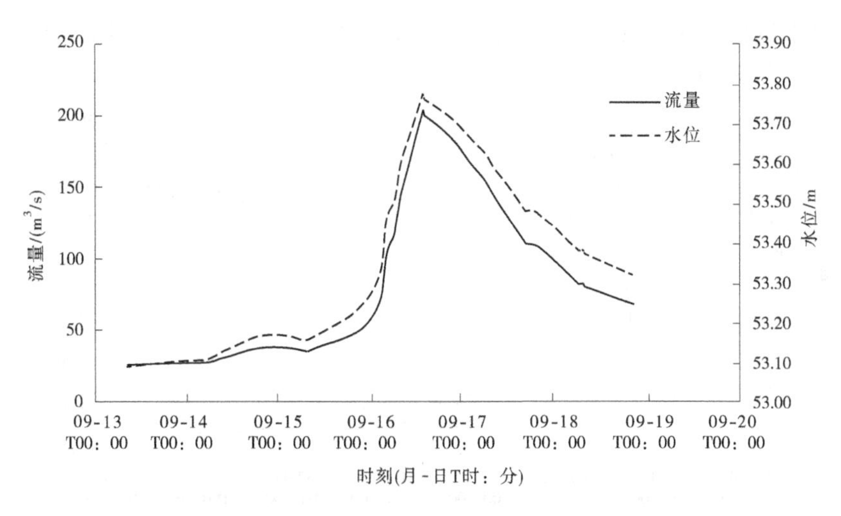

图 5-8　2011 年第五次洪水水位-流量过程线

(一)第一次洪水过程(7 月 7—9 日)

2012 年第一次洪水过程发生在 7 月 7—9 日。洪水自 7 月 7 日 20 时起涨,起涨水位 53. 09 m,起涨流量为 41. 7 m^3/s。至 8 日 15 时,出现本年度第一次洪水洪峰,洪峰水位 55. 27 m,相应流量 949 m^3/s。以后水位回落,至 9 日 16 时,水位落至 54. 04 m,相应流量 347 m^3/s,至此本次洪水过程结束。

本次洪水过程洪水总量为 0. 70 亿 m^3,洪水历时 2 天左右。2012 年第一次洪水水位-流量过程线见图 5-9。

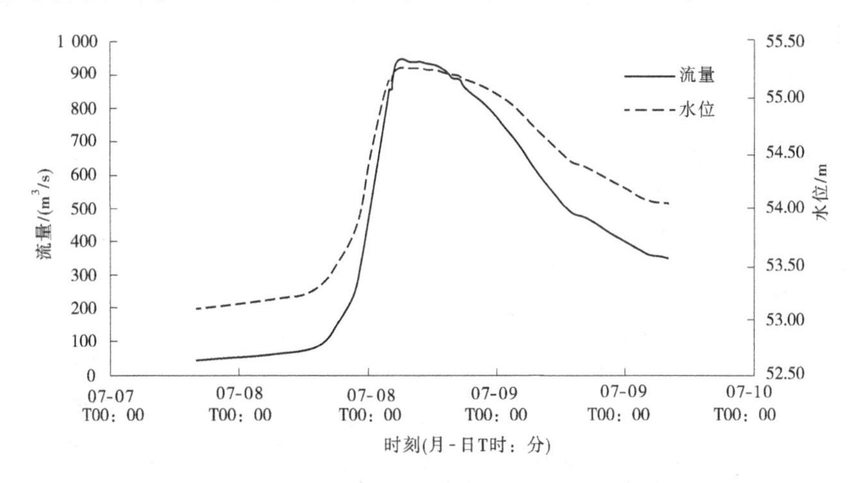

图 5-9　2012 年第一次洪水水位-流量过程线

(二)第二次洪水过程

2012 年第二次洪水过程发生在 7 月 9—15 日。洪水自 7 月 9 日 16 时 18 分起涨,起涨水位 54. 04 m,起涨流量为 347 m^3/s。至 10 日 14 时 12 分,出现本年度第二次洪水洪峰,洪峰水位 56. 26 m,相应流量 1 890 m^3/s。以后水位回落,并在回落过程中出现涨落变化,至 15 日 8 时,水位落至 53. 20 m,相应流量 96. 2 m^3/s,至此本次洪水过程结束。

本次洪水过程洪水总量为2.18亿m^3,洪水历时6天左右。2012年第二次洪水水位-流量过程线见图5-10。

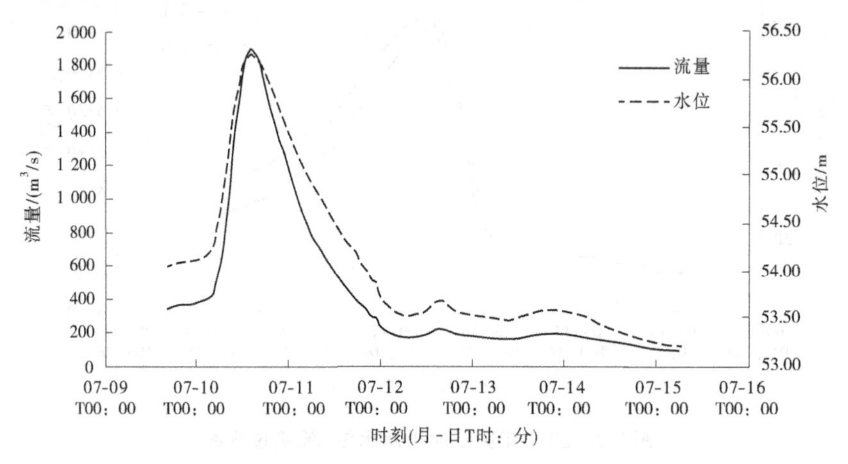

图5-10　2012年第二次洪水水位-流量过程线

(三)第三次洪水过程(7月23—28日)

2012年第三次洪水过程发生在7月23—28日。洪水自7月23日6时起涨,起涨水位53.05 m,起涨流量为68.7 m^3/s。至23日16时,出现本年度第三次洪水洪峰,洪峰水位56.34 m,相应流量2 070 m^3/s。以后水位回落,至28日6时,水位落至53.15 m,相应流量96.8 m^3/s,至此本次洪水过程结束。

本次洪水过程洪水总量为1.75亿m^3,洪水历时5天左右。2012年第三次洪水水位-流量过程线见图5-11。

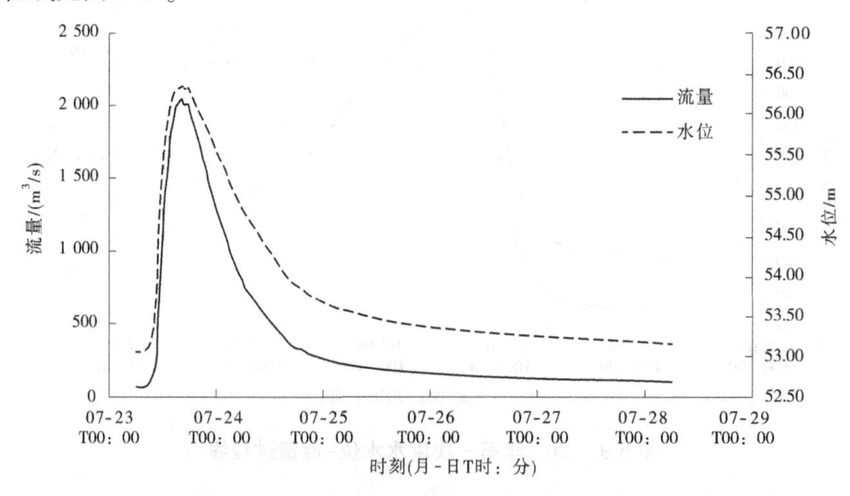

图5-11　2012年第三次洪水水位-流量过程线

(四)第四次洪水过程(8月2—3日)

2012年第四次洪水过程发生在8月2—3日。洪水自8月2日8时起涨,起涨水位52.77 m,起涨流量为8.65 m^3/s。至8月3日1时,出现本年度第四次洪水洪峰,洪峰水

位 54. 14 m，相应流量 425 m³/s。以后水位回落，至 14 时，水位落至 53. 32 m，相应流量 151 m³/s，至此本次洪水过程结束。

本次洪水过程洪水总量为 0. 17 亿 m³，洪水历时 1. 5 天左右。2012 年第四次洪水水位-流量过程线见图 5-12。

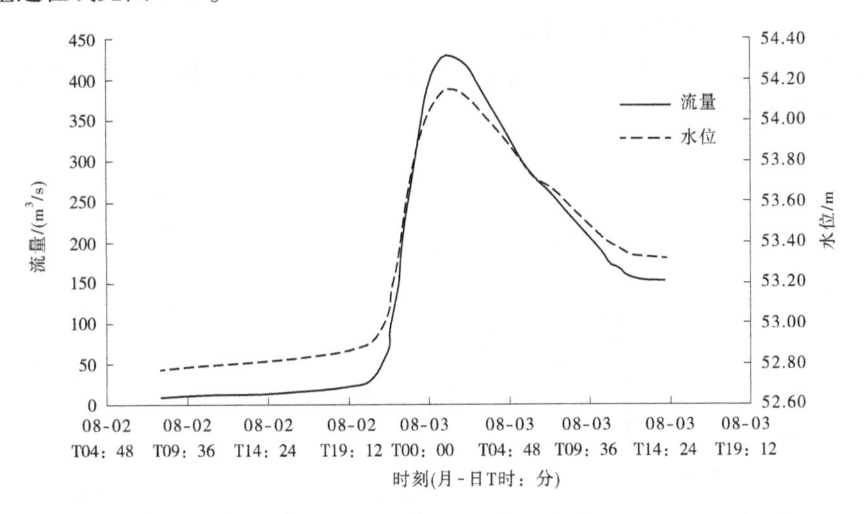

图 5-12　2012 年第四次洪水水位-流量过程线

(五)第五次洪水过程(8 月 3—7 日)

2012 年第五次洪水过程发生在 8 月 3—7 日。洪水自 8 月 3 日 14 时起涨，起涨水位 53. 32 m，起涨流量为 151 m³/s。至 4 日 4 时 48 分，出现本年度第五次洪水洪峰，洪峰水位 54. 51 m，相应流量 588 m³/s。以后水位回落，至 7 日 8 时，水位落至 52. 79 m，相应流量 20. 1 m³/s，至此本次洪水过程结束。

本次洪水过程洪水总量为 0. 85 亿 m³，洪水历时 3. 5 天左右。2012 年第五次洪水水位-流量过程线见图 5-13。

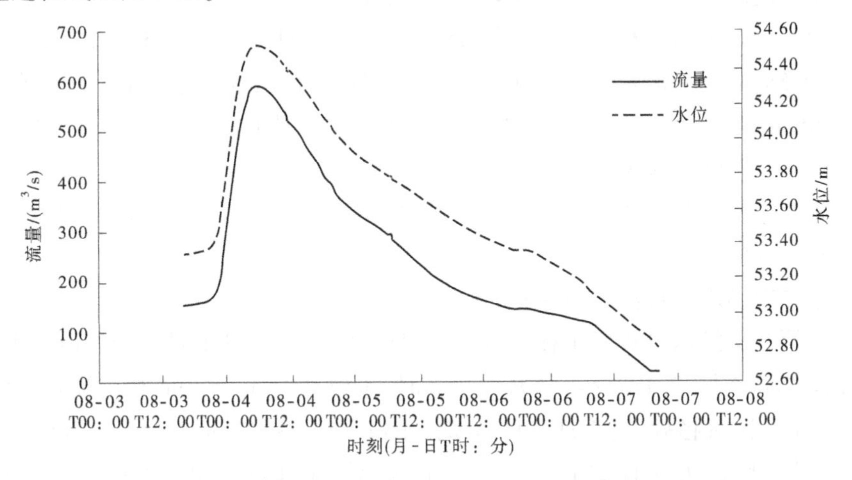

图 5-13　2012 年第五次洪水水位-流量过程线

(六)第六次洪水过程(9月2—8日)

2012年第六次洪水过程发生在9月2—8日。洪水自9月2日8时起涨,起涨水位52.91 m,起涨流量为37.6 m^3/s。至4日9时36分,出现本年度第六次洪水洪峰,洪峰水位54.31 m,相应流量489 m^3/s。以后水位回落,至8日6时,水位落至53.02 m,相应流量61.3 m^3/s,至此本次洪水过程结束。

本次洪水过程洪水总量为0.91亿m^3,洪水历时6天左右。2012年第六次洪水水位-流量过程线见图5-14。

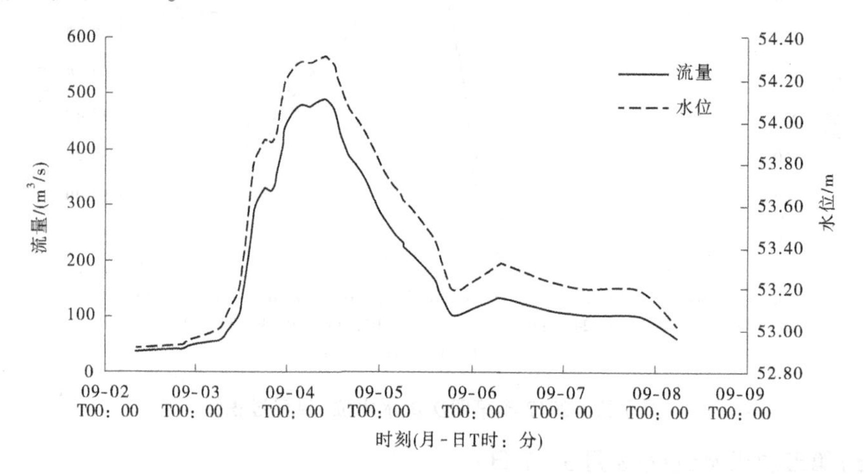

图5-14 2012年第六次洪水水位-流量过程线

四、2013年洪水过程

2013年重沟水文站共发生7次较为明显的洪水过程,其中以7月5日前后发生的洪水过程为最大,洪峰水位54.57 m,洪峰流量633 m^3/s。全年洪量6.84亿m^3。

(一)第一次洪水过程(5月25日至6月1日)

2013年第一次洪水过程发生在5月25日至6月1日。洪水自5月25日8时起涨,起涨水位52.58 m,起涨流量为10.5 m^3/s。至28日3时,出现本年度第一次洪水洪峰,洪峰水位53.96 m,相应流量343 m^3/s。以后水位回落,至6月1日8时,水位落至52.90 m,相应流量46.6 m^3/s,至此本次洪水过程结束。

本次洪水过程洪水总量为0.59亿m^3,洪水历时7天左右。2013年第一次洪水水位-流量过程线见图5-15。

(二)第二次洪水过程(7月1—8日)

2013年第二次洪水过程发生在7月1—8日。洪水自7月1日20时起涨,起涨水位52.71 m,起涨流量为22.1 m^3/s。7月3日6时,水位涨至53.52 m,相应流量187 m^3/s。以后水位基本呈回落趋势,至7月4日20时,水位落至53.27 m,相应流量119 m^3/s。受流域上游降水影响,7月4日21时水位再次上涨,至5日14时,出现本年度第二次洪水洪峰,洪峰水位54.57 m,相应流量633 m^3/s。以后水位回落,并在回落过程中出现涨落变化,至8日8时,水位落至53.08 m,相应流量77.9 m^3/s,至此本次洪水过程结束。

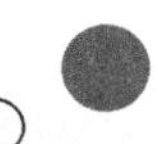

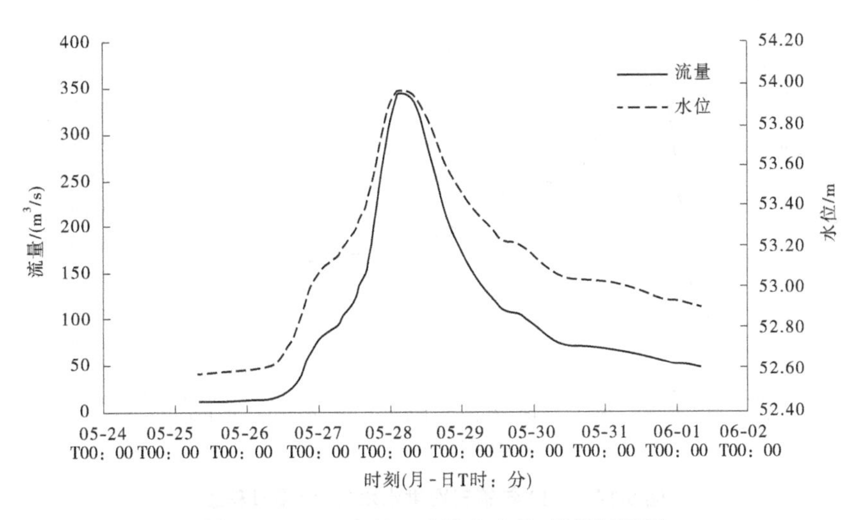

图 5-15　2013 年第一次洪水水位-流量过程线

本次洪水过程洪水总量为 1.27 亿 m^3，洪水历时 6.5 天左右。2013 年第二次洪水水位-流量过程线见图 5-16。

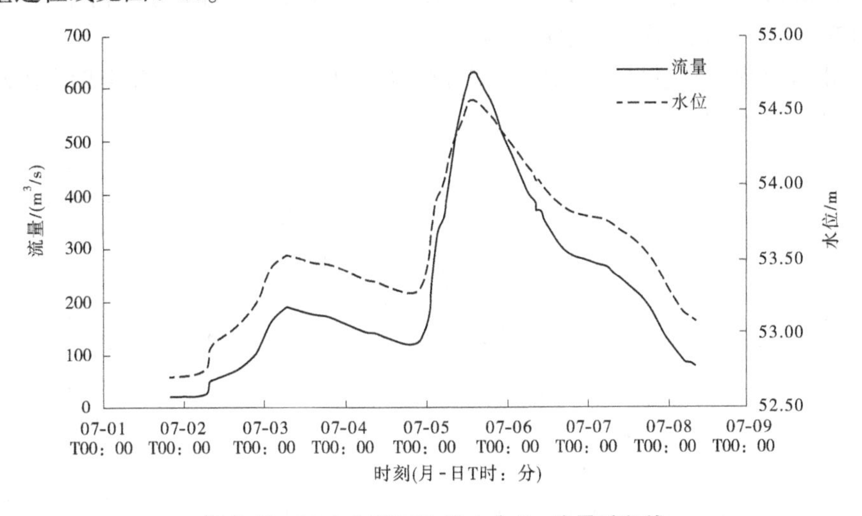

图 5-16　2013 年第二次洪水水位-流量过程线

(三)第三次洪水过程(7 月 12—16 日)

2013 年第三次洪水过程发生在 7 月 12—16 日。洪水自 7 月 12 日 8 时起涨，起涨水位 53.03 m，起涨流量为 68.4 m^3/s。至 20 时，出现本年度第三次洪水洪峰，洪峰水位 53.80 m，相应流量 281 m^3/s。以后水位回落，至 16 日 8 时，水位落至 53.11 m，相应流量 83.9 m^3/s，至此本次洪水过程结束。

本次洪水过程洪水总量为 0.48 亿 m^3，洪水历时 4 天左右。2013 年第三次洪水水位-流量过程线见图 5-17。

(四)第四次洪水过程(7 月 16—25 日)

2013 年第四次洪水过程发生在 7 月 16—25 日。洪水自 7 月 16 日 8 时起涨，起涨水位 53.11 m，起涨流量为 83.9 m^3/s。19 日 20 时，水位涨至 53.60 m，相应流量 212 m^3/s。

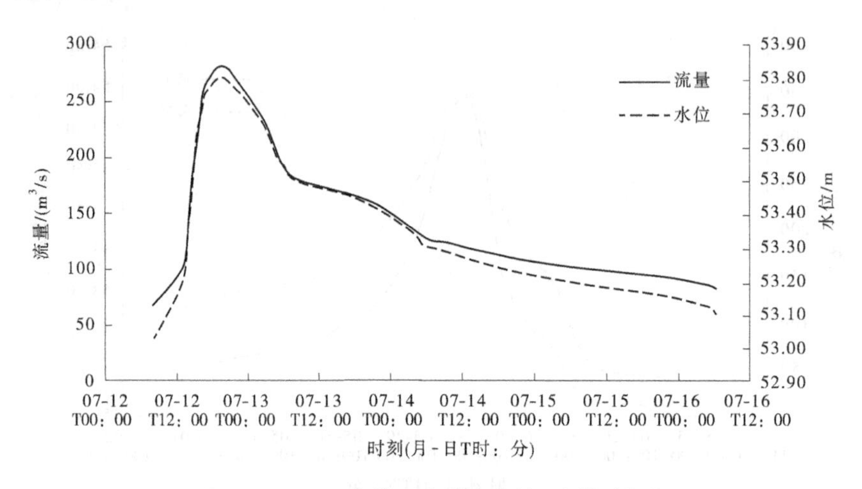

图 5-17　2013 年第三次洪水水位-流量过程线

以后水位基本呈回落趋势，至 20 日 8 时，水位落至 53.51 m，相应流量 184 m^3/s。受流域上游降水影响，20 日 20 时水位再次上涨，至 23 日 5 时，出现本年度第四次洪水洪峰，洪峰水位 53.96 m，相应流量 343 m^3/s。以后水位回落，至 25 日 6 时，水位落至 53.48 m，相应流量 176 m^3/s，至此本次洪水过程结束。

本次洪水过程洪水总量为 1.41 亿 m^3，洪水历时 9 天左右。2013 年第四次洪水水位-流量过程线见图 5-18。

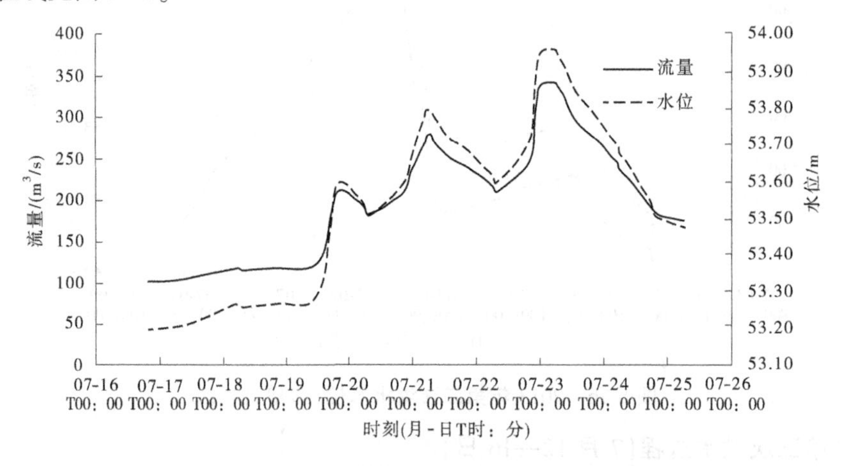

图 5-18　2013 年第四次洪水水位-流量过程线

(五)第五次洪水过程(7 月 25—29 日)

2013 年第五次洪水过程发生在 7 月 25—29 日。洪水自 7 月 25 日 6 时起涨，起涨水位 53.48 m，起涨流量为 176 m^3/s。至 11 时，出现本年度第五次洪水洪峰，洪峰水位 54.69 m，相应流量 242 m^3/s。以后水位回落，至 29 日 20 时，水位落至 53.21 m，相应流量 105 m^3/s，至此本次洪水过程结束。

本次洪水过程洪水总量为 0.65 亿 m^3，洪水历时 4.5 天左右。2013 年第五次洪水水位-流量过程线见图 5-19。

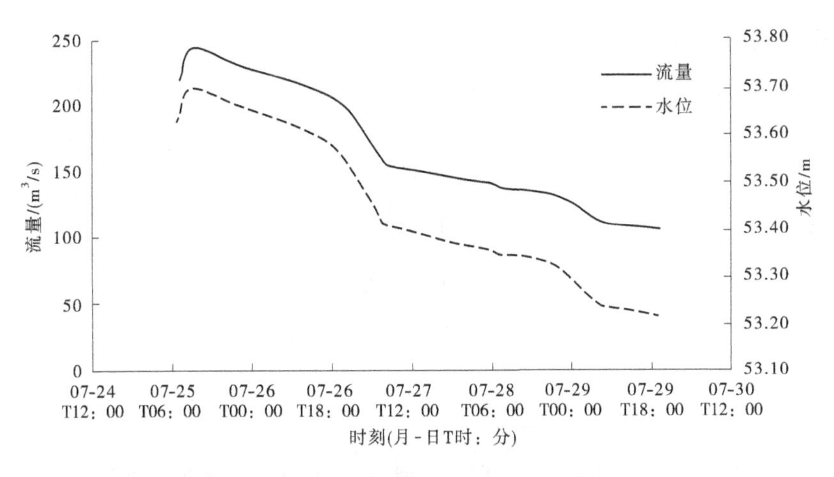

图 5-19　2013 年第五次洪水水位-流量过程线

(六)第六次洪水过程(7 月 29 日至 8 月 10 日)

2013 年第六次洪水过程发生在 7 月 29 日至 8 月 10 日。洪水自 7 月 29 日 20 时起涨,起涨水位 53.21 m,起涨流量为 105 m^3/s。至 30 日 4 时 48 分,出现本年度第六次洪水洪峰,洪峰水位 54.50 m,相应流量 596 m^3/s。以后水位回落,至 8 月 10 日 6 时,水位落至 52.72 m,相应流量 19.1 m^3/s,至此本次洪水过程结束。

本次洪水过程洪水总量为 1.74 亿 m^3,洪水历时 11.5 天左右。2013 年第六次洪水水位-流量过程线见图 5-20。

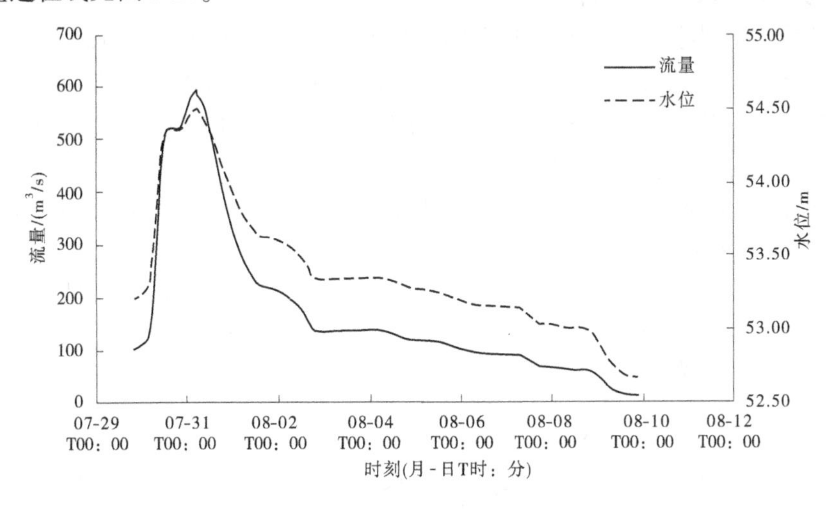

图 5-20　2013 年第六次洪水水位-流量过程线

(七)第七次洪水过程(9 月 19—30 日)

2013 年第七次洪水过程发生在 9 月 19—30 日。洪水自 9 月 19 日 8 时起涨,起涨水位 52.75 m,起涨流量为 18.8 m^3/s。至 24 日 5 时 16 分,出现本年度第七次洪水洪峰,洪峰水位 53.91 m,相应流量 332 m^3/s。以后水位回落,至 9 月 30 日 8 时,水位落至 52.77 m,相应流量 23.4 m^3/s,至此本次洪水过程结束。

本次洪水过程洪水总量为 0.70 亿 m^3,洪水历时 11 天左右。2013 年第七次洪水水位和流量过程线见图 5-21。

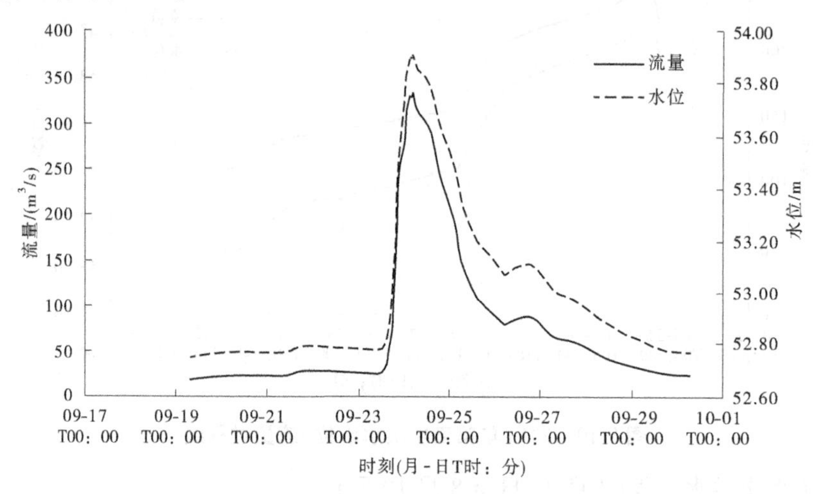

图 5-21　2013 年第七次洪水水位-流量过程线

五、2014 年洪水过程

2014 年重沟水文站共发生 10 次较为明显的洪水过程，其中以 7 月 4 日前后发生的洪水过程为最大，洪峰水位 53.72 m，洪峰流量 260 m^3/s。全年洪量 0.82 亿 m^3。

(一)第一次洪水过程(3 月 25—28 日)

2014 年第一次洪水过程发生在 3 月 25—28 日。洪水自 3 月 25 日 18 时 24 分起涨，起涨水位 52.60 m，起涨流量为 4.78 m^3/s。至 22 时 30 分，出现本年度第一次洪水洪峰，洪峰水位 53.05 m，相应流量 74.5 m^3/s。以后水位回落，至 28 日 8 时，水位落至 52.69 m，相应流量 12.5 m^3/s，至此本次洪水过程结束。

本次洪水过程洪水总量为 0.07 亿 m^3，洪水历时 2.5 天左右。2014 年第一次洪水水位-流量过程线见图 5-22。

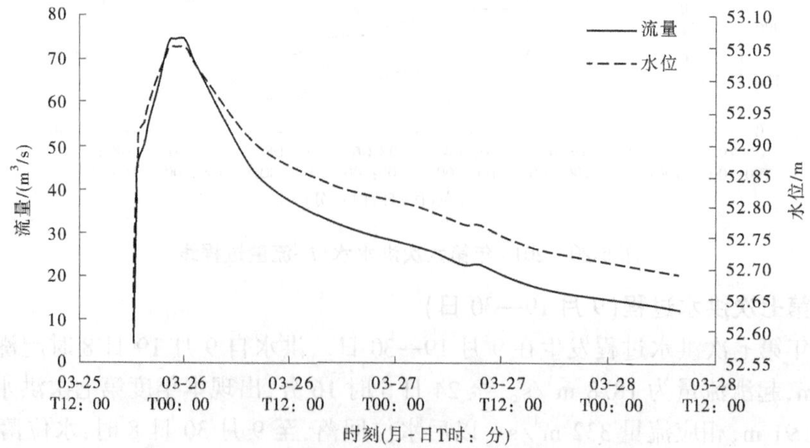

图 5-22　2014 年第一次洪水水位-流量过程线

（二）第二次洪水过程（3 月 28—29 日）

2014 年第二次洪水过程发生在 3 月 28—29 日。洪水自 3 月 28 日 8 时起涨，起涨水位 52.69 m，起涨流量为 12.5 m^3/s。至 13 时，出现本年度第二次洪水洪峰，洪峰水位 53.29 m，相应流量 130 m^3/s。以后水位回落，至 29 日 8 时，水位落至 52.64 m，相应流量 7.70 m^3/s，至此本次洪水过程结束。

本次洪水过程洪水总量为 0.07 亿 m^3，洪水历时 1 天左右。2014 年第二次洪水水位-流量过程线见图 5-23。

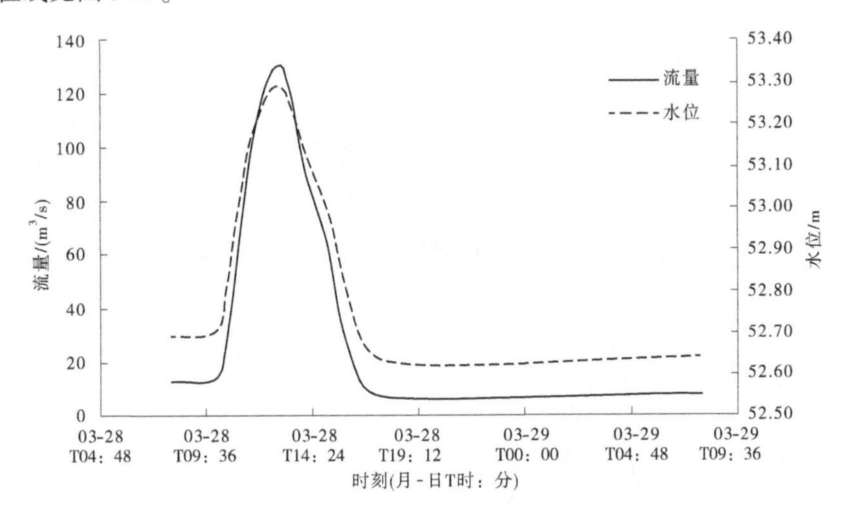

图 5-23　2014 年第二次洪水水位-流量过程线

（三）第三次洪水过程（4 月 4—6 日）

2014 年第三次洪水过程发生在 4 月 4—6 日。洪水自 4 月 4 日 20 时起涨，起涨水位 52.31 m，起涨流量为 0。至 5 日 4 时，出现本年度第三次洪水洪峰，洪峰水位 53.36 m，相应流量 148 m^3/s。以后水位回落，至 6 日 20 时，水位落至 52.51 m，相应流量 1.06 m^3/s，至此本次洪水过程结束。

本次洪水过程洪水总量为 0.06 亿 m^3，洪水历时 2 天左右。2014 年第三次洪水水位-流量过程线见图 5-24。

（四）第四次洪水过程（5 月 28 日至 6 月 1 日）

2014 年第四次洪水过程发生在 5 月 28 日至 6 月 1 日。洪水自 5 月 28 日 8 时起涨，起涨水位 52.65 m，起涨流量为 8.56 m^3/s。至 5 月 29 日 14 时，出现本年度第四次洪水洪峰，洪峰水位 53.48 m，相应流量 181 m^3/s。以后水位回落，至 6 月 1 日 8 时，水位落至 52.60 m，相应流量 1.78 m^3/s，至此本次洪水过程结束。

本次洪水过程洪水总量为 0.02 亿 m^3，洪水历时 4 天左右。2014 年第四次洪水水位-流量过程线见图 5-25。

（五）第五次洪水过程（7 月 4—6 日）

2014 年第五次洪水过程发生在 7 月 4—6 日。洪水自 7 月 4 日 12 时起涨，起涨水位 52.30 m，起涨流量为 0。至 14 时，出现本年度第五次洪水洪峰，洪峰水位 53.72 m，相应

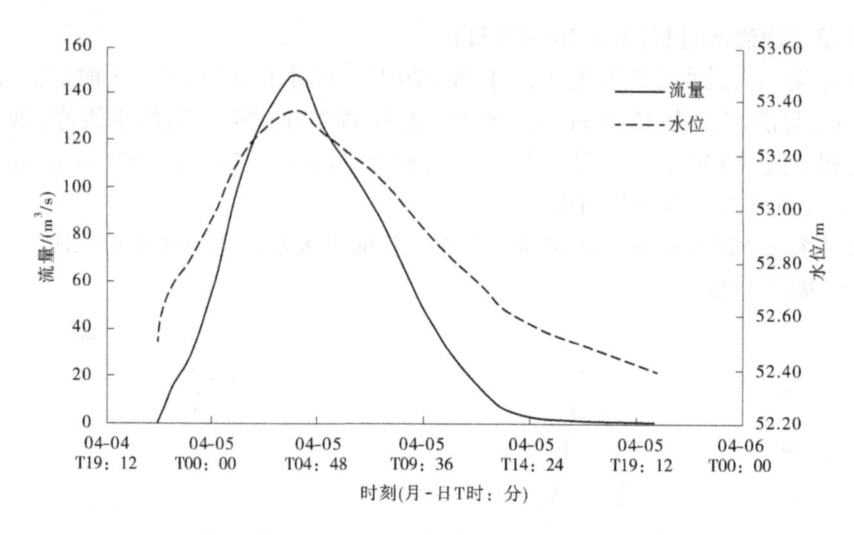

图 5-24　2014 年第三次洪水水位-流量过程线

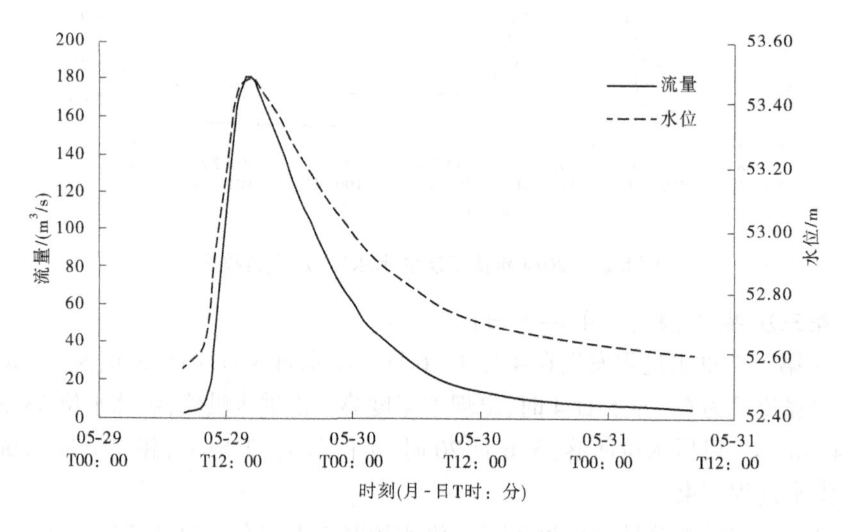

图 5-25　2014 年第四次洪水水位-流量过程线

流量 260 m^3/s。以后水位回落,至 6 日 8 时,水位落至 52.28 m,相应流量 0.491 m^3/s,至此本次洪水过程结束。

本次洪水过程洪水总量为 0.06 亿 m^3,洪水历时 2 天左右。2014 年第五次洪水水位-流量过程线见图 5-26。

(六)第六次洪水过程(8 月 1—2 日)

2014 年第六次洪水过程发生在 8 月 1—2 日。洪水自 8 月 1 日 6 时起涨,起涨水位 52.46 m,起涨流量为 2.93 m^3/s。至 2 日 2 时 48 分,出现本年度第六次洪水洪峰,洪峰水位 53.13 m,相应流量 33.4 m^3/s。以后水位回落,至 2 日 20 时,水位落至 52.96 m,相应流量 17.7 m^3/s,至此本次洪水过程结束。

本次洪水过程洪水总量为 0.03 亿 m^3,洪水历时 1.5 天左右。2014 年第六次洪水水位-流量过程线见图 5-27。

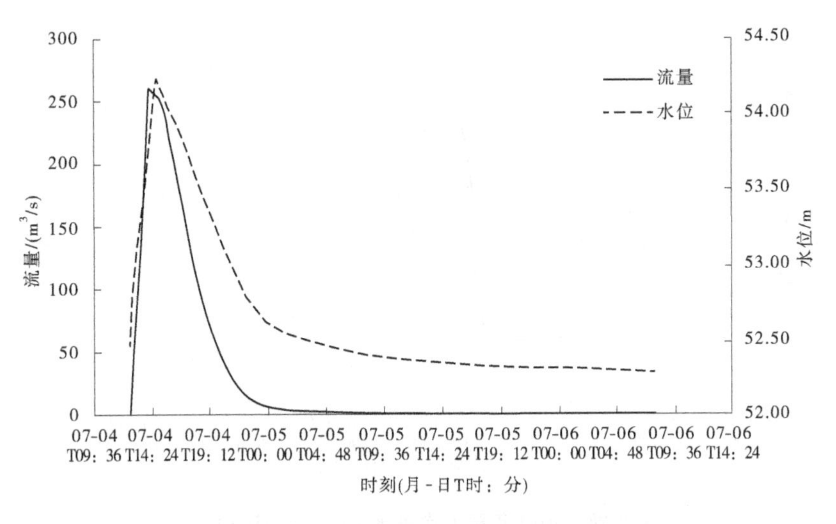

图 5-26　2014 年第五次洪水水位-流量过程线

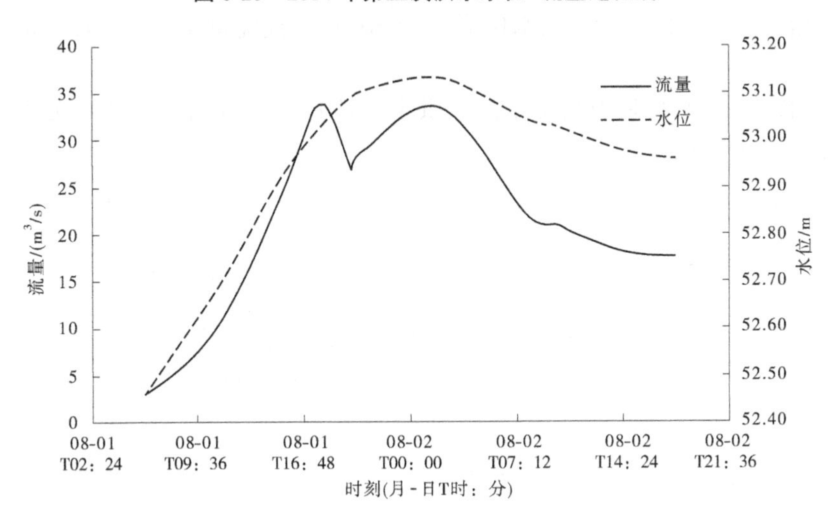

图 5-27　2014 年第六次洪水水位-流量过程线

(七)第七次洪水过程(8 月 5—10 日)

2014 年第七次洪水过程发生在 8 月 5—6 日。洪水自 8 月 5 日 8 时起涨,起涨水位 52.66 m,起涨流量为 22.9 m^3/s。至 7 日 23 时 9 分,出现本年度第七次洪水洪峰,洪峰水位 53.46 m,相应流量 41.9 m^3/s。以后水位回落,至 10 日 8 时,水位落至 52.69 m,相应流量 5.77 m^3/s,至此本次洪水过程结束。

本次洪水过程洪水总量为 0.08 亿 m^3,洪水历时 5 天左右。2014 年第七次洪水水位-流量过程线见图 5-28。

(八)第八次洪水过程(10 月 1—14 日)

2014 年第八次洪水过程发生在 10 月 1—14 日。洪水自 10 月 1 日 8 时起涨,起涨水位 52.63 m,起涨流量为 4.39 m^3/s。至 11 日 15 时 30 分,出现本年度第八次洪水洪峰,洪峰水位 53.14 m,相应流量 82.9 m^3/s。相应流量 260 m^3/s。以后水位回落,并在回落过

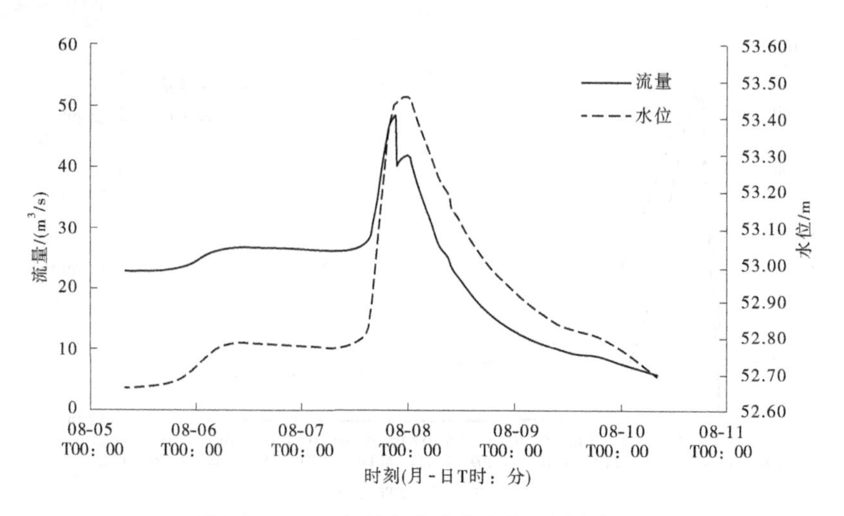

图 5-28　2014 年第七次洪水水位-流量过程线

程中出现涨落变化，至 14 日 20 时，水位落至 52.68 m，相应流量 8.26 m^3/s，至此本次洪水过程结束。

本次洪水过程洪水总量为 0.32 亿 m^3，洪水历时 14.5 天左右。2014 年第八次洪水水位-流量过程线见图 5-29。

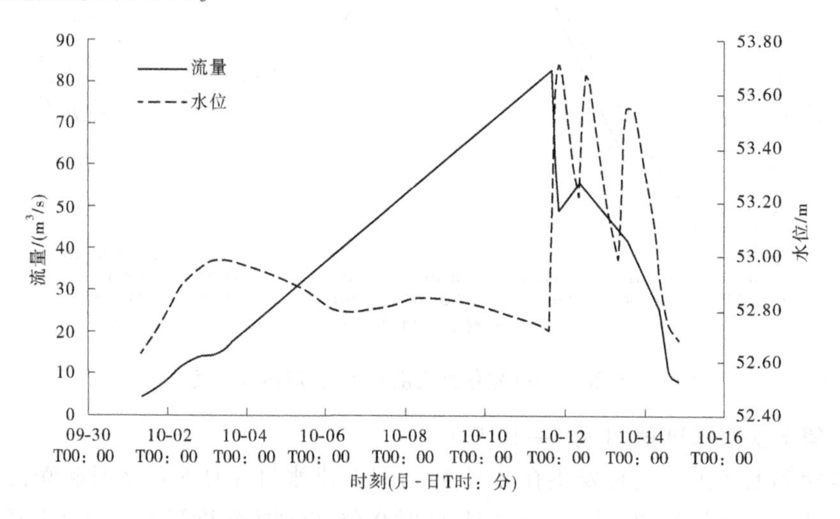

图 5-29　2014 年第八次洪水水位-流量过程线

(九)第九次洪水过程(10 月 23—25 日)

2014 年第九次洪水过程发生在 10 月 23—25 日。洪水自 10 月 23 日 8 时起涨，起涨水位 52.49 m，起涨流量为 2.71 m^3/s。至 23 日 23 时 42 分，出现本年度第九次洪水洪峰，洪峰水位 53.85 m，相应流量 181 m^3/s。以后水位回落，至 25 日 20 时，水位落至 52.36 m，相应流量 1.02 m^3/s，至此本次洪水过程结束。

本次洪水过程洪水总量为 0.10 亿 m^3，洪水历时 2.5 天左右。2014 年第九次洪水水位-流量过程线见图 5-30。

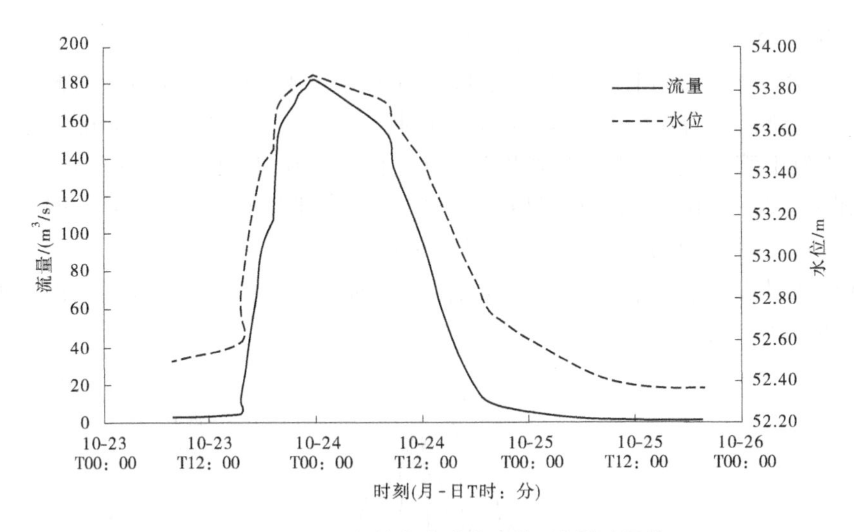

图 5-30　2014 年第九次洪水水位-流量过程线

(十)第十次洪水过程(10 月 26—28 日)

2014 年第十次洪水过程发生在 10 月 26—28 日。洪水自 10 月 26 日 8 时起涨,起涨水位 52.40 m,起涨流量为 1.41 m³/s。至 27 日 0 时,出现本年度第十次洪水洪峰,洪峰水位 53.46 m,相应流量 19.4 m³/s。以后水位回落,至 28 日 8 时,水位落至 52.29 m,相应流量 0.551 m³/s,至此本次洪水过程结束。

本次洪水过程洪水总量为 0.21 亿 m³,洪水历时 2 天左右。2014 年第十次洪水水位-流量过程线图见图 5-31。

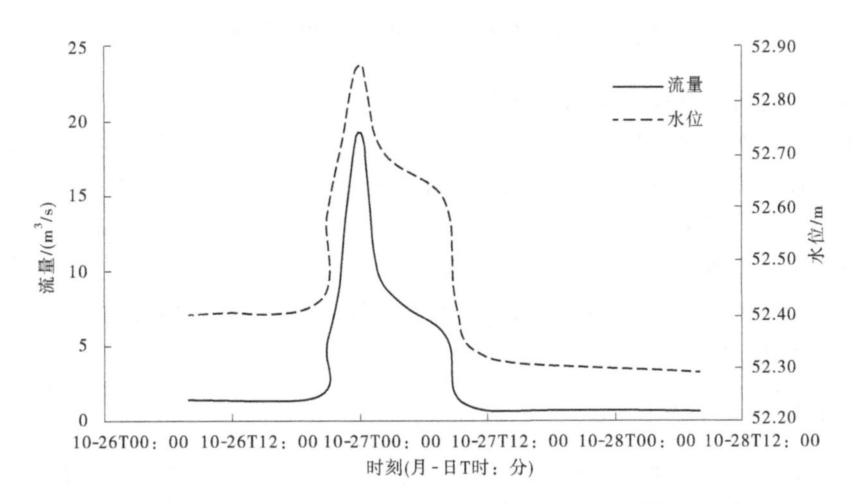

图 5-31　2014 年第十次洪水水位-流量过程线

六、2015 年洪水过程

2015 年重沟水文站共发生 2 次较为明显的洪水过程,其中以 8 月 9 日前后发生的洪水过程为最大,洪峰水位 54.77 m,洪峰流量 384 m³/s。全年洪量 0.73 亿 m³。

(一)第一次洪水过程(5月17—24日)

2015年第一次洪水过程发生在5月17—24日。洪水自5月17日8时起涨,起涨水位52.41 m,起涨流量为0.082 m^3/s。19日20时,水位涨至52.82 m,相应流量42.9 m^3/s。以后水位继续上涨,并在上涨过程中出现涨落变化,至20日22时,出现本年度第一次洪水洪峰,洪峰水位53.63 m,相应流量63.0 m^3/s。以后水位回落,至24日8时,水位落至52.62 m,相应流量2.71 m^3/s,至此本次洪水过程结束。

本次洪水过程洪水总量为0.21亿m^3,洪水历时7天左右。2015年第一次洪水水位-流量过程线见图5-32。

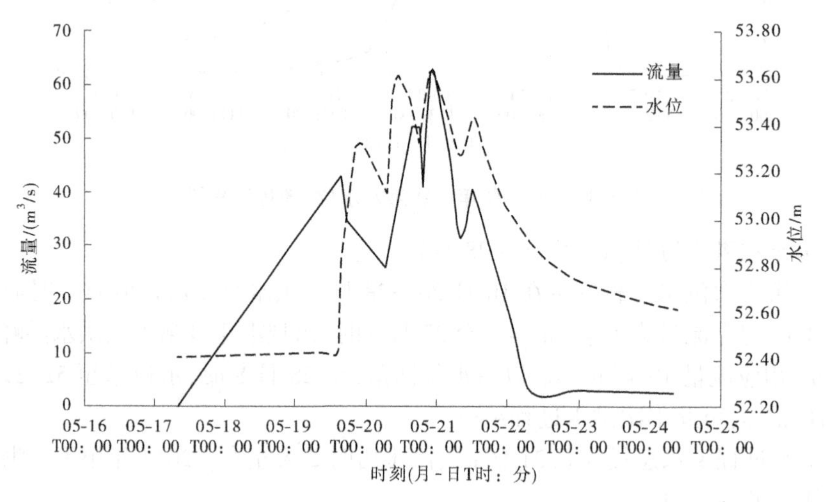

图5-32　2015年第一次洪水水位-流量过程线

(二)第二次洪水过程(8月6—11日)

2015年第二次洪水过程发生在8月6—11日。洪水自8月6日8时起涨,起涨水位52.85 m,起涨流量为2.51 m^3/s。以后水位继续上涨,并在上涨过程中出现涨落变化,至9日0时,出现本年度第二次洪水洪峰,洪峰水位54.77 m,相应流量384 m^3/s。以后水位回落,至11日8时,水位落至52.94 m,相应流量25.5 m^3/s,至此本次洪水过程结束。

本次洪水过程洪水总量为0.52亿m^3,洪水历时5天左右。2015年第二次洪水水位-流量过程线见图5-33。

七、2016年洪水过程

2016年重沟水文站共发生5次较为明显的洪水过程,其中以7月22日前后发生的洪水过程为最大,洪峰水位54.61 m,洪峰流量222 m^3/s。全年洪量1.24亿m^3。

(一)第一次洪水过程(6月23—27日)

2016年第一次洪水过程发生在6月23—27日。洪水自6月23日8时起涨,起涨水位52.66 m,起涨流量为3.77 m^3/s。至24日6时28分,出现本年度第一次洪水洪峰,洪峰水位53.70 m,相应流量59.1 m^3/s。以后水位回落,至27日8时,水位落至52.83 m,相应流量6.20 m^3/s,至此本次洪水过程结束。

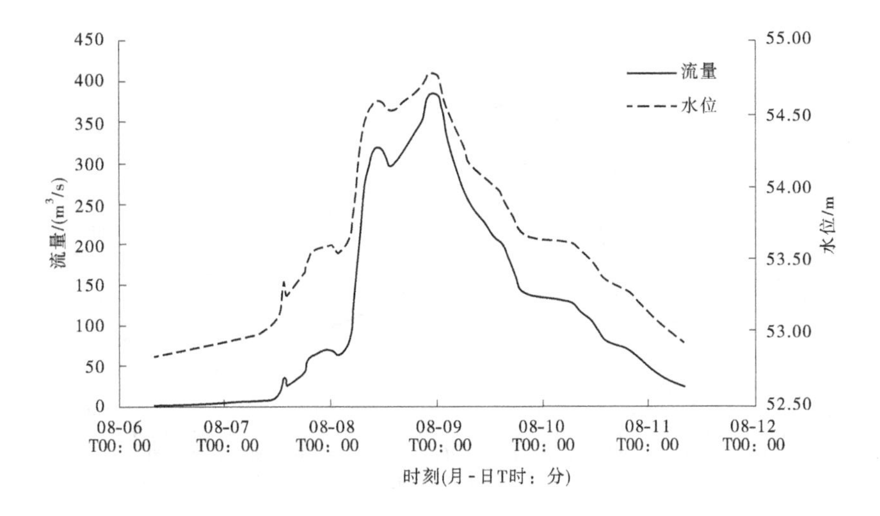

图 5-33　2015 年第二次洪水水位-流量过程线

本次洪水过程洪水总量为 0.08 亿 m^3，洪水历时 4 天左右。2016 年第一次洪水水位-流量过程线见图 5-34 。

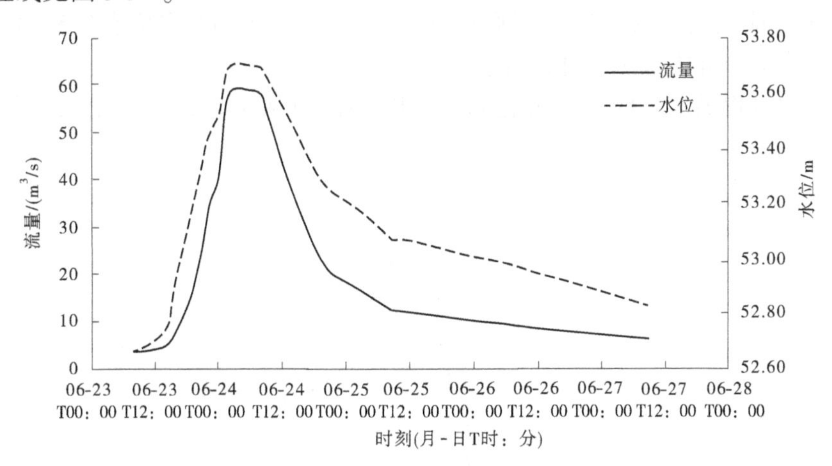

图 5-34　2016 年第一次洪水水位-流量过程线

(二)第二次洪水过程(6 月 30 日至 7 月 5 日)

2016 年第二次洪水过程发生在 6 月 30 日至 7 月 5 日。洪水自 6 月 30 日 20 时起涨，起涨水位 52.75 m，起涨流量为 4.95 m^3/s。至 7 月 1 日 22 时 13 分，出现本年度第二次洪水洪峰，洪峰水位 54.50 m，相应流量 215 m^3/s。以后水位回落，至 7 月 5 日 8 时，水位落至 53.39 m，相应流量 29.9 m^3/s，至此本次洪水过程结束。

本次洪水过程洪水总量为 0.29 亿 m^3，洪水历时 4.5 天左右。2016 年第二次洪水水位-流量过程线见图 5-35 。

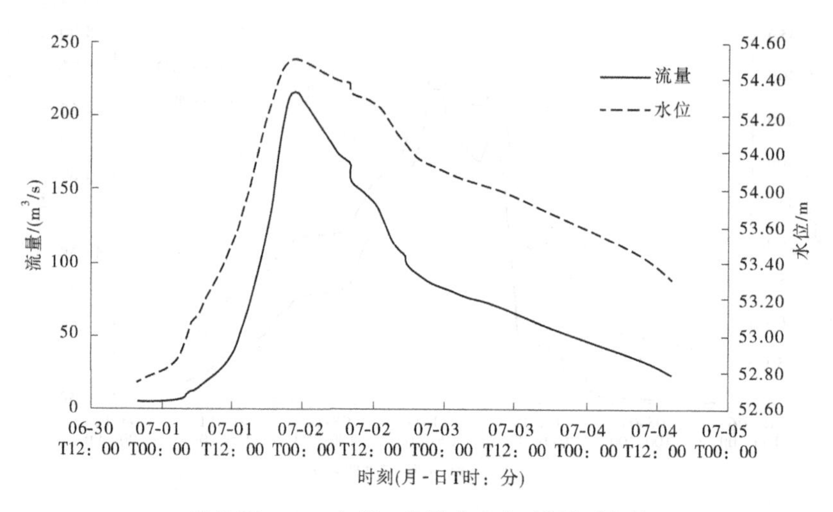

图 5-35　2016 年第二次洪水水位-流量过程线

(三)第三次洪水过程(7 月 19—21 日)

2016 年第三次洪水过程发生在 7 月 19—21 日。洪水自 7 月 19 日 20 时起涨，起涨水位 53.00 m，起涨流量为 11.8 m³/s。至 20 日 20 时，出现本年度第三次洪水洪峰，洪峰水位 53.89 m，相应流量 85.6 m³/s。以后水位回落，至 21 日 17 时，水位落至 53.35 m，相应流量 30.8 m³/s，至此本次洪水过程结束。

本次洪水过程洪水总量为 0.06 亿 m³，洪水历时 2 天左右。2016 年第三次洪水水位-流量过程线见图 5-36 。

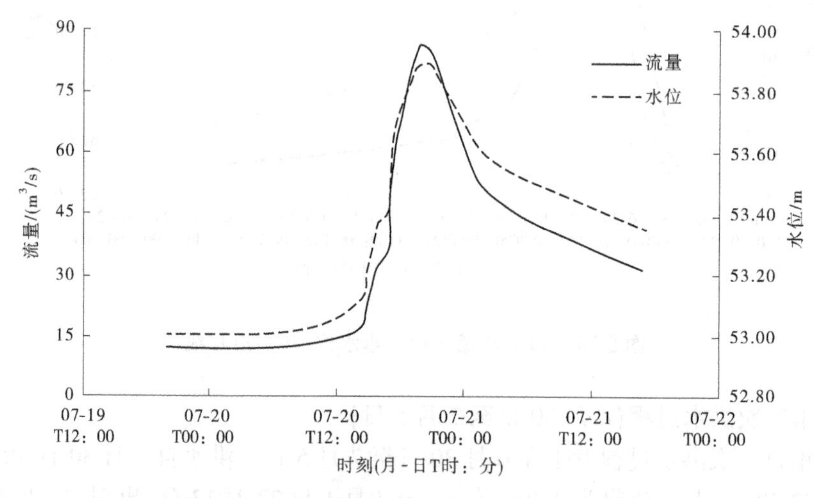

图 5-36　2016 年第三次洪水水位-流量过程线

(四)第四次洪水过程(7 月 21—29 日)

2016 年第四次洪水过程发生在 7 月 21—29 日。洪水自 7 月 21 日 20 时起涨，起涨水位 53.53 m，起涨流量为 45.3 m³/s。至 7 月 22 日 14 时，出现本年度第四次洪水洪峰，洪峰水位 54.61 m，相应流量 222 m³/s。以后水位回落，并在回落过程中出现涨落变化，至 7 月 29 日 20 时，水位落至 52.89 m，相应流量 7.93 m³/s，至此本次洪水过程结束。

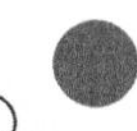

本次洪水过程洪水总量为0.48亿m³,洪水历时8天左右。2016年第四次洪水水位-流量过程线见图5-37。

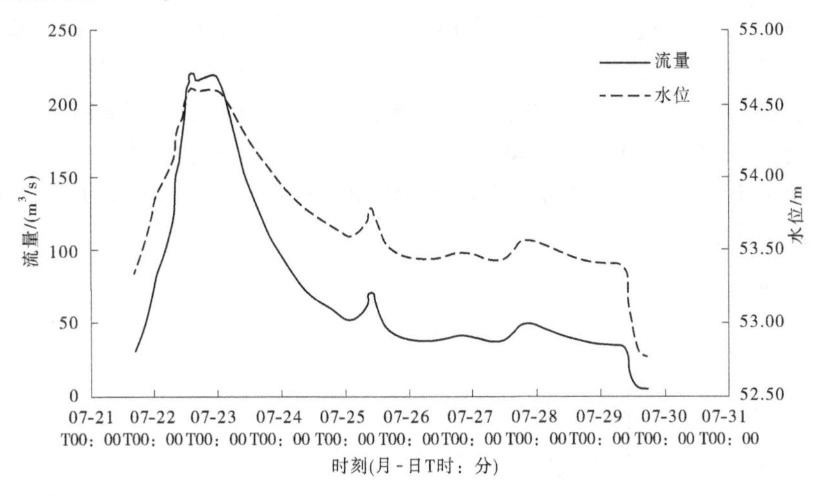

图5-37　2016年第四次洪水水位-流量过程线

(五)第五次洪水过程(8月7—16日)

2016年第五次洪水过程发生在8月7—16日。洪水自8月7日12时起涨,起涨水位53.36 m,起涨流量为31.6 m³/s。至10日0时,出现本年度第五次洪水洪峰,洪峰水位54.03 m,相应流量106 m³/s。以后水位回落,至16日8时,水位落至53.35 m,相应流量30.8 m³/s,至此本次洪水过程结束。

本次洪水过程洪水总量为0.33亿m³,洪水历时9天左右。2016年第五次洪水水位-流量过程线见图5-38。

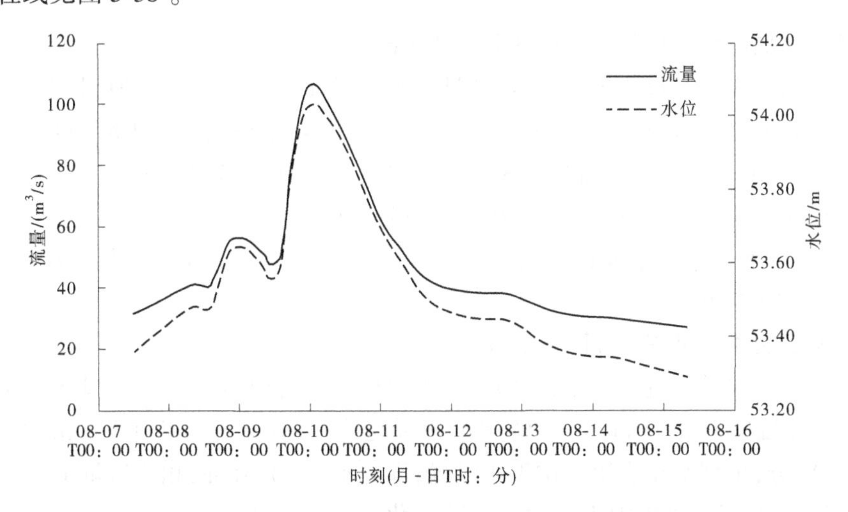

图5-38　2016年第五次洪水水位-流量过程线

八、2017年洪水过程

2017年重沟水文站共发生3次较为明显的洪水过程,其中以7月15日前后发生的洪水过程为最大,洪峰水位 55.47 m,洪峰流量 957 m^3/s。全年洪量 2.76 亿 m^3。

(一)第一次洪水过程(7 月 14—20 日)

2017 年第一次洪水过程发生在 7 月 14—20 日。洪水自 7 月 14 日 8 时起涨,起涨水位 52.99 m,起涨流量为 12.8 m^3/s。至 15 日 11 时,出现本年度第一次洪水洪峰,洪峰水位 55.47 m,相应流量 957 m^3/s。以后水位回落,并在回落过程中出现涨落变化,至 20 日 20 时,水位落至 53.12 m,相应流量 40.5 m^3/s,至此本次洪水过程结束。

本次洪水过程洪水总量为 1.73 亿 m^3,洪水历时 6.5 天左右。2017 年第一次洪水水位-流量过程线见图 5-39 。

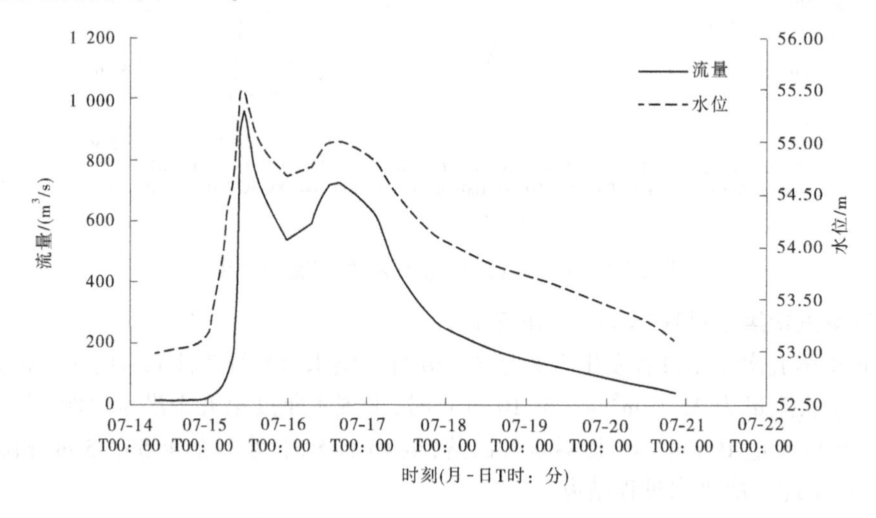

图 5-39　2017 年第一次洪水水位-流量过程线

(二)第二次洪水过程(7 月 30 日至 8 月 9 日)

2017 年第二次洪水过程发在 7 月 30 日至 8 月 9 日。洪水自 7 月 30 日 20 时起涨,起涨水位 53.04 m,起涨流量为 33.2 m^3/s。至 8 月 4 日 14 时 52 分,出现本年度第二次洪水洪峰,洪峰水位 53.76 m,相应流量 158 m^3/s。以后水位回落,至 8 月 9 日 20 时,水位落至 53.13 m,相应流量 43.4 m^3/s,至此本次洪水过程结束。

本次洪水过程洪水总量为 0.73 亿 m^3,洪水历时 10 天左右。2017 年第二次洪水水位-流量过程线见图 5-40 。

(三)第三次洪水过程(9 月 7—16 日)

2017 年第三次洪水过程发生在 9 月 7—16 日。洪水自 9 月 7 日 8 时起涨,起涨水位 52.75 m,起涨流量为 13.7 m^3/s。以后水位开始起涨,并在起涨过程中出现涨落变化,至 8 日 17 时 21 分,出现本年度第三次洪水洪峰,洪峰水位 53.61 m,相应流量 132 m^3/s。以后水位回落,并在回落过程中出现两次涨落变化,至 16 日 8 时,水位落至 52.63 m,相应流量 7.99 m^3/s,至此本次洪水过程结束。

本次洪水过程洪水总量为 0.30 亿 m^3,洪水历时 9 天左右。2017 年第三次洪水水位-流量过程线见图 5-41 。

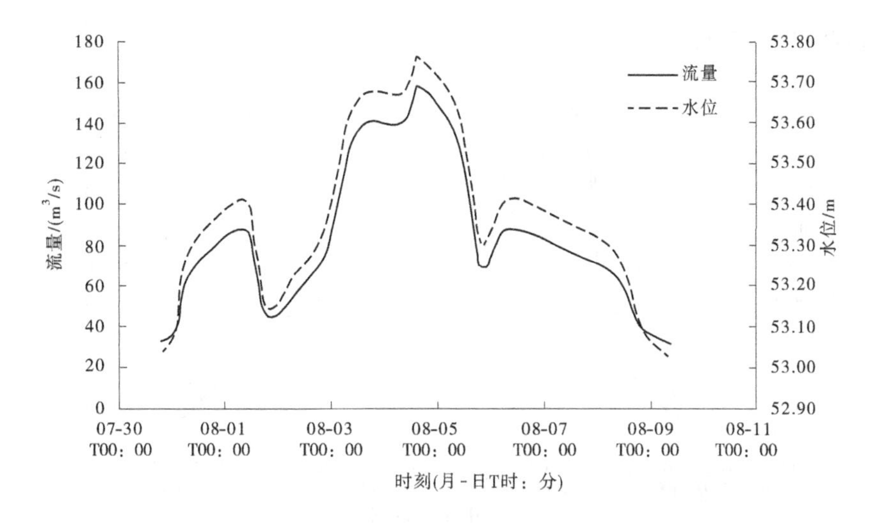

图 5-40　2017 年第二次洪水水位-流量过程线

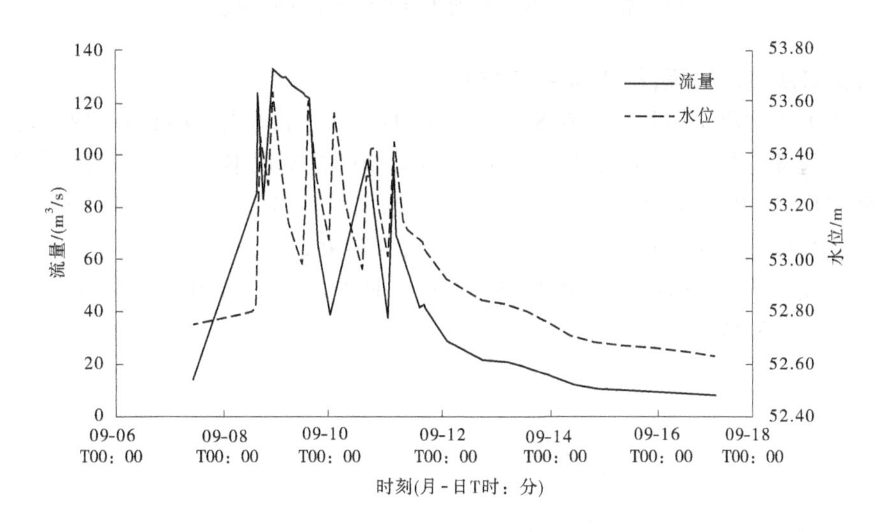

图 5-41　2017 年第三次洪水水位-流量过程线

九、2018 年洪水过程

2018 年重沟水文站共发生 5 次较为明显的洪水过程,其中以 8 月 20 日前后发生的洪水过程为最大,洪峰水位 57.48 m,洪峰流量 3 200 m^3/s。全年洪量 8.01 亿 m^3。

(一)第一次洪水过程(7 月 23—27 日)

2018 年第一次洪水过程发生在 7 月 23—27 日。洪水自 7 月 23 日 14 时起涨,起涨水位 52.74 m,起涨流量为 29.3 m^3/s。至 24 日 13 时 25 分,出现本年度第一次洪水洪峰,洪峰水位 54.42 m,相应流量 468 m^3/s。以后水位回落,至 27 日 17 时,水位落至 52.84 m,相应流量 38.6 m^3/s,至此本次洪水过程结束。

本次洪水过程洪水总量为 0.62 亿 m^3,洪水历时 4 天左右。2018 年第一次洪水水位和流量过程线见图 5-42 。

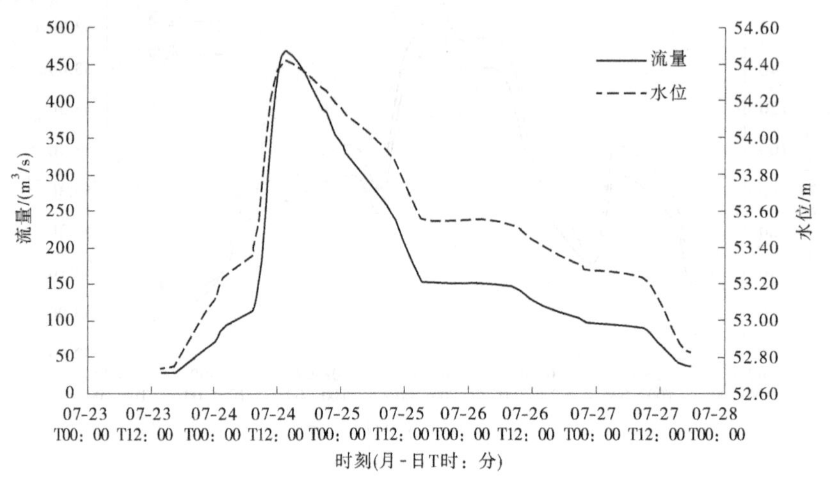

图 5-42 2018 年第一次洪水水位和流量过程线

(二)第二次洪水过程(8 月 14—17 日)

2018 年第二次洪水过程发生在 8 月 14—17 日。洪水自 8 月 14 日 20 时起涨,起涨水位 53.02 m,起涨流量为 57.8 m^3/s。至 8 月 15 日 20 时,出现本年度第二次洪水洪峰,洪峰水位 55.61 m,相应流量 1 150 m^3/s。以后水位回落,至 8 月 17 日 15 时 45 分,水位落至 53.62 m,相应流量 186 m^3/s,至此本次洪水过程结束。

本次洪水过程洪水总量为 1.38 亿 m^3,洪水历时 3 天左右。2018 年第二次洪水水位-流量过程线见图 5-43 。

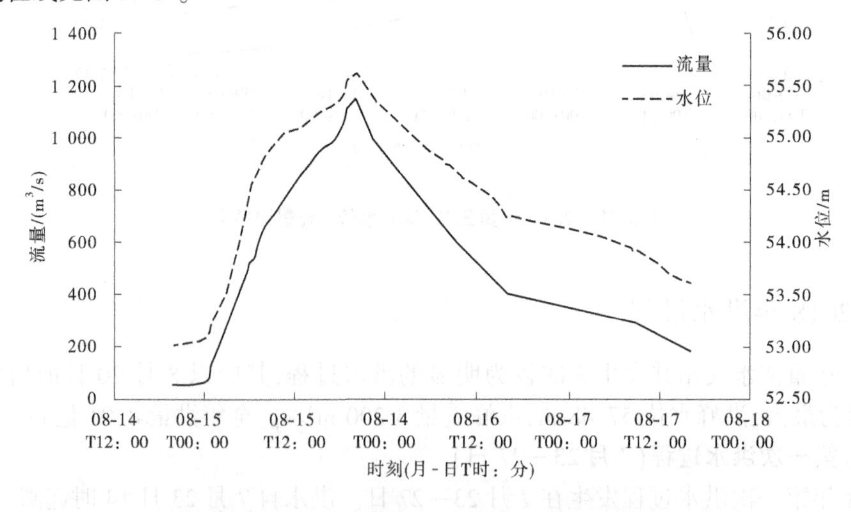

图 5-43 2018 年第二次洪水水位-流量过程线

(三)第三次洪水过程(8 月 17—19 日)

2018 年第三次洪水过程发生在 8 月 17—19 日。洪水自 8 月 17 日 16 时 12 分起涨,起涨水位 53.61 m,起涨流量为 187 m^3/s。至 19 日 5 时 16 分,出现本年度第三次洪水洪峰,洪峰水位 54.66 m,相应流量 607 m^3/s。以后水位回落,至 11 时 55 分,水位落至 54.61 m,相应流量 586 m^3/s,至此本次洪水过程结束。

本次洪水过程洪水总量为 0.54 亿 m^3,洪水历时 2 天左右。2018 年第三次洪水水位-流量过程线见图 5-44 。

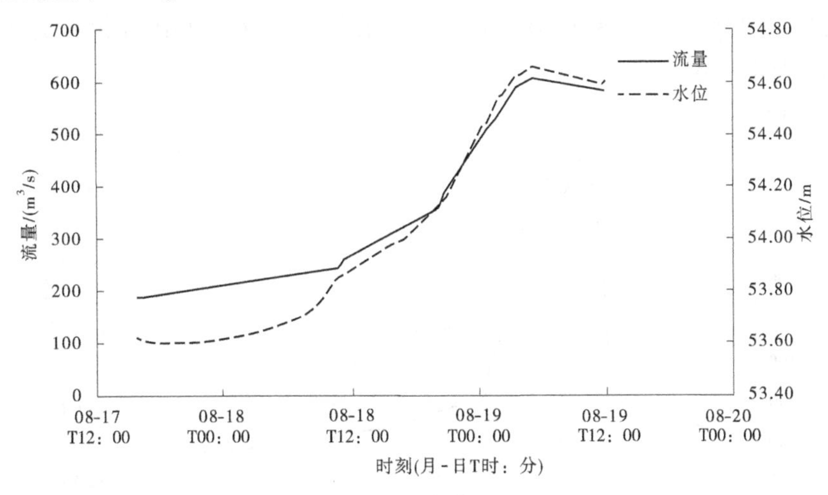

图 5-44　2018 年第三次洪水水位-流量过程线

(四)第四次洪水过程(8 月 19—26 日)

2018 年第四次洪水过程发生在 8 月 19—26 日。洪水自 8 月 19 日 12 时 10 分起涨,起涨水位 54.62 m,起涨流量为 588 m^3/s。至 8 月 20 日 13 时 22 分,出现本年度第四次洪水洪峰,洪峰水位 57.48 m,相应流量 3 200 m^3/s。以后水位回落,至 8 月 26 日 8 时,水位落至 53.10 m,相应流量 89.4 m^3/s,至此本次洪水过程结束。

本次洪水过程洪水总量为 4.47 亿 m^3,洪水历时 7 天左右。2018 年第四次洪水水位-流量过程线见图 5-45 。

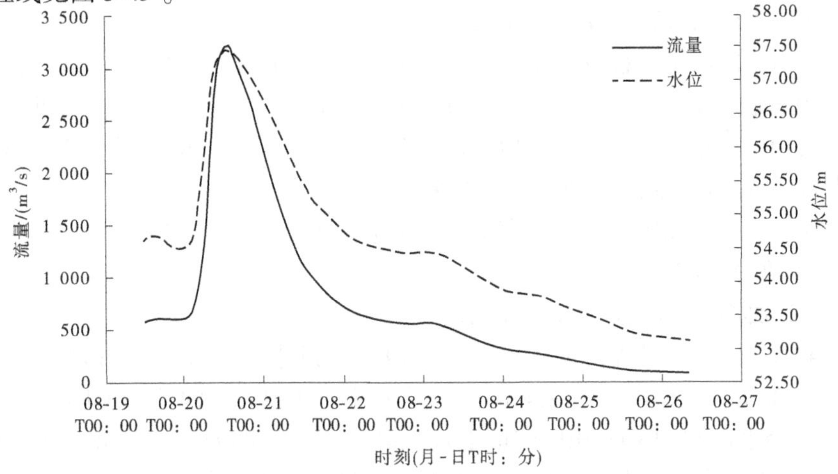

图 5-45　2018 年第四次洪水水位-流量过程线

(五)第五次洪水过程(8 月 30 日至 9 月 4 日)

2018 年第五次洪水过程发生在 8 月 30 日至 9 月 4 日。洪水自 8 月 30 日 8 时起涨,起涨水位 53.26 m,起涨流量为 120 m^3/s。至 31 日 15 时 36 分,出现本年度第五次洪水洪峰,洪峰水位 54.87 m,相应流量 789 m^3/s。以后水位回落,至 9 月 4 日 8 时,水位落至 52.98 m,相应流量 68.6 m^3/s,至此本次洪水过程结束。

本次洪水过程洪水总量为 1.00 亿 m^3,洪水历时 5 天左右。2018 年第五次洪水水位-流量过程线见图 5-46 。

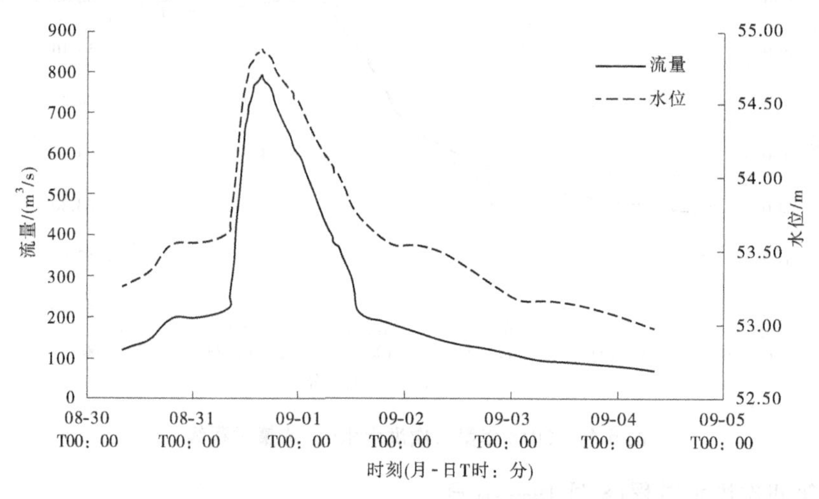

图 5-46 2018 年第五次洪水水位-流量过程线

十、2019 年洪水过程

2019 年重沟水文站共发生 2 次较为明显的洪水过程,其中以 8 月 11 日前后发生的洪水过程为最大,洪峰水位 57.13 m,洪峰流量 2 710 m^3/s。全年洪量 4.23 亿 m^3。

(一)第一次洪水过程(8 月 9—10 日)

2019 年第一次洪水过程发生在 8 月 9—10 日。洪水自 8 月 9 日 12 时起涨,起涨水位 52.80 m,起涨流量为 38.7 m^3/s。至 9 日 18 时 2 分,出现本年度第一次洪水洪峰,洪峰水位 54.33 m,相应流量 425 m^3/s。以后水位回落,至 10 日 14 时 39 分,水位落至 53.09 m,相应流量 71.6 m^3/s,至此本次洪水过程结束。

本次洪水过程洪水总量为 0.22 亿 m^3,洪水历时 2 天左右。2019 年第一次洪水水位-流量过程线图见图 5-47 。

(二)第二次洪水过程(8 月 10—19 日)

2019 年第二次洪水过程发生在 8 月 10—19 日。洪水自 8 月 10 日 19 时 55 分起涨,起涨水位 52.06 m,起涨流量为 72.4 m^3/s。至 8 月 11 日 18 时 24 分,出现本年度第二次洪水洪峰,洪峰水位 57.13 m,相应流量 2 710 m^3/s。以后水位回落,至 8 月 19 日 20 时,水位落至 52.80 m,相应流量 41.4 m^3/s,至此本次洪水过程结束。

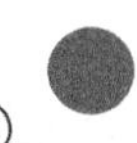

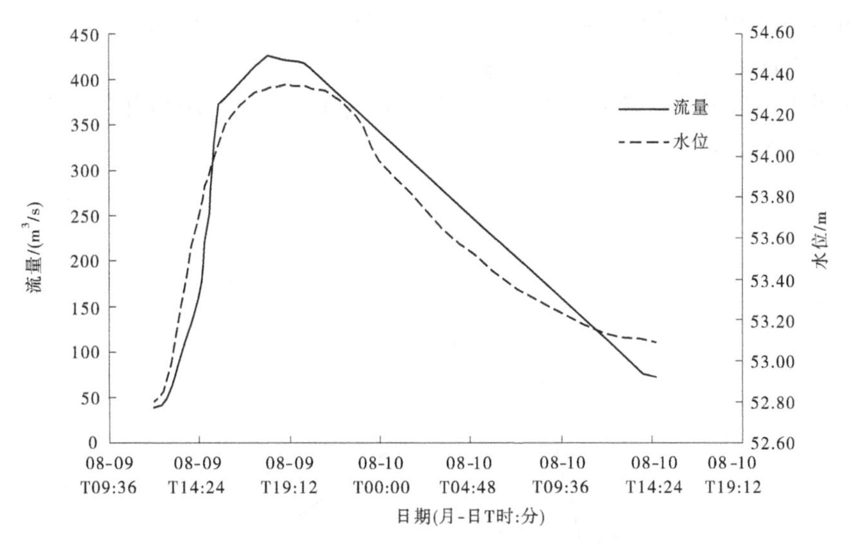

图 5-47　2019 年第一次洪水水位-流量过程线

本次洪水过程洪水总量为 4.01 亿 m^3，洪水历时 9 天左右。2019 年第二次洪水水位-流量过程线见图 5-48。

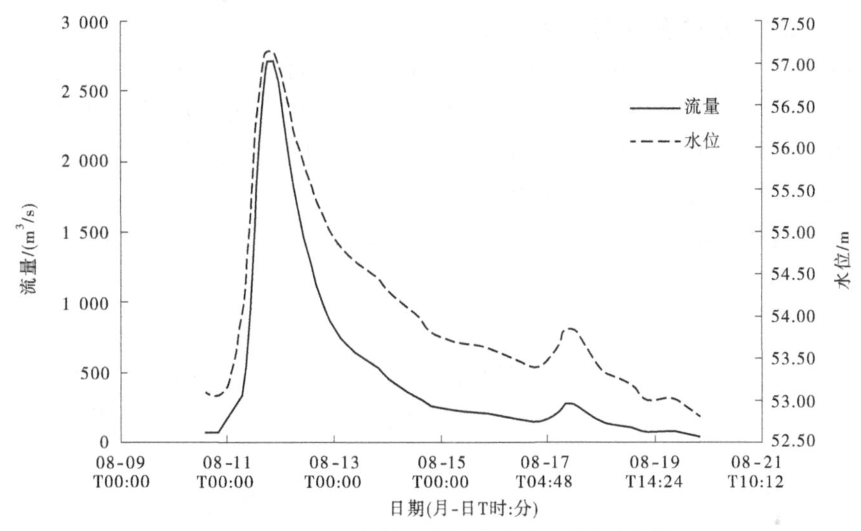

图 5-48　2019 年第二次洪水水位-流量过程线

十一、2020 年洪水过程

2020 年重沟水文站共发生 6 次较为明显的洪水过程，其中以 8 月 14 日前后发生的洪水过程为最大，洪峰水位择 60.26 m，洪峰流量 5 940 m^3/s。全年洪量 15.97 亿 m^3。

（一）第一次洪水过程（7 月 21—25 日）

2020 年第一次洪水过程发生在 7 月 21—25 日。洪水自 7 月 21 日 20 时起涨，起涨水位 52.70 m，起涨流量为 31.6 m^3/s。至 23 日 11 时 59 分，出现本年度第一次洪水洪峰，洪峰水位 56.09 m,相应流量 1 600 m^3/s。以后水位回落,至 25 日 20 时,水位落至 54.06 m,相应流量 107 m^3/s,至此本次洪水过程结束。

本次洪水过程洪水总量为 1.71 亿 m^3,洪水历时 4 天左右。2020 年第一次洪水水位-流量过程线见图 5-49。

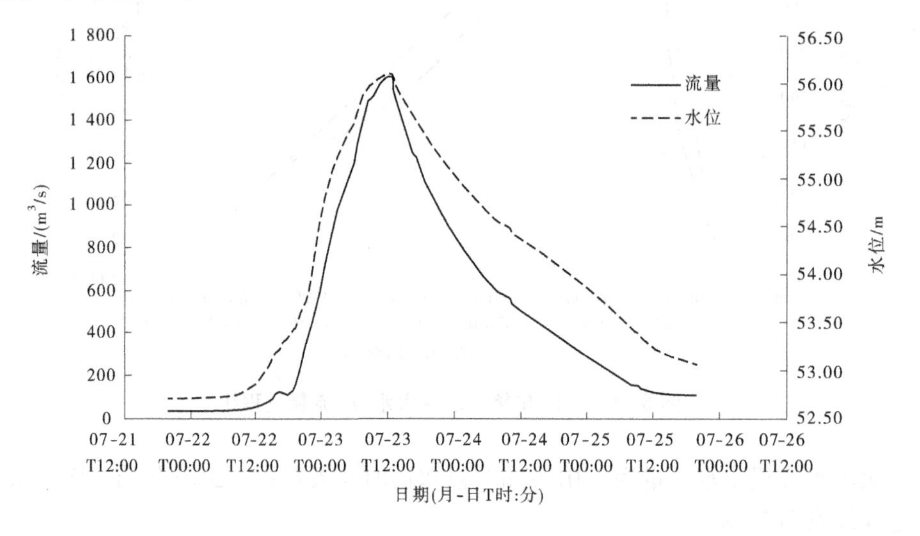

图 5-49　2020 年第一次洪水水位-流量过程线

(二)第二次洪水过程(8 月 2—4 日)

2020 年第二次洪水过程发生在 8 月 2—4 日。洪水自 8 月 2 日 9 时 55 分起涨,起涨水位 53.93 m,起涨流量为 314 m^3/s。至 23 时,出现本年度第二次洪水洪峰,洪峰水位 55.39 m,相应流量 1 070 m^3/s。以后水位回落,至 8 月 4 日 8 时,水位落至 54.58 m,相应流量 609 m^3/s,至此本次洪水过程结束。

本次洪水过程洪水总量为 1.23 亿 m^3,洪水历时 2 天左右。2020 年第二次洪水水位-流量过程线见图 5-50。

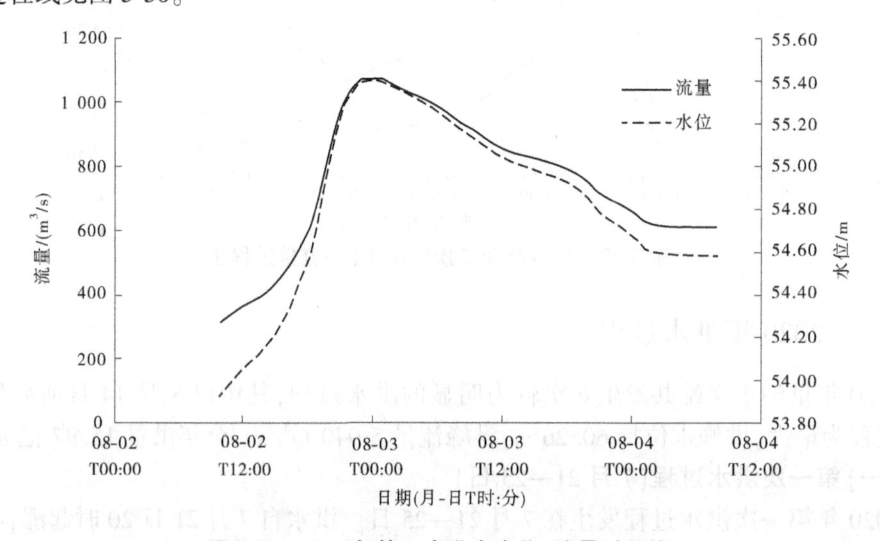

图 5-50　2020 年第二次洪水水位-流量过程线

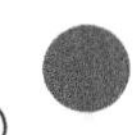

(三)第三次洪水过程(8 月 4—6 日)

2020 年第三次洪水过程发生在 8 月 4—6 日。洪水自 8 月 4 日 9 时起涨,起涨水位 54. 77 m,起涨流量为 708 m^3/s。至 14 时 31 分,出现本年度第三次洪水洪峰,洪峰水位 56. 77 m,相应流量 2 370 m^3/s。以后水位回落,至 6 日 14 时,水位落至 54. 30 m,相应流量 473 m^3/s,至此本次洪水过程结束。

本次洪水过程洪水总量为 2. 09 亿 m^3,洪水历时 2 天左右。2020 年第三次洪水水位-流量过程线见图 5-51。

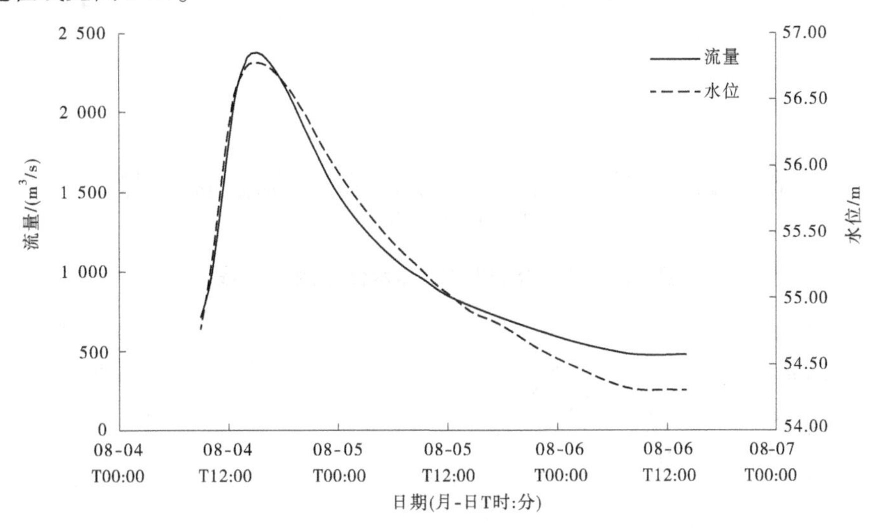

图 5-51　2020 年第三次洪水水位-流量过程线

(四)第四次洪水过程(8 月 6—14 日)

2020 年第四次洪水过程发生在 8 月 6—14 日。洪水自 8 月 6 日 20 时起涨,起涨水位 54. 39 m,起涨流量为 515 m^3/s。至 8 月 7 日 17 时 5 分,出现本年度第四次洪水洪峰,洪峰水位 55. 97 m,相应流量 1 500 m^3/s。以后水位回落,至 8 月 14 日 8 时,水位落至 52. 70 m,相应流量 80. 0 m^3/s,至此本次洪水过程结束。

本次洪水过程洪水总量为 3. 12 亿 m^3,洪水历时 7. 5 天左右。2020 年第四次洪水水位-流量过程线见图 5-52。

(五)第五次洪水过程(8 月 14—17 日)

2020 年第五次洪水过程发生在 8 月 14—17 日。洪水自 8 月 14 日 8 时起涨,起涨水位 52. 70 m,起涨流量为 80 m^3/s。至 14 日 19 时,出现本年度第五次洪水洪峰,也是沭河有实测资料以来最大洪峰,洪峰水位 59. 55 m,相应流量 5 940 m^3/s。以后水位回落,至 8 月 17 日 8 时,水位落至 53. 99 m,相应流量 371 m^3/s,至此本次洪水过程结束。

本次洪水过程洪水总量为 6. 21 亿 m^3,洪水历时 3 天左右。2020 年第五次洪水水位-流量过程线见图 5-53。

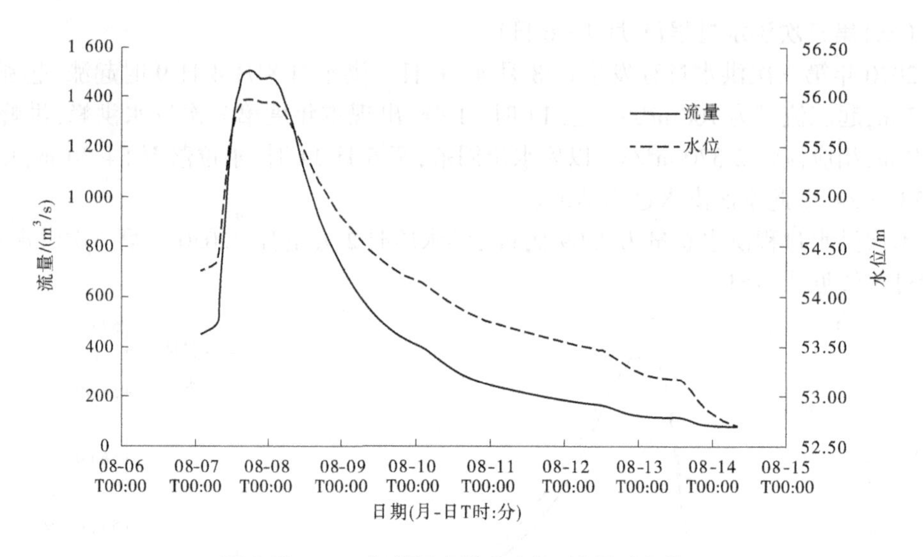

图 5-52　2020 年第四次洪水水位-流量过程线

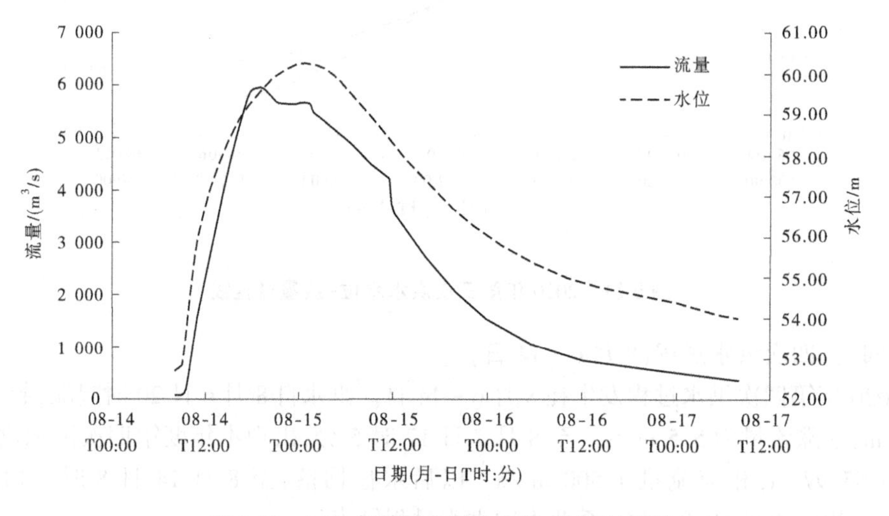

图 5-53　2020 年第五次洪水水位-流量过程线

(六)第六次洪水过程(8 月 26—29 日)

2020 年第六次洪水过程发生在 8 月 26—29 日。洪水自 8 月 26 日 8 时起涨,起涨水位 53.38 m,起涨流量为 195 m³/s。至 27 日 4 时,出现本年度第六次洪水洪峰,洪峰水位 55.15 m,相应流量 996 m³/s。以后水位回落,至 8 月 29 日 20 时,水位落至 53.28 m,相应流量 110 m³/s,至此本次洪水过程结束。

本次洪水过程洪水总量为 1.61 亿 m³,洪水历时 2.5 天左右。2020 年第六次洪水水位-流量过程线见图 5-54。

十二、2021 年洪水过程

2021 年重沟水文站共发生 5 次较为明显的洪水过程,其中以 7 月 29 日前后发生的洪水过程为最大,洪峰水位 56.43 m,洪峰流量 19 320 m³/s。全年洪量 4.64 亿 m³。

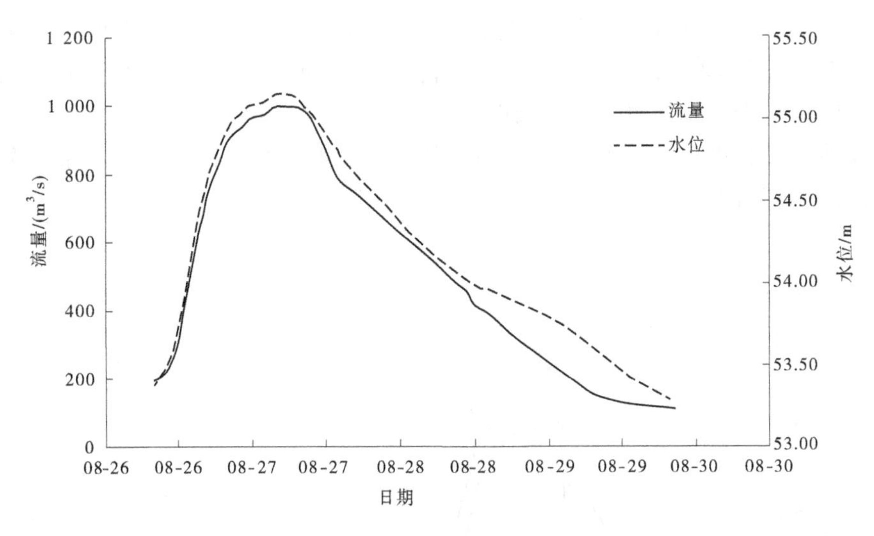

图 5-54 2020 年第六次洪水水位-流量过程线

(一)第一次洪水过程(6 月 14—17 日)

2021 年第一次洪水过程发生在 6 月 14—17 日。洪水自 6 月 14 日 8 时起涨,起涨水位 52.35 m,起涨流量为 12.2 m^3/s。至 15 日 17 时,出现本年度第一次洪水洪峰,洪峰水位 54.59 m,相应流量 661 m^3/s。以后水位回落,至 17 日 6 时,水位落至 52.78 m,相应流量 70.8 m^3/s,至此本次洪水过程结束。

本次洪水过程洪水总量为 0.42 亿 m^3,洪水历时 3 天左右。2021 年第一次洪水水位-流量过程线见图 5-55。

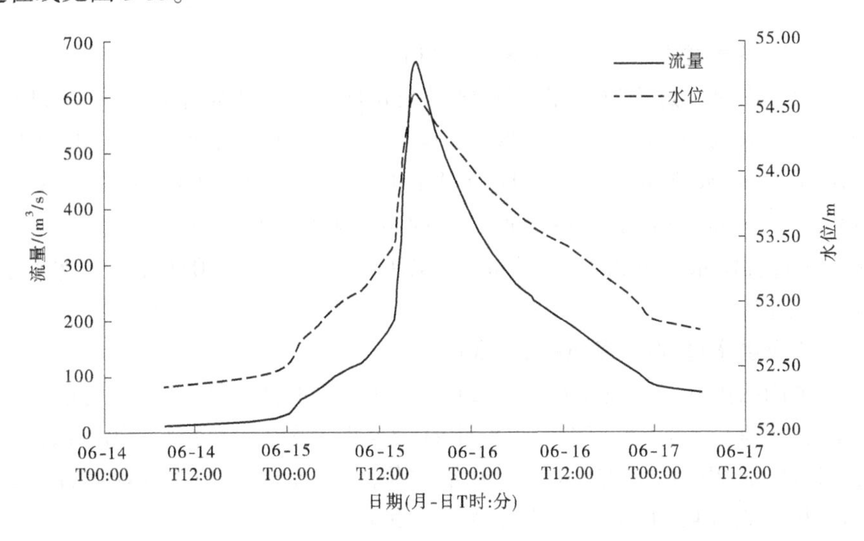

图 5-55 2021 年第一次洪水水位-流量过程线

(二)第二次洪水过程(7 月 14—19 日)

2021 年第二次洪水过程发生在 7 月 14—19 日。洪水自 7 月 14 日 20 时起涨,起涨水位 52.58 m,起涨流量为 41.3 m^3/s。至 16 日 1 时,出现本年度第二次洪水洪峰,洪峰水位 54.16 m,相应流量 441 m^3/s。以后水位回落,至 7 月 19 日 8 时,水位落至 52.63 m,相应流量 48.4 m^3/s,至此本次洪水过程结束。

本次洪水过程洪水总量为 0.61 亿 m^3,洪水历时 4.5 天左右。2021 年第二次洪水水位-流量过程线见图 5-56。

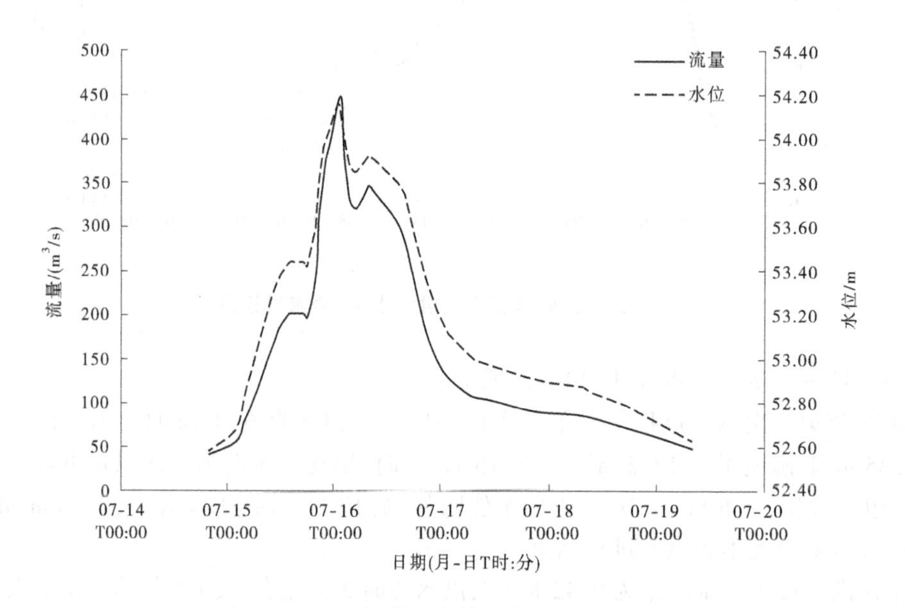

图 5-56 2021 年第二次洪水水位-流量过程线

(三)第三次洪水过程(7 月 28 至 8 月 2 日)

2021 年第三次洪水过程发生在 7 月 28 日至 8 月 2 日。洪水自 7 月 28 日 11 时 43 分起涨,起涨水位 53.72 m,起涨流量为 285 m^3/s。至 7 月 29 日 13 时 38 分,出现本年度第三次洪水洪峰,洪峰水位 56.43 m,相应流量 1 930 m^3/s。以后水位回落,至 8 月 2 日 8 时,水位落至 53.14 m,相应流量 132 m^3/s,至此本次洪水过程结束。

本次洪水过程洪水总量为 2.57 亿 m^3,洪水历时 5 天左右。2021 年第三次洪水水位-流量过程线见图 5-57。

(四)第四次洪水过程(8 月 20—22 日)

2021 年第四次洪水过程发生在 8 月 20—22 日。洪水自 8 月 20 日 8 时起涨,起涨水位 52.41 m,起涨流量为 29.6 m^3/s。至 8 月 21 日 4 时 8 分,出现本年度第四次洪水洪峰,洪峰水位 54.11 m,相应流量 428 m^3/s。以后水位回落,至 8 月 22 日 14 时 54 分,水位落至 52.84 m,相应流量 92.1 m^3/s,至此本次洪水过程结束。

本次洪水过程洪水总量为 0.31 亿 m^3,洪水历时 2 天左右。2021 年第四次洪水水位-流量过程线见图 5-58。

(五)第五次洪水过程(9 月 4—7 日)

2021 年第五次洪水过程发生在 9 月 4—7 日。洪水自 9 月 4 日 20 时起涨,起涨水位

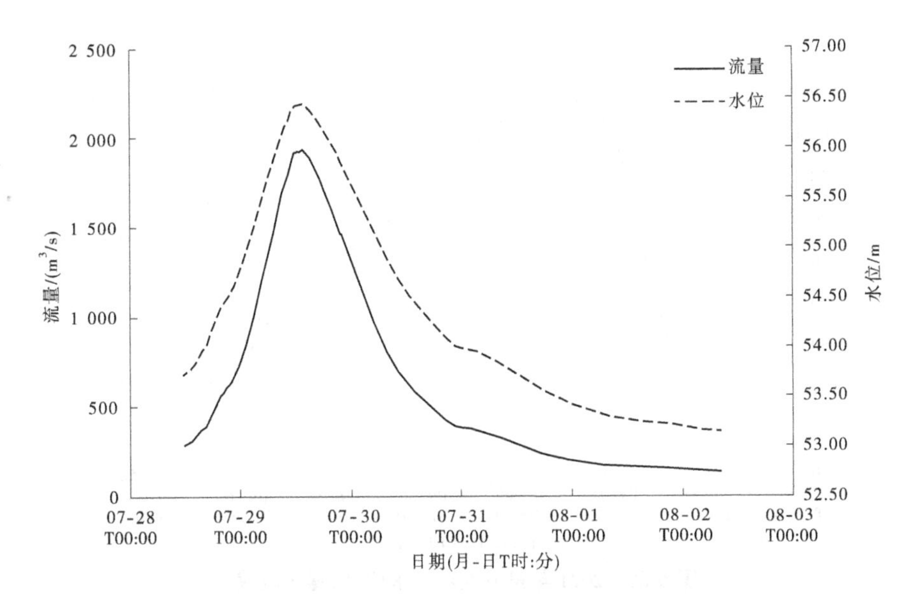

图 5-57　2021 年第三次洪水水位-流量过程线

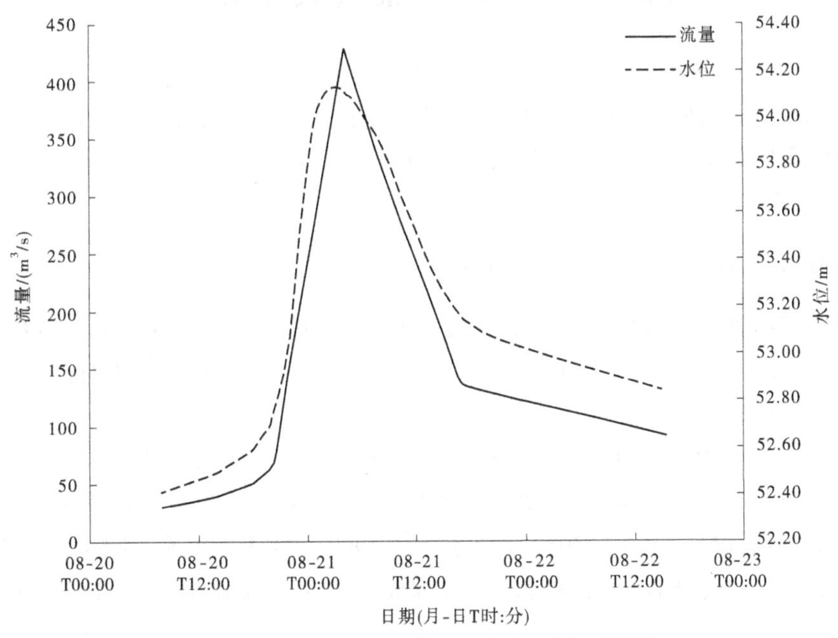

图 5-58　2021 年第四次洪水水位-流量过程线

52.81 m,起涨流量为 74.6 m^3/s。至 5 日 19 时 1 分,出现本年度第五次洪水洪峰,洪峰水位 54.21 m,相应流量 477 m^3/s。以后水位回落,至 7 日 20 时,水位落至 52.75 m,相应流量 65.6 m^3/s,至此本次洪水过程结束。

本次洪水过程洪水总量为 0.73 亿 m^3,洪水历时 3 天左右。2021 年第五次洪水水位-流量过程线见图 5-59。

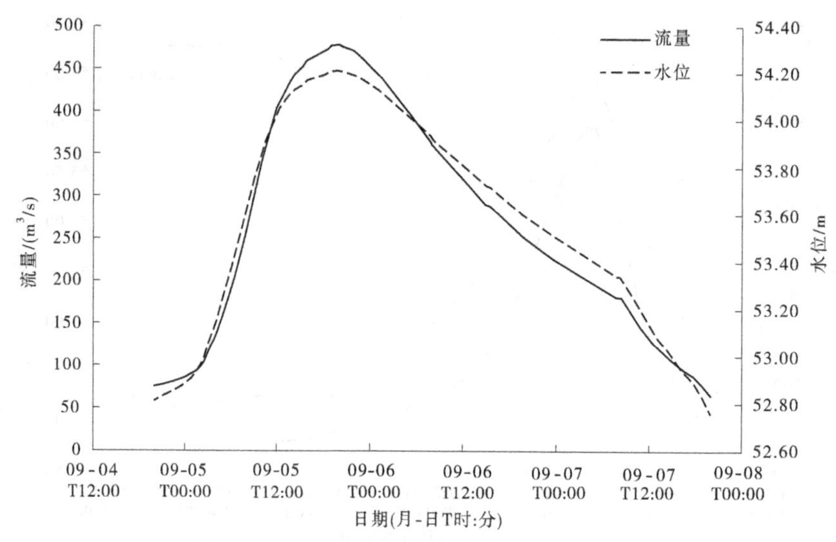

图 5-59　2021 年第五次洪水水位-流量过程线

第三节　水位-流量关系分析

重沟水文站建成之前,因下游大官庄水利枢纽洪水调度需要,1999—2011 年沂沭泗水利管理局水情通信处(后来的水文局)组织在重沟水文站上游 840 m 的重沟公路桥进行了三年的汛期水文观测(简称桥测),观测的主要项目为水位和流量。重沟水文站建成以后,桥测取消。

一、1999—2012 年水位-流量关系变化分析

受河槽下切等因素影响,沭河重沟水文站水位-流量关系线呈逐年下移态势,同水位下流量呈逐年增大态势,同流量下水位呈逐年降低态势。进行对比分析时已将桥测断面处水位改正到重沟水文站断面。

水位 57m 时,2007—2010 年关系线较 1999—2003 年关系线同水位下流量增加 65.2%(750 m³/s)。水位 56 m 时,2007—2010 年关系线较 1999—2003 年关系线同水位下流量增加 118%(650 m³/s);2012 年关系线较 1999—2003 年关系线同水位下流量增加 209%(1 150 m³/s)。比较可见,同水位下增加的流量有随水位上升而增加、随时间增加而增加的趋势。

流量为 1 000 m³/s 时,2007—2010 年关系线较 1999—2003 年关系线同流量下水位降低 1.1 m,2012 年关系线较 1999—2003 年关系线同流量下水位降低 1.7 m。流量为 1 600 m³/s 时,2007—2010 年关系线较 1999—2003 年关系线同流量下水位降低约 1.2 m,2012 年关系线较 1999—2003 年关系线同流量下水位降低 1.8 m。比较可见,同流量下有随时间增加水位降低的幅度逐渐增加、随流量加大水位降低的幅度略有增加的趋势。

2012 年 6 月对重沟水文站测验断面进行规整,也对水位-流量关系产生了一定影响。

2012 年 7 月实测水位-流量关系线较 2011 年 8 月实测水位-流量关系线下移 0.2~0.3 m。水位 55.0~56.0 m 时重沟水文站同水位下流量增加 180~300 m^3/s,增大 21.4%~25%。

沭河重沟水文站水位-流量关系线见图 5-60。

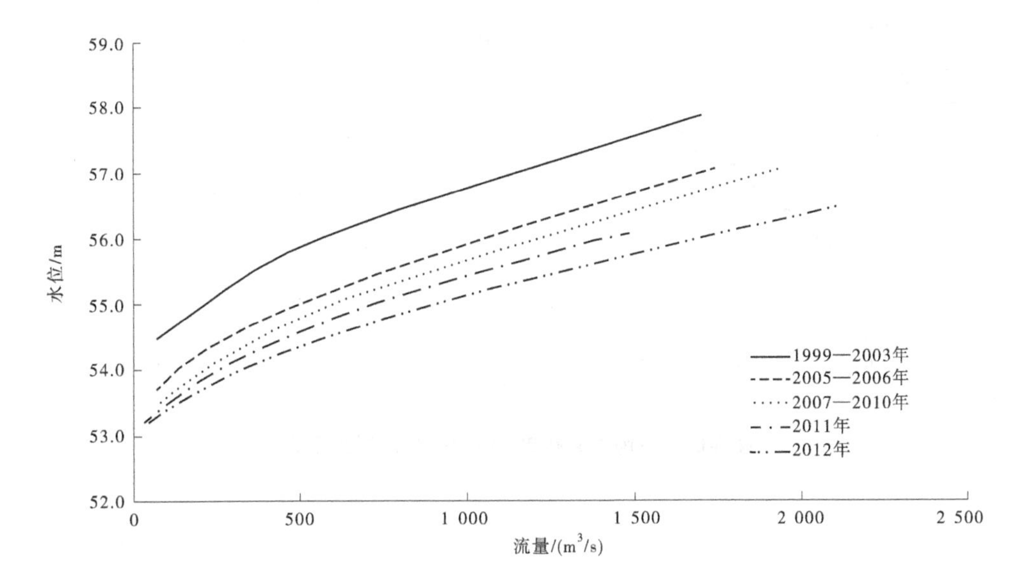

图 5-60　沭河重沟水文站水位-流量关系线

二、2012—2020 年水位流量关系变化分析

2020 年,沭河重沟段发生了建站以来最大洪水,对重沟水文站 2020 年洪水的水位-流量关系线点绘如图 5-61 所示,从图 5-60 中可以看出,1 号洪水水位-流量关系稳定,呈单一线。2 号洪水高水时由于下游壅水顶托,水位-流量关系呈逆时针绳套状。在 2020 年"7·23"洪水及 2018 年、2019 年 1 号洪水中,也有微小的逆时针绳套,但最高水位与最大流量出现时间相差不大,总体为单一线。2020 年第 2 号洪水中,上游沭河来水、下游分沂入沭分洪水量都较大,大官庄水利枢纽已经达到设计流量,壅水顶托现象对水位-流量关系的影响极大。最大流量与最高水位出现时间相差 6.5 h,最大流量对应水位与最高水位相差 0.63 m。8 月 15 日 11 时 32 分水位回落至 58.38 m 时,实测流量 4 210 m^3/s,绳套线回归主线,水位-流量关系稳定,呈单一线。

重沟水文站水位-流量关系基本稳定,在不同的降水空间分布情况下有一些偏差。小洪水时受上游华山橡胶坝影响较大,特大洪水时受下游大官庄水利枢纽影响较大。五次编号洪水的水位-流量关系大致分为两组,2018 年、2019 年及 2020 年 1 号洪水的关系线较接近,2020 年 2 号洪水单一线部分与 2012 年洪水相近。

将重沟水文站 2012—2020 年编号标准以上洪水的水位流量关系绘制成图 5-62,并分析各个水位级下的对应流量,计算相对于 2020 年"8·14"洪水的偏差,见表 5-4。

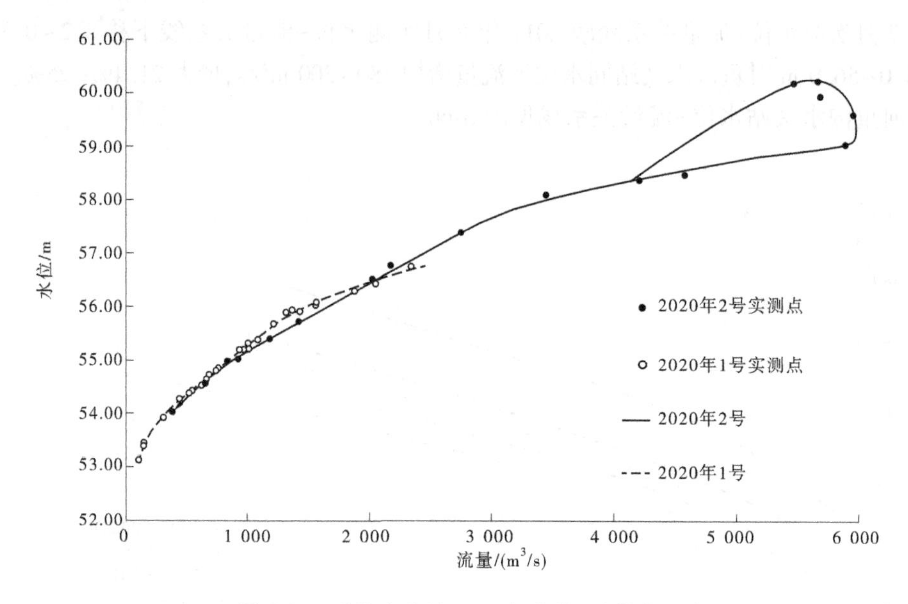

图 5-61 重沟水文站 2020 年水位-流量关系线

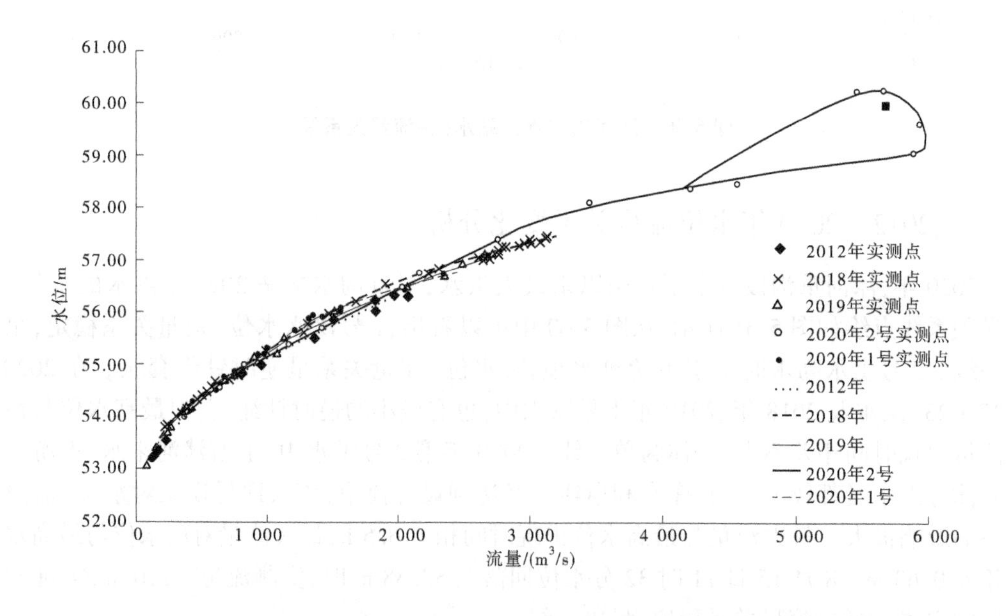

图 5-62 重沟水文站历年编号标准以上洪水水位流量关系对比

由图 5-61 可见，五次编号洪水的水位-流量关系大致分为两组，2018 年、2019 年及 2020 年 1 号洪水的关系线较接近，2020 年 2 号洪水单一线部分与 2012 年洪水相近。说明历年第一场洪水与后续洪水行洪能力存在一定区别，受多因素影响，后续洪水行洪能力略有增加。尝试合并定线如图 5-63 及图 5-64 所示。

表 5-4　重沟水文站历年编号以上洪水水位-流量关系偏差分析

水位/m	2012 年	偏差/%	2018 年	偏差/%	2019 年	偏差/%	2020 年 1 月	偏差/%	2020 年 2 月
54.00	375	-0.53	314	-16.71	328	-13.00	327	-13.26	377
54.50	590	0.85	556	-4.96	562	-3.93	571	-2.39	585
55.00	918	4.08	845	-4.20	855	-3.06	847	-3.97	882
55.50	1 290	2.38	1 160	-7.94	1 190	-5.56	1 130	-10.32	1 260
56.00	1 700	3.03	1 490	-9.70	1 580	-4.24	1 470	-10.91	1 650
56.50	2 140	4.39	1 910	-6.83	2 050	0	2 050	0.00	2 050
57.00			2 500	2.46	2 590	6.15			2 440
57.50			3 240	14.49					2 830

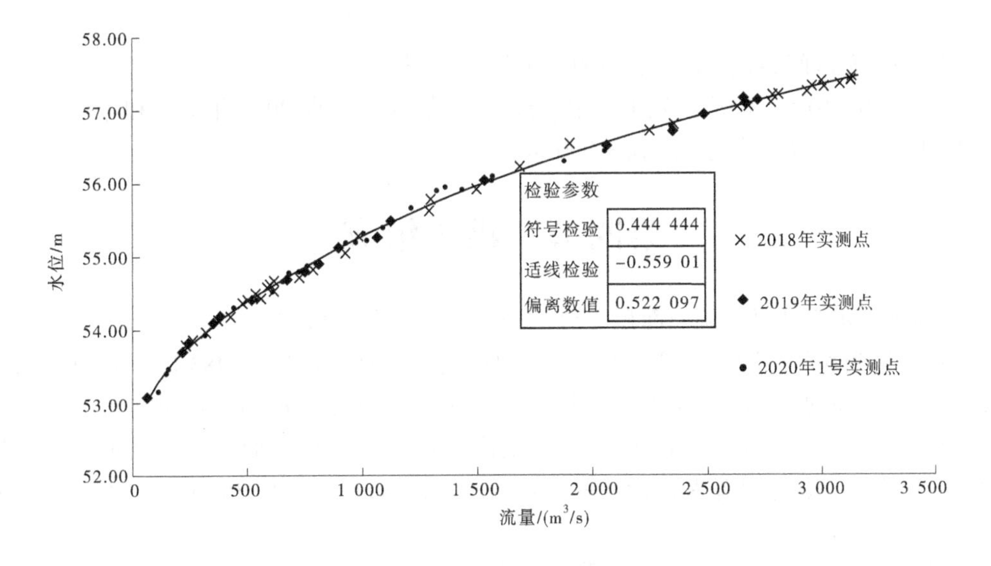

图 5-63　2018 年、2019 年、2020 年 1 号洪水合并水位-流量关系线

水位-流量关系曲线三项检验均通过,标准差 4.11%。

水位-流量关系曲线三项检验均通过,标准差 4.42%。

2018 年、2019 年与 2020 年 1 号洪水相比较,相同点为:降水在汇流区间内分布较均匀。

不同点为:2018 年、2020 年 1 号洪水降雨过程前田间持水量较高,2019 年降水之前处于长期干旱状态,田间持水量和水库蓄水都较低。

2020 年 2 号洪水与 2012 年洪水相比较,相同点为:

(1)洪水之前田间持水量已经基本饱和,流域各水库蓄水量较多。

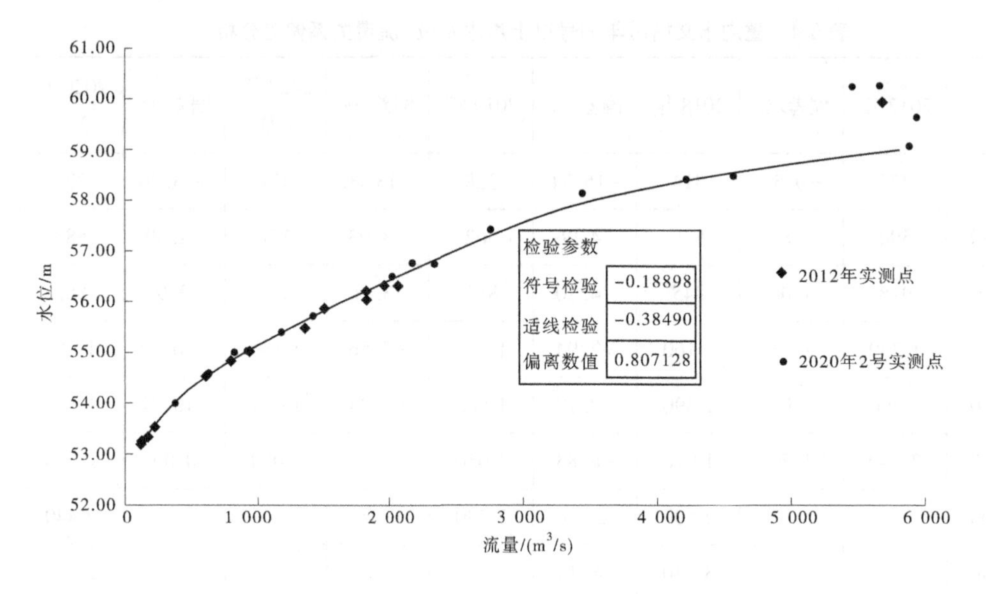

图 5-64　2012 年“7・23”洪水与 2020 年“8・14”洪水(非绳套部分)合并水位-流量关系线

(2)中上游区间高强度降雨,下游区间几乎没有降水。

不同点为:2012 年仅沭河发生洪水,分沂入沭基本未分洪,2020 年沂河和沭河均发生较大洪水,分沂入沭分洪流量达到 3 000 m^3/s。

第四节　洪水组成

沭河重沟水文站以上流域面积 4 511 km^2, 流域形状近似羽毛状。上游建设有沙沟、青峰岭、小仕阳和陡山四座大型水库,大型水库的控制流域面积为 1 483 km^2,占重沟水文站以上流域面积的 32.9%。上游有莒县水文站,控制面积 1 676 km^2,占重沟水文站以上流域面积的 37%,莒县水文站以上有三座大型水库,水库的控制面积占莒县水文站控制面积的 62.7%;莒县水文站和陡山水库至重沟水文站区间面积 2 835 km^2,占重沟水文站以上流域面积的 63%。

重沟水文站以上来水主要由三部分组成,一是上游青峰岭、小仕阳和陡山水库的泄洪;二是青峰岭水库至莒县区间的来水;三是莒县、陡山至重沟水文站区间的来水。

重沟水文站自建成以来,较大的洪水过程(编号洪水)主要有三次,分别发生在 2018 年、2019 年和 2020 年,洪水组成分析主要针对这三场洪水。

一、2018 年洪水组成

2018 年 8 月 14—28 日,重沟水文站洪水总量为 6.77 亿 m^3。其中大型水库泄洪为 2.08 亿 m^3,占重沟以上来水的 30.7%;青峰岭水库至莒县区间来水为 1.01 亿 m^3,占重沟以上来水的 14.9%;莒县和陡山水库至重沟水文站区间来水为 3.68 亿 m^3,占重沟以上来水的 54.5%。

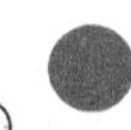

二、2019 年洪水组成

2019 年 8 月 9—19 日，重沟水文站洪水总量为 4.22 亿 m^3。其中大型水库泄洪为 0.672 亿 m^3，占重沟以上来水的 20.7%；青峰岭水库至莒县区间来水为 0.732 亿 m^3，占重沟以上来水的 17.3%；莒县和陡山水库至重沟水文站区间来水为 2.62 亿 m^3，占重沟以上来水的 62.0%。

三、2020 年洪水组成

2020 年 8 月 13—25 日，重沟水文站洪水总量为 8.05 亿 m^3。其中大型水库泄洪为 1.93 亿 m^3，占重沟以上来水的 23.9%；青峰岭水库至莒县区间来水为 0.974 亿 m^3，占重沟以上来水的 12.1%；莒县和陡山水库至重沟水文站区间来水为 5.15 亿 m^3，占重沟以上来水的 64.0%。

重沟水文站历次较大洪水洪量组成见表 5-5。

表 5-5　重沟水文站历次较大洪水洪量组成

洪水起讫时间	重沟水文站	水库泄洪		青峰岭水库—莒县区间		莒县和陡山水库—重沟水文站区间	
	洪量/亿 m^3	洪量/亿 m^3	占总量的比例/%	洪量/亿 m^3	占总量的比例/%	洪量/亿 m^3	占总量的比例/%
2018 年 8 月 14—28 日	6.77	2.08	30.7	1.01	14.9	3.68	54.5
2019 年 8 月 9—19 日	4.22	0.672	20.7	0.732	17.3	2.62	62.0
2020 年 8 月 13—25 日	8.05	1.93	23.9	0.974	12.1	5.15	64.0

第五节　洪水重现期

一、沂沭泗流域设计洪水

20 世纪 50 年代以来，对于沂沭泗进行过 4 次设计洪水的分析计算。第一次和第二次是老淮委与水利电力部淮委规划组先后于 1955 年、1965 年做了分析计算工作。第三次是淮委规划处 1979 年分析计算完成的，该成果通过了水利电力部和苏鲁两省相关部门的审查，1980 年淮委提出了《沂沭泗流域骆马湖以上设计洪水报告》，见表 5-6。

根据淮委规划处 1980 年提出的《沂沭泗流域骆马湖以上实际洪水报告》中的分析计算方法，对重沟水文站进行洪峰流量和水量的还原计算，并采用当时确定的频率曲线，对还原计算的结果进行重现期计算。

表 5-6　沂沭泗流域骆马湖以上设计洪水指标

河湖名称	控制站	流域面积/km^2	统计年份/年	年数	洪水要素	特征值			各种重现期的洪峰/(m^3/s)、洪量/m^3									备注
						均值	C_v	C_s/C_v	1 000 年	500 年	200 年	100 年	50 年	20 年	10 年	5 年	3 年	
沂河	临沂	10 100	1730、1912、1914、1916—1921、1923—1924、1931—1937、1939、1947、1950—1975	46	Q_m	5 800	0.95	2.5	41 100	36 700	31 000	26 700	22 400	16 800	12 800	8 760	6 200	
					Q_m							-18 690	-15 680	-11 760	-8 960	-6 132	-4 340	上游水库削峰后的数值
				46	$W_{3日}$	5.5	0.85	2.5	33.9	30.5	26	22.7	19.2	14.8	11.6	8.25	6	
				46	$W_{7日}$	9.2	0.85	2.5	56.8	51.1	43.5	37.9	32.2	24.8	19.3	13.8	10	
				46	$W_{15日}$	13	0.8	2.5	74.5	67.3	57.7	50.6	43.3	33.8	26.5	19.4	14	
				46	$W_{30日}$	17.8	0.8	2.5	102	92.2	79	69.2	59.3	46.3	36.3	26.5	19.4	
沭河	大官庄	4 350	1730、1881、1918—1921、1923—1924、1926、1931—1937、1939、1947、1950—1975	44	Q_m	2 700	0.85	2.5	16 600	15 000	12 800	11 100	9 450	7 290	5 670	4 050	2 900	
					Q_m							-8 760	-7 450	-5 750	-4 500	-3 190	-2 290	上游水库削峰后的数值
				44	$W_{3日}$	2.7	0.85	2.5	16.6	15	12.8	11.1	9.45	7.3	5.7	4	2.9	
				44	$W_{7日}$	4	0.85	2.5	24.7	22.2	18.9	16.5	14	10.8	8.4	6	4.4	
				44	$W_{15日}$	5.5	0.8	2.5	31.5	28.5	24.4	21.4	18.3	14.3	11.2	8.2	6	
				44	$W_{30日}$	7	0.8	2.5	40.1	36.3	31	27.2	23.3	18.2	14.3	10.4	7.5	
南四湖	韩庄以上	31 368	1703、1730、1921、1926、1931、1937、1951—1974	30	$W_{7日}$	17	0.8	2.5	97.4	88.1	75.5	66.1	56.6	44.2	34.7	25.3	18	
				30	$W_{15日}$	27.3	0.8	2.5	156.4	141.2	121.2	105.9	90.6	71	55.7	40.7	30	
				30	$W_{30日}$	31	0.8	2.5	178	161	138	121	103	80.6	63.2	46.2	36	
骆马湖		55 773	1951—1974	24	$W_{7日}$	32	0.75	2.5	170	154	133	117	101	79.7	63.4	47	34	
				24	$W_{15日}$	55	0.75	2.5	292	265	229	201	173	137	109	80.8	63	
				24	$W_{30日}$	71	0.7	2.5	348	318	276	244	212	170	136	104	79	

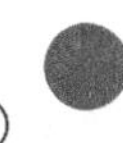

二、重沟水文站洪水重现期计算方法

重沟水文站上游建设有四座大型水库，分别为沙沟水库、青峰岭水库、小仕阳水库和陡山水库（见图5-65）。还原计算主要是对水库的拦蓄洪水进行还原，即根据水库的泄洪流量和水位变幅，求得坝址处的还原流量过程，再根据水库与重沟水文站的距离和洪水传播时间，将坝址处的洪水演算至重沟水文站，与重沟水文站洪水过程叠加，即可得到还原后的重沟水文站洪水过程。

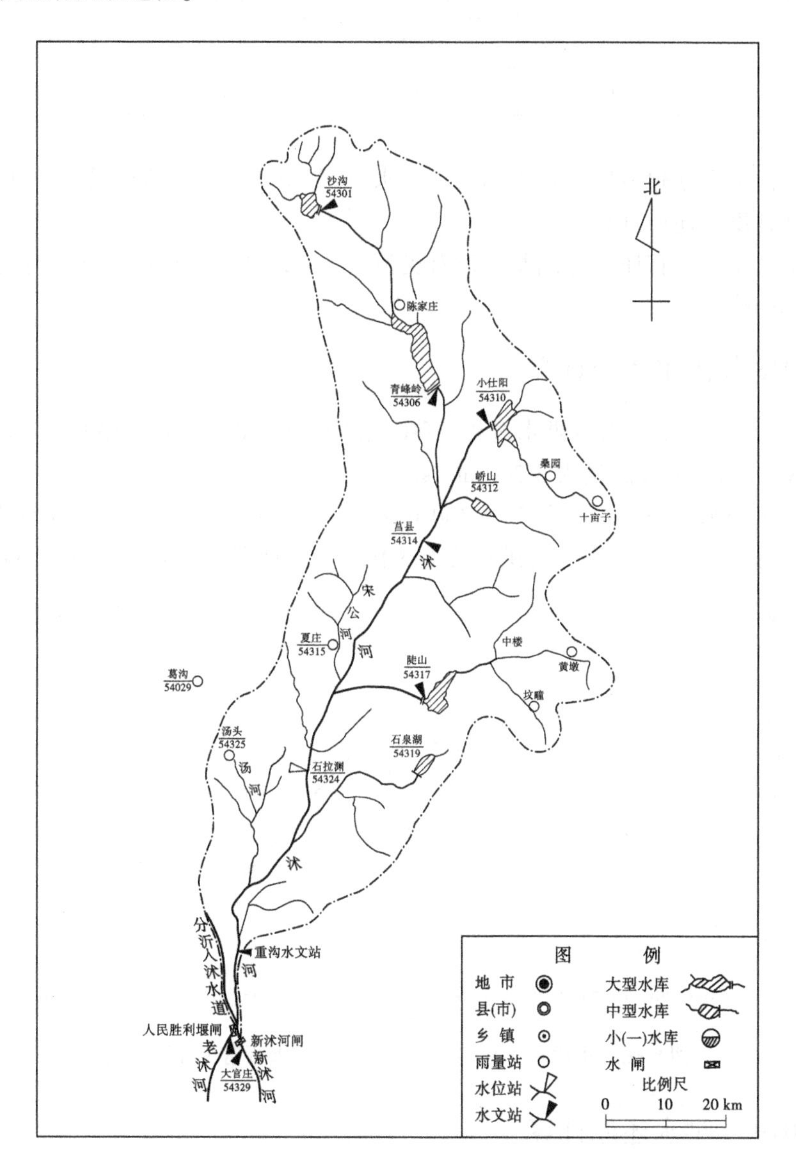

图5-65　沭河重沟以上主要水库位置图

洪峰流量还原计算。将上游四座大型水库拦蓄的洪水过程演算至重沟水文站，与重沟水文站实测流量过程相加，即为还原后的天然流量过程，其最大值即为所求的最大洪峰流量。河道流量演算采用马斯京根分段连续流量演算法进行,计算时段取 2 h。

洪量还原计算。将上游四座水库逐日平均拦蓄的流量分别错开相应的传播时间平移至重沟水文站,再加上临沂站实测日平均流量过程,求得重沟水文站逐日天然洪水过程,从中选取最大 3 日、7 日、15 日洪量。

各河段汇流参数 x、n 见表 5-7。

表 5-7　各水库演算至重沟 x、n 值选用表

汇流参数	沙沟	青峰岭	小仕阳	陡山
x	0. 25	0. 25	0. 25	0. 25
n	11	10	10	8

选取重沟水文站建成以来最大的三场洪水,按照历次洪水分析中采用的计算方法,进行重沟水文站洪水还原计算。

重沟水文站和大官庄站之间基本没有支流汇入,重沟水文站频率查算时直接使用大官庄站频率曲线。

三、2018 年洪水还原计算

2018 年,沭河发生了编号洪水过程,其中最高水位为 8 月 20 日 13 时 22 分出现洪峰水位 57. 48 m,相应最大流量为 3 200 m^3/s。

还原后重沟水文站洪峰流量为 4 460 m^3/s,重现期约为 6 年。最大 3 日洪量为 5. 6 亿 m^3,重现期约为 8 年;最大 7 日洪量为 6. 8 亿 m^3,重现期约为 6 年(见图 5-66、表 5-8)。

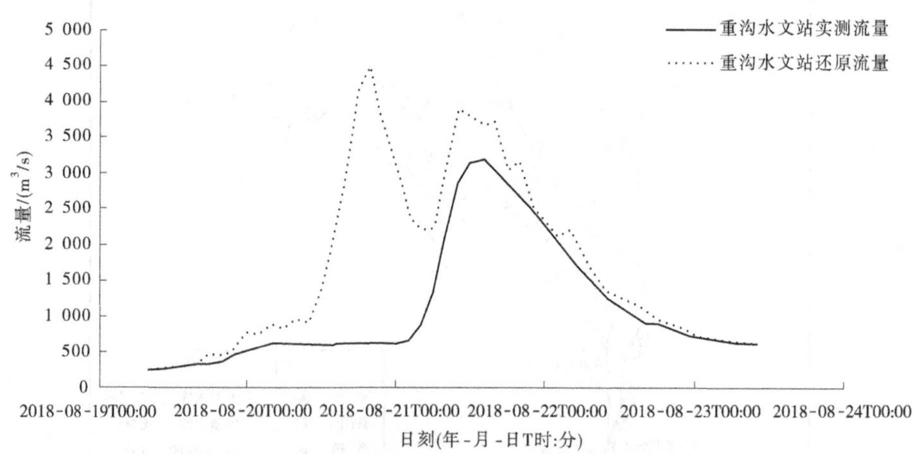

图 5-66　重沟水文站实测洪水和还原洪水流量过程线对比

四、2019 年洪水还原计算

2019 年 8 月 10—19 日。重沟出现本年度第二次洪水过程,洪水自 8 月 10 日 19 时 55 分起涨,起涨水位 52. 06 m,起涨流量为 72. 4 m^3/s。至 8 月 11 日 18 时 24 分,洪峰水位 57. 13 m,相应流量 2 710 m^3/s,为本年度最大洪水。

表 5-8　重沟水文站重现期分析成果

站名	洪水要素	均值	C_v	C_s/C_v	洪峰流量	洪量	重现期
重沟	洪峰流量	2 700	0.85	2.5	4 460		6
	最大 3 日	2.7	0.85	2.5		5.6	8
	最大 7 日	4	0.85	2.5		6.8	6

还原后重沟水文站洪峰流量为 3 800 m^3/s，重现期约为 4 年。最大 3 日洪量为 4.8 亿 m^3，重现期约为 6 年；最大 7 日洪量为 5.8 亿 m^3，重现期约为 5 年(见表 5-9)。

五、2020 年洪水还原计算

2020 年 8 月 14—17 日，重沟水文站发生了建站以来最大洪水，也是沭河有实测资料以来的第二大洪水。洪水自 8 月 14 日 8 时起涨，起涨水位 52.70 m，起涨流量为 80 m^3/s。至 14 日 19 时，洪峰水位 59.55 m，相应流量 5 950 m^3/s。

表 5-9　重沟水文站重现期分析成果

站名	洪水要素	均值	C_v	C_s/C_v	洪峰流量	洪量	重现期
重沟	洪峰流量	2 700	0.85	2.5	3 800		4
	最大 3 日	2.7	0.85	2.5		4.8	6
	最大 7 日	4	0.85	2.5		5.8	5

将上游 4 座大型水库拦蓄的洪水过程演算至沭河重沟水文站，与重沟水文站实测流量过程相加，即为还原后的流量过程，重沟水文站还原后最大流量为 7 500 m^3/s。洪水重现期约 22 年，最大 3 日洪量 7.1 亿 m^3，重现期 20 年；最大 7 日洪量为 8.2 亿 m^3，重现期约为 9 年(见表 5-10)。

表 5-10　重沟水文站重现期分析成果

站名	洪水要素	均值	C_v	C_s/C_v	洪峰流量	洪量	重现期
重沟	洪峰流量	2 700	0.85	2.5	7 500		22
	最大 3 日	2.7	0.85	2.5		7.1	20
	最大 7 日	4	0.85	2.5		8.2	9

第六节　与历史洪水比较

1949 年以来，沂沭泗水系在 1957 年、1974 年和 1993 年发生了大的洪水，并有较完整的水文资料，其中以 1957 年洪水为最大，其次为 1974 年和 1993 年。1957 年洪水沂沭河、南四湖同时出现大水，而 1974 年洪水主要发生在沂沭河，并在沭河发生了特大洪水，1993

年洪水南四湖、沂沭河同时出现大水。

重沟水文站建成以来,发生了三次较大洪水,分别为 2018 年、2019 年和 2020 年,其中以 2020 年为最大,与历史洪水的比较分析主要是将 2020 年洪水与 1957 年、1974 年和 1993 年洪水进行对比。但由于重沟水文站建站较晚,1957 年、1974 年和 1993 年洪水资料借用重沟水文站下游约 18 km 处的大官庄资料进行比较。

2018 年、2019 年和 2020 年重沟水文站洪水与 1957 年、1974 年和 1993 年的还原洪水进行分析比较。

2018 年洪水重现期 6 年左右,大于 1993 年洪水,小于 1974 年洪水和 1957 年洪水。

2019 年洪水重现期 4 年左右,大于 1993 年洪水,小于 1974 年洪水、1957 年洪水和 2018 年洪水。

2020 年洪水重现期 22 年左右,大于 1957 年洪水、1993 年洪水、2018 年洪水和 2019 年洪水,小于 1974 年洪水。2020 年洪水为有实测资料以来沭河第二大洪水。

洪水要素比较见表 5-11。

表 5-11　重沟水文站洪水要素比较

年份	还原洪峰流量/(m^3/s)	重现期/年	还原洪量			
			最大 3 日		最大 7 日	
			洪量/亿 m^3	重现期/年	洪量/亿 m^3	重现期/年
2018	4 460	6	5.6	8	6.8	6
2019	3 800	4	4.8	6	5.8	5
2020	7 500	22	7.1	20	8.2	9
1957	4 910	7	6.32	14	12.25	30
1974	11 100	99	10.1	71	11.6	25
1993	2 030	2	1.82	2	2.24	2

第七节　沭河重沟河段糙率分析

沭河属于山区性河道,河道坡降大,洪水汇集快。河道的断面形态基本为宽浅性河道,一般有一条主泓道两边滩,局部河段具有多泓道多滩地。重沟河段河道断面基本为一主泓两边滩模式,其中左岸边滩很窄,右岸边滩较宽。由于工程管理需要历年来对该河段进行了多次地形测量和大断面测量,积累了较为完整的工程资料。重沟水文站设置有三组水尺,分别为上断面、基本断面和下断面,自水文站建成以来,观测了完整的各断面水位资料。结合重沟水文站的流量资料,即为沭河重沟河段糙率分析的基本依据。

一、糙率分析方法

根据沭河重沟河段的河道工程资料和水文资料,采用水力学方法进行糙率分析。

山区天然河道稳定状态河段的流态主要有近似恒定均匀流和恒定非均匀渐变流。当流态按恒定均匀流处理时,可据河道实测或调查资料用曼宁公式推算糙率;当流态按恒定

非均匀渐变流处理时，可据河段实测或调查资料的平均值用曼宁公式近似推求初步的 n 值，然后通过水面线的反复推算和调整 n 值，选择河段的糙率。

如果为某一典型河段，根据实测的水位 Z、流量 Q、断面面积 A、湿周 χ 等，应用谢才公式及曼宁公式可得：

$$n = \frac{R^{\frac{2}{3}} J^{\frac{1}{2}} A}{Q} \tag{5-1}$$

$$R = \frac{A}{\chi} \tag{5-2}$$

式中　n——河床糙率；

R——水力半径，m；

J——水面比降；

A——断面面积，m^2；

Q——断面流量，m^3/s；

χ——湿周，m（重沟水文站河段是宽浅河道，湿周可由水面宽代替）。

二、天然河道糙率推算的基本要求

在天然河道糙率推算中，需要严格按照《河流流量测验规范》（GB 50179—2015）中相关标准进行，具体如下。

（一）天然河道糙率推算对于河段的要求

天然河道糙率推算对于河段的要求具体为：①需要保证在天然河道糙率推算时，选取河道尽量平整、顺直，河床底部不存在深潭、急滩等；②需要保证河床与岸壁相对稳定，可以存在少量的冲淤变化，但是不宜过于频繁；③需要确保天然河道河床平均坡降较为平稳，不存在较大的转折点，避免变动回水影响天然河道糙率推算的精确性。

（二）天然河道糙率推算对于水位代表性的要求

在天然河道糙率推算中，最重要的是确定河段区域中水位代表性。一般来说，天然河道在选取时，往往不可能较为理想（即存在一整段平整、顺直的河道），多数河段都存在不同程度的弯曲、凹凸情况，因此需要设立水尺并收集实时数据用于计算。水尺设立地点必须保证科学合理，如果位置不佳，受到涡流或者壅水的影响，会降低水尺测算的精确性，影响水位代表性。根据实际测算实践，最佳的水尺设立地点在河道两岸，两岸各设立水尺一把。

（三）天然河道糙率推算对于资料选样的要求

天然河道糙率推算中，对于资料选样的要求较高，为了保证糙率推算的准确性，需要满足恒定流条件。因此，资料选样时一般以大小洪峰最大峰值起止水位变化较小或无变化的情况下作为样本，然后对水尺测算值、比降以及面积等多个数据进行综合分析与整理，尽可能避免测验、计算等带来的误差影响。

三、方法的确定

重沟水文站河段基本顺直，河床组成单一、稳定，冲淤变化较小，河床平均坡降较为平稳，不存在较大的转折点，无变动回水影响。

重沟上水尺位置设置合理,不会受到涡流或者是壅水的影响,水位是遥测水位,每年会对水尺进行校核;重沟水文站水尺设置科学合理,水位是人工观测和遥测相结合,从而保证了水位的精确性,水位代表性好。

重沟水文站在测流的时候,采用 ADCP 或流速仪,对每次洪水过程都严格按照相关规范进行测量,及时整理和完善洪水涨落资料和峰顶资料;每年汛前汛后均对大断面进行测量,测量时间与洪水时间接近,保证了本次研究所用断面数据的准确性。

重沟水文站河段满足适用曼宁公式的河段要求、水位代表性要求以及资料选样的要求,因此可以使用曼宁公式进行糙率分析。

四、资料分析

(一)资料收集

根据实测资料分析糙率,首先是收集实测资料,沭河重沟水文站主要通过流速仪和 ADCP 测流,操作规范合理,资料整理规范标准;选取重沟上的水位资料,重沟水文站的水位、流量资料,重沟水文站断面作为本次研究的断面。在分析之前,通过对沭河重沟段河段进行必要的查勘和测量,收集测验河段断面上下游及冲淤变化等资料,得出河床由细沙组成,左岸为人工浆砌岸壁、右岸为土石质岸壁,植被多为杂草,右岸滩地边缘有部分矮木丛林。

(二)资料选用

曼宁公式是基于恒定均匀流情况下推导出来的一个经验公式,对于山区性河流,洪水大都是暴涨暴落,属于非恒定流,洪水的涨落段均为非恒定流,变化较快,只有在洪峰出现的短时间内,水位平稳,流量变化较小,才近似为恒定流。在这些部位的实测流量资料比较符合要求。另外,洪水的落坡相对也较为平缓,也可以近似选用,即以峰顶资料为主,洪水落坡过程为辅。在选取的资料中,特别要对个别突出点慎重考虑,对收集到的资料进行初步甄别,做到去粗取精,去伪存真。

自 2011 年重沟水文站建站以来,2012 年、2018 年、2019 年、2020 年四个典型年均发生编号洪水,特别是 2020 年汛期,重沟水文站降水为建站以来最大,出现了有实测资料记录以来的最大洪水,其中“2020-08-14”洪水过程测得的洪峰流量 5 940 m^3/s 为目前为止最大流量。但 2018 年橡胶坝未完全塌坝,考虑更好地接近天然状态的洪水过程,所以本次研究选取 12 年、19 年、20 年三次编号洪水过程资料进行分析。

五、糙率分析

(一)糙率分析

将三次洪水过程的水位和流量按 1 h 为时段进行插补,在水位-断面面积曲线图上查出对应水位的断面面积,通过水位-湿周关系曲线图查出水位对应的湿周,将各项数据代入曼宁公式计算求出糙率,见表 5-12~表 5-14。

表 5-12　2012-07-23 洪水糙率计算

日期时间 (年-月-日 T 时:分)	重沟上 水位/m	重沟 水位/m	距离/ m	流量/ (m^3/s)	水面 比降	湿周/ m	水力 半径/m	断面 面积/m^2	糙率
2012-07-23T11:00	55.69	54.56	1 340	650	0.000 8	404	2.03	820	0.059
2012-07-23T12:00	56.21	55.46	1 340	1 240	0.000 6	410	2.95	1 208	0.047
2012-07-23T13:00	56.60	55.95	1 340	1 650	0.000 5	413	3.42	1 412	0.043
2012-07-23T14:00	56.82	56.20	1 340	1 900	0.000 5	414	3.69	1 528	0.040
2012-07-23T15:00	56.93	56.31	1 340	2 010	0.000 5	414	3.77	1 561	0.040
2012-07-23T16:00	56.93	56.34	1 340	2 050	0.000 4	414	3.81	1 579	0.039
2012-07-23T17:00	56.90	56.31	1 340	2 010	0.000 4	414	3.77	1 562	0.040
2012-07-23T18:00	56.83	56.23	1 340	1 930	0.000 4	414	3.73	1 546	0.041
2012-07-23T19:00	56.74	56.14	1 340	1 840	0.000 4	414	3.63	1 501	0.041
2012-07-23T20:00	56.64	56.04	1 340	1 740	0.000 4	413	3.52	1 454	0.041
2012-07-23T21:00	56.52	55.92	1 340	1 620	0.000 4	413	3.41	1 407	0.042
2012-07-23T22:00	56.41	55.79	1 340	1 500	0.000 5	412	3.26	1 344	0.042

表 5-13　2019-08-11 洪水糙率计算

日期时间 (年-月-日 T 时:分)	重沟上 水位/m	重沟 水位/m	距离/ m	流量/ (m^3/s)	水面 比降	湿周/ m	水力 半径/m	断面 面积/m^2	糙率
2019-08-11T11:00	55.86	55.26	1 340	1 010	0.000 4	475	2.55	1 210	0.047
2019-8-11T12:00	56.23	55.69	1 340	1 280	0.000 4	489	2.90	1 420	0.045
2019-08-11T13:00	56.61	56.10	1 340	1 590	0.000 4	504	3.21	1 620	0.043
2019-08-11T14:00	56.91	56.42	1 340	1 890	0.000 4	516	3.45	1 780	0.041
2019-08-11T15:00	57.16	56.68	1 340	2 160	0.000 4	532	3.59	1 910	0.039
2019-08-11T16:00	57.35	56.87	1 340	2 380	0.000 4	547	3.67	2 010	0.038
2019-08-11T17:00	57.48	57.02	1 340	2 570	0.000 3	559	3.76	2 100	0.037
2019-08-11T18:00	57.57	57.10	1 340	2 670	0.000 4	567	3.77	2 140	0.036
2019-08-11T19:00	57.57	57.13	1 340	2 710	0.000 3	568	3.80	2 160	0.035
2019-08-11T20:00	57.58	57.14	1 340	2 730	0.000 3	569	3.80	2 160	0.035
2019-08-11T21:00	57.54	57.11	1 340	2 690	0.000 3	567	3.79	2 150	0.035
2019-08-11T22:00	57.50	57.06	1 340	2 620	0.000 3	563	3.77	2 120	0.035
2019-08-11T23:00	57.42	56.99	1 340	2 530	0.000 3	557	3.73	2 080	0.035
2019-08-12T00:00	57.33	56.90	1 340	2 420	0.000 3	550	3.69	2 030	0.036
2019-08-12T01:00	57.23	56.79	1 340	2 290	0.000 3	540	3.65	1 970	0.037
2019-08-12T02:00	57.12	56.68	1 340	2 160	0.000 3	532	3.59	1 910	0.038
2019-08-12T03:00	57.01	56.58	1 340	2 060	0.000 3	525	3.54	1 860	0.038
2019-08-12T04:00	56.90	56.47	1 340	1 940	0.000 3	518	3.47	1 800	0.038
2019-08-12T05:00	56.80	56.36	1 340	1 820	0.000 3	513	3.39	1 740	0.040

表 5-14 2020-08-14 洪水糙率计算

时间 (年-月-日 T 时:分)	重沟上水位/m	重沟水位/m	距离/m	流量/(m^3/s)	水面比降	湿周/m	水力半径/m	断面面积/m^2	糙率
2020-08-14T13:00	57.85	57.31	1 340	3 070	0.000 4	590	3.46	2 040	0.031
2020-08-14T14:00	58.38	57.84	1 340	3 700	0.000 4	619.82	3.86	2 390	0.032
2020-08-14T15:00	58.85	58.33	1 340	4 320	0.000 4	641.5	4.19	2 690	0.032
2020-08-14T16:00	59.18	58.71	1 340	4 850	0.000 4	653.14	4.50	2 940	0.031
2020-08-14T17:00	59.49	59.03	1 340	5 300	0.000 3	660.64	4.75	3 140	0.031
2020-08-14T18:00	59.75	59.28	1 340	5 590	0.000 4	667	4.95	3 300	0.032
2020-08-14T19:00	59.97	59.53	1 340	5 840	0.000 3	672.4	5.15	3 460	0.032
2020-08-14T20:00	60.15	59.73	1 340	5 940	0.000 3	677.8	5.30	3 590	0.033
2020-08-14T21:00	60.33	59.89	1 340	5 920	0.000 3	682	5.43	3 700	0.035
2020-08-14T22:00	60.44	60.05	1 340	5 880	0.000 3	685.4	5.56	3 810	0.035
2020-08-14T23:00	60.54	60.16	1 340	5 840	0.000 3	688.4	5.64	3 880	0.035
2020-08-15T00:00	60.62	60.23	1 340	5 770	0.000 3	689.6	5.70	3 930	0.037
2020-08-15T01:00	60.61	60.26	1 340	5 710	0.000 3	690.6	5.71	3 940	0.036
2020-08-15T02:00	60.59	60.24	1 340	5 600	0.000 3	690.6	5.69	3 930	0.036
2020-08-15T03:00	60.52	60.15	1 340	5 500	0.000 3	688.4	5.64	3 880	0.037
2020-08-15T04:00	60.40	60.06	1 340	5 400	0.000 3	686.2	5.55	3 810	0.035
2020-08-15T05:00	60.24	59.89	1 340	5 200	0.000 3	682	5.43	3 700	0.036
2020-08-15T06:00	60.04	59.68	1 340	4 960	0.000 3	676.6	5.26	3 560	0.036
2020-08-15T07:00	59.83	59.46	1 340	4 700	0.000 3	671.4	5.09	3 420	0.036
2020-08-15T08:00	59.59	59.22	1 340	4 430	0.000 3	664.96	4.90	3 260	0.035
2020-08-15T09:00	59.36	59.00	1 340	4 190	0.000 3	659.6	4.73	3 120	0.034
2020-08-15T10:00	59.14	58.77	1 340	3 940	0.000 3	654.2	4.54	2 970	0.034
2020-08-15T11:00	58.90	58.53	1 340	3 690	0.000 3	647.8	4.34	2 810	0.034
2020-08-15T12:00	58.68	58.29	1 340	3 470	0.000 3	640.44	4.17	2 670	0.034

然后将计算出的糙率点绘到同一坐标格纸上(见图 5-67)。发现该站水位与糙率的综合关系散点图呈弓形。

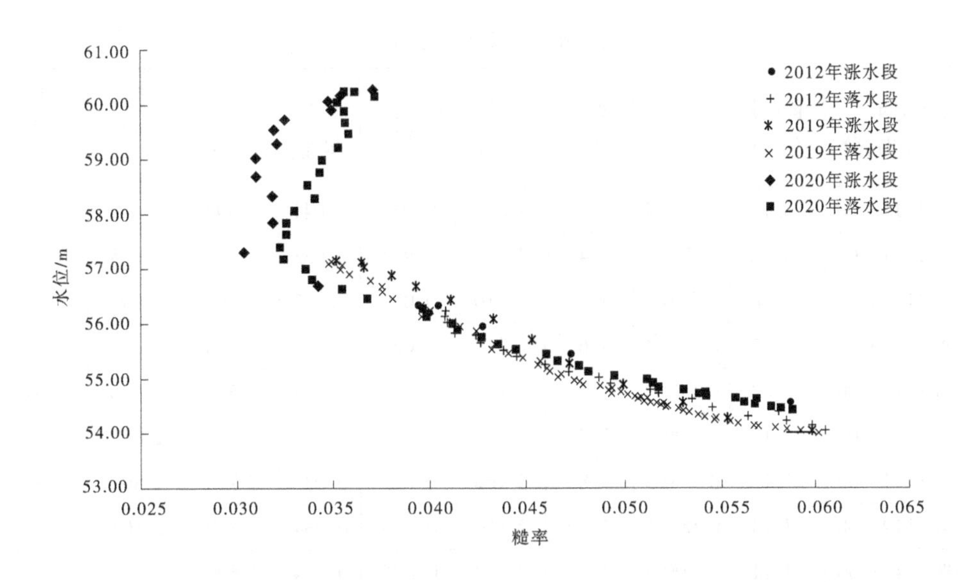

图 5-67　沭河重沟水文站水位与糙率关系散点

根据水位糙率散点图，当水位小于 57.40 m 时，三次洪水过程的水位-糙率曲线走向基本一致(见图 5-68)；故选用三次洪水水位小于 57.40 m 时的点子定出综合的水位-糙率关系曲线，见图 5-68。

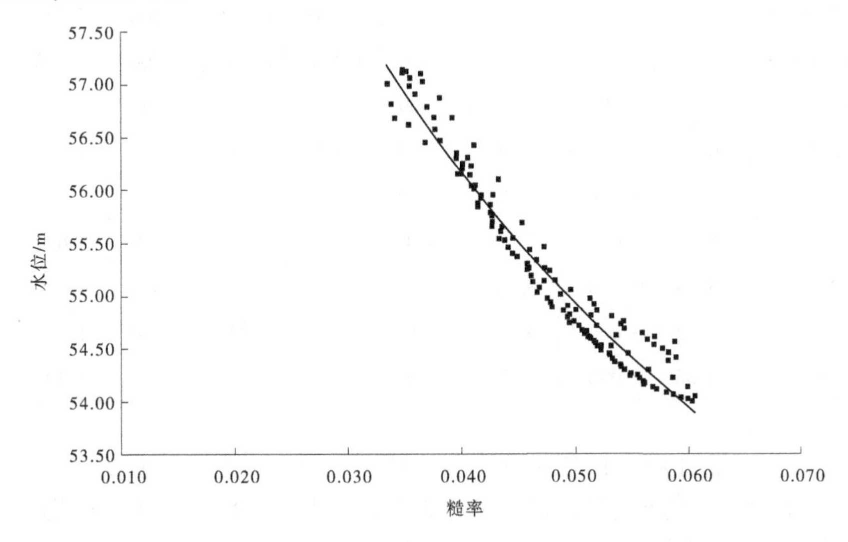

图 5-68　沭河重沟水文站综合水位-糙率关系曲线

(二)糙率验证

根据三场洪水定出的综合水位-糙率关系曲线，选择“1908-11”洪水过程进行验证，见表 5-15 及图 5-69。

表 5-15　糙率验算统计

日期时间 (年-月-日 T 时:分)	重沟水位/m	水面比降	水力半径/m	断面面积/m²	糙率	查线糙率	流量/(m³/s)	推求流量/(m³/s)	相对误差/%
2019-08-11T13:00	56.10	0.000 4	3.21	1 620	0.043	0.041	1 590	1 679	6
2019-08-11T14:00	56.42	0.000 4	3.45	1 780	0.041	0.038	1 890	2 045	8
2019-08-11T15:00	56.68	0.000 4	3.59	1 910	0.039	0.037	2 160	2 291	6
2019-08-11T16:00	56.87	0.000 4	3.67	2 010	0.038	0.035	2 380	2 588	9
2019-08-11T17:00	57.02	0.000 3	3.76	2 100	0.037	0.035	2 570	2 686	5
2019-08-11T18:00	57.10	0.000 4	3.77	2 140	0.036	0.034	2 670	2 857	7
2019-08-11T19:00	57.13	0.000 3	3.80	2 160	0.035	0.034	2 710	2 805	3
2019-08-11T20:00	57.14	0.000 3	3.80	2 160	0.035	0.034	2 730	2 801	3
2019-08-11T21:00	57.11	0.000 3	3.79	2 150	0.035	0.034	2 690	2 755	2
2019-08-11T22:00	57.06	0.000 3	3.77	2 120	0.035	0.034	2 620	2 735	4
2019-08-11T23:00	56.99	0.0003	3.73	2 080	0.035	0.035	2 530	2 562	1
2019-08-12T00:00	56.90	0.000 3	3.69	2 030	0.036	0.035	2 420	2 481	3
2019-08-12T01:00	56.79	0.000 3	3.65	1 970	0.037	0.036	2 290	2 350	3
2019-08-12T02:00	56.68	0.000 3	3.59	1 910	0.038	0.036	2 160	2 254	4
2019-08-12T03:00	56.58	0.000 3	3.54	1 860	0.038	0.037	2 060	2 093	2
2019-08-12T04:00	56.47	0.000 3	3.47	1 800	0.038	0.038	1 940	1 947	0
2019-08-12T05:00	56.35	0.000 3	3.39	1 740	0.040	0.039	1 820	1 846	1
2019-08-12T06:00	56.24	0.000 3	3.32	1 690	0.040	0.039	1 720	1 767	3
2019-08-12T07:00	56.15	0.000 3	3.24	1 640	0.040	0.040	1 640	1 627	-1
2019-08-12T08:00	56.04	0.000 3	3.17	1 590	0.041	0.041	1 540	1 540	0
2019-08-12T09:00	55.95	0.000 4	3.09	1 540	0.042	0.042	1 470	1 470	0
2019-08-12T10:00	55.86	0.000 4	3.03	1 500	0.042	0.042	1 400	1 400	0

由综合糙率反推“1908-11”流量与实测流量相比较相对误差较小，均在 9%以内，符合一类测站精度要求；反推流量过程线与实测流量过程线拟合度非常好，证明通过三次洪水的中高水资料推求出的综合水位糙率曲线满足相关规范要求。

六、结论

重沟河段不同水位-流量下对应的糙率差异较大，应该是河道的基本形态和河床结构决定的。

当水位大于 54.00 m 小于 57.30 m 时，三次洪水过程的水位糙率曲线走向基本一致；可以定出一条综合水位糙率关系曲线，根据验证该曲线满足相关规范要求。

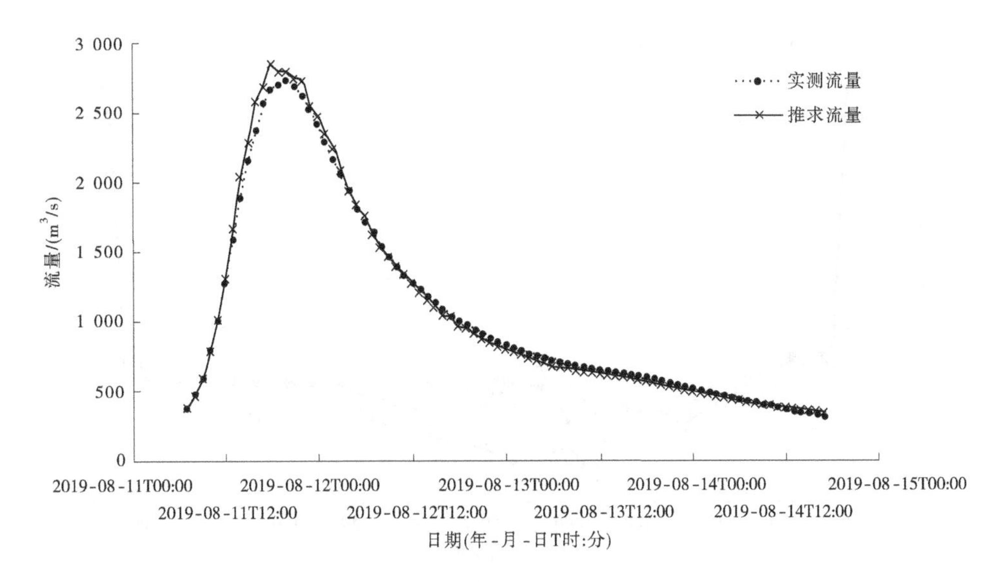

图 5-69　沭河重沟水文站实测流量与推求流量过程线

同一场洪水涨水段与落水段存在差异。当水位大于 54.00 m 小于 57.30 m 时,同等水位下,涨水段比落水段糙率大;水位在 57.30~57.40 m 时,无论是涨水段还是落水段,糙率数值均为该过程中最小;当水位大于 57.40 m 时,同等水位下,落水段比涨水段糙率大。

同一场洪水高水段与低水段存在差异,高水段糙率小,糙率值介于 0.031~0.040,低水段糙率大,糙率值介于 0.040~0.060。

重沟水文站河段糙率最小值为 0.031,对于是否存在更小值,因测点有限,有待于进一步的分析。

第八节　重沟水文站历年大断面变化分析

一、断面形态

沭河重沟水文站 1999 年开始进行水文测验,桥测断面位于 G327 沭河重沟公路桥下游,断面宽 527 m,主泓略偏左岸,宽约 33 m。桥上游 1 km 处河道与测验断面中泓线呈北偏西 30°夹角,桥下游河道顺直。上游右岸有宽 30 m 的杨树、芦苇带,右岸下游有 30 m 宽的杨树林带;钟山位于测验断面上游左岸 800 m 处,海拔高 80 m,下游有 50 m 宽的杨树芦苇带,河床杂草丛生。2010 年汛期结束重沟桥测断面停止观测。

2008 年 6 月,为了更好地利用水资源,临沭水利局在重沟桥下游 500 m 处建成华山橡胶坝。橡胶坝设计底板高程 53.0 m,最高蓄水位 58.0 m,坝长 457.6 m 分为 5 节,最大蓄水库容 1 516 万 m^3,蓄水面积 5.3 km^2,回水长度为 11.37 km。

沭河重沟桥下测验断面为复式断面,该站大断面变化情况见图 5-70。

重沟水文站建成于 2011 年 6 月,同时期布设基本水尺断面,位于沭河中游桩号 18+650 m 处。水文站建成后即开始水位、流量以及降雨、蒸发等项目的测验、报汛。重沟

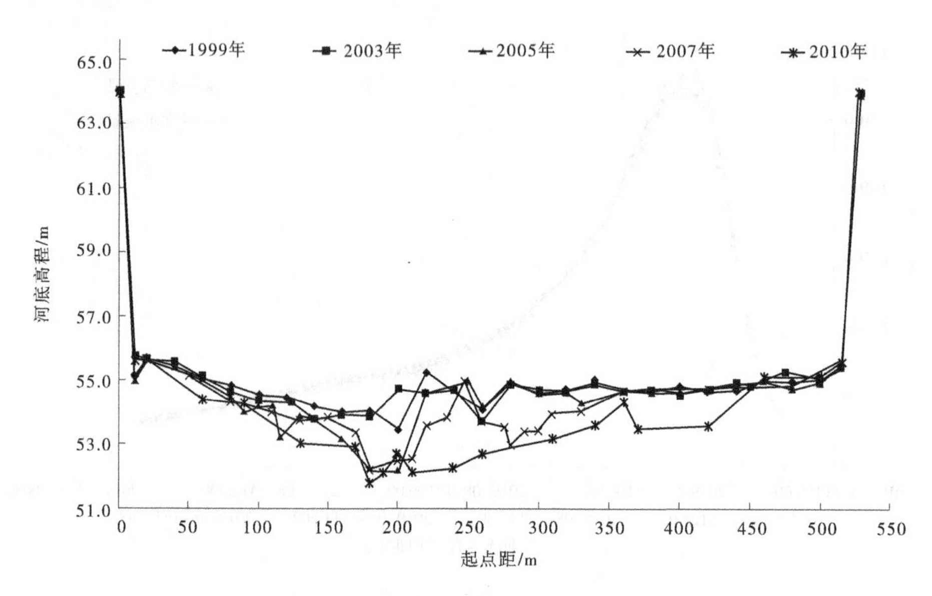

图 5-70 沭河重沟桥下测验断面历年大断面图

水文站基本水尺断面位于原桥测验断面下游 940 m,测验断面上游 440 m 处建有华山橡胶坝,测验断面上下游 2 km 内河段顺直,中泓偏左岸,河底高程最低为 51. 3 m,较原桥测验断面中泓最低点低 0. 5 m,断面较原桥测验断面宽度增加 170 m,右岸 56 m 高程以上滩地宽度约为 200 m,较原桥测验断面有明显增加。2012 年 6 月中旬,对测验断面上下游 300 m 范围内的滩面进行了规整处理,左右岸部分滩面高程均有所降低。2020 年实测断面宽 696. 3 m,河床为砂质,低水时主流位于河床左侧,宽度约 400 m,水位在 56. 30 m 时漫滩。

沭河重沟水文站基本水尺断面变化情况见图 5-71。

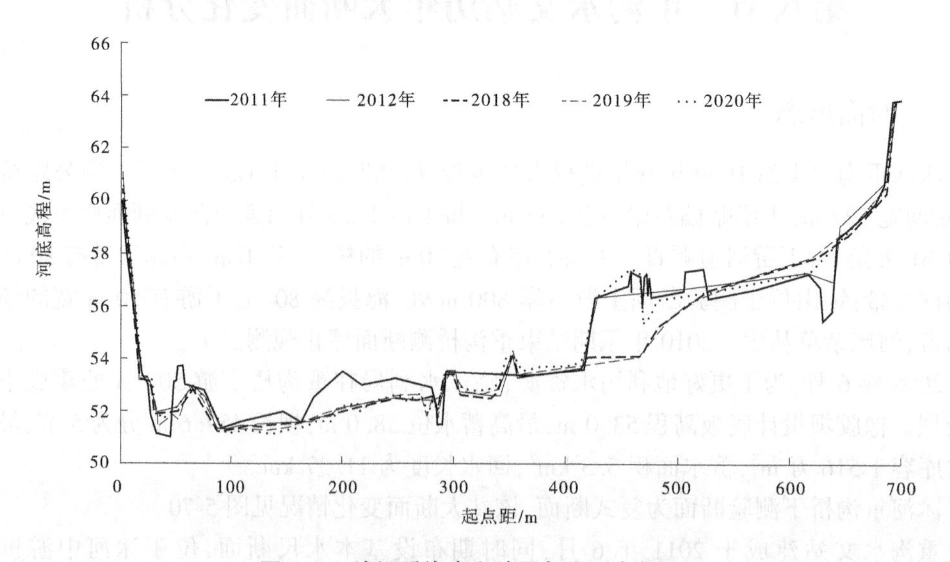

图 5-71 沭河重沟水文站历年实测大断面图

二、断面变化过程

根据实测大断面资料，由于受河道采砂等因素影响，沭河重沟桥下测站河底高程呈逐年下降趋势，以断面中泓最为明显。2010 年较 1999 年断面中泓处最大下切深度达 3 m。对历年实测大断面资料进行对比分析，发现以 2004—2007 年断面冲刷变化最为明显；2008 年桥测断面下游 500 m 处橡胶坝建成开始蓄水运行后，桥下测验断面处冲刷变化较小。

重沟水文站建成后，2011 年最低点高程 51. 02 m，位于起点距 45 m 左右，但是由于断面不规整，主河槽最低点高程为 51. 36 m；2012 年 6 月中旬对测验断面进行了规整处理，左岸、右岸部分滩面高程有所降低；2020 年，起点距 45 m 左右为 51. 97 m，抬升 0. 95 m，主河槽最低点高程为 51. 21 m，主河槽最低点高程下切 0. 15 m。右岸 430～500 m 滩地部分河底高程增加。其他部分变化不明显。

三、断面变动原因过程分析

（1）工程影响。上游 440 m 处华山橡胶坝的建设，改变了水流的形态，从而对天然的河道断面形状造成了一定的影响。

（2）自然因素。由于 2018 年、2019 年、2020 年沭河连续三年发生编号洪水，尤其是 2020 年发生了两次编号洪水，最大流量 5 940 m^3/s 为 1974 年以来最大洪水，对河道断面冲刷比较严重，床面上的泥沙被水流冲起带走，使床面下切，从而使断面形状发生改变。

第六章　重沟水文站建设规划与发展展望

第一节　现代化建设规划

根据淮委水文局和沂沭泗水利管理局相关规划，重沟水文站现代化建设规划主要包括 10 项工程。一是基本水尺断面河道整治、水准点补充、河滩内缆道断面护栏建设，设置相关警示牌、标示牌及断面桩。二是测流收放平台扩大。三是铺设观测场至站房地下通信线路、购置净水设备并建设化粪池。四是进站道路与大堤连接段基层处理、路缘石铺设及站房维修。五是购置流量信息采集设备、气象观测设备及测绘设备。包括自动蒸发站、称重式雨雪量计、遥控测船、River Surveryor M9 声学多普勒流速剖面仪、电波流速仪、全站仪、电子水准仪、电子水尺、远程视频监控等各观测要素测验设备。六是安装在线流量监测系统，建设侧扫雷达流量自动监测系统。七是升级全自动缆道测流系统。八是建设本地信息化系统及视频监控系统。九是配置应急备用发电机、打印一体机、信息展示拼接屏、雷达测流航拍器。十是开发重沟水文站测站信息管理系统、建设数据库。

一、基本水尺断面河道整治

根据 2020 年汛前实测大断面数据，测流断面主要过水部分起点距 56.3～80.6 m、211.5～214.4 m、227.9～274.8 m 及 280.4～284.3 m 处河底高程高于 52.30 m，影响低水测验。需对上述起点距上下游各 50 m 范围内进行清理，挖方约 3 500 m^3。

划定基本水尺断面上下游各 20 m 为水文监测设施周围环境保护范围，埋设界桩和警示牌，防止附近村民进行渔业作业时影响测验。

划定气象观测场周围 30 m 为水文监测设施周围环境保护范围，埋设界桩和警示牌。

断面整治后安装断面桩 2 个、断面标 2 个，设计如下：

断面桩采用 C25 钢筋混凝土预制，截面尺寸 300 mm×300 mm，高 1.8 m。桩中心预埋 Φ12 圆钢一根，长 810 mm，钢筋头出桩顶 10 mm。桩埋入地下 1.4 m，出地面 0.4 m。

断面桩设计见图 6-1、图 6-2。

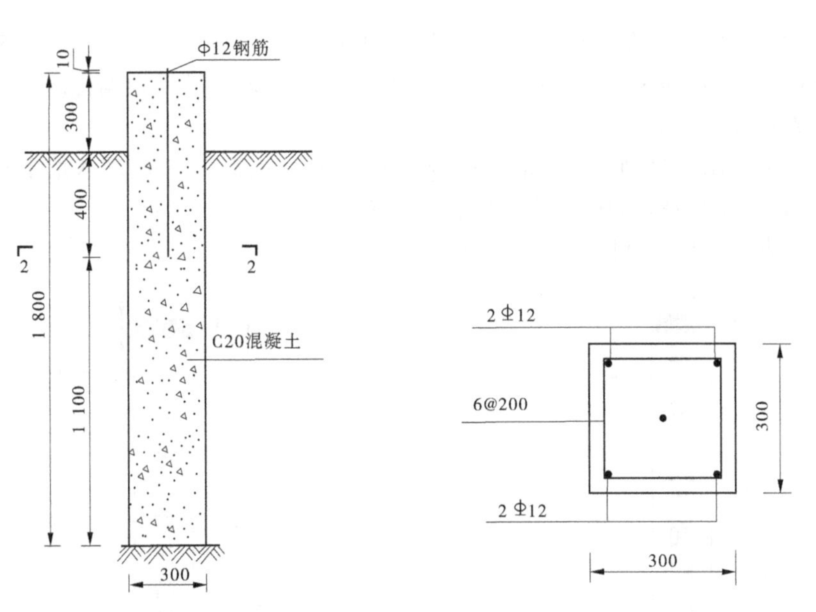

图 6-1　断面桩纵剖面图　　　　图 6-2　断面桩 2—2 横剖面图

断面标志杆采用φ 100 mm 镀锌钢管制作，并粘贴反光膜，间隔 200 mm。上部三角形结构，周边粘贴反光膜，中间粘贴水文标志。标志杆基础为 600 mm×600 mm×600 mmC25 混凝土，现场浇筑。断面标志杆典型设计图见图 6-3、图 6-4。

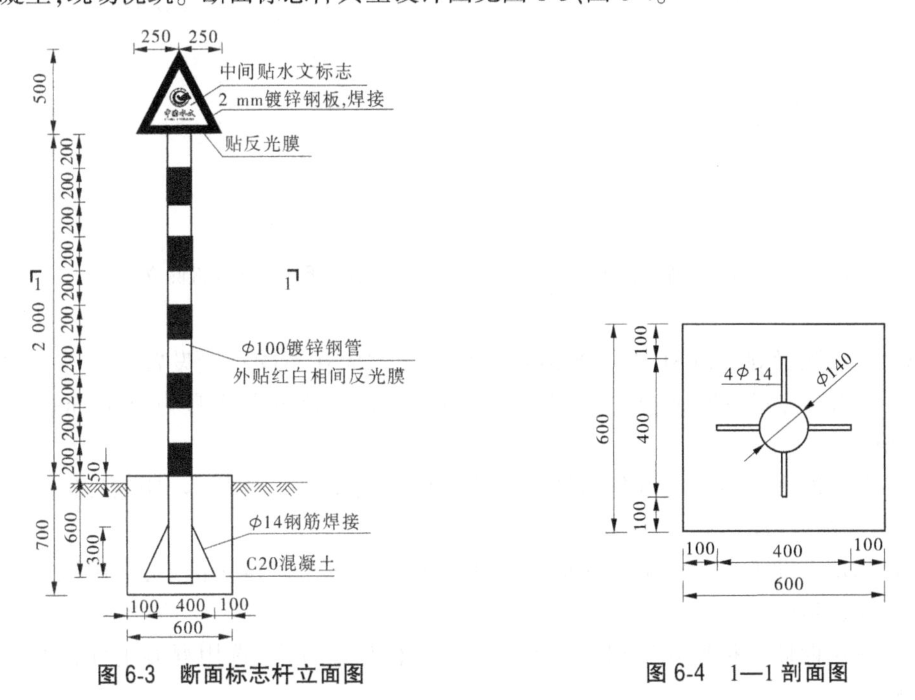

图 6-3　断面标志杆立面图　　　　图 6-4　1—1 剖面图

现有河道地形考证资料为 2015 年资料，拟进行测验河段地形测量，为后续施工打好基础。

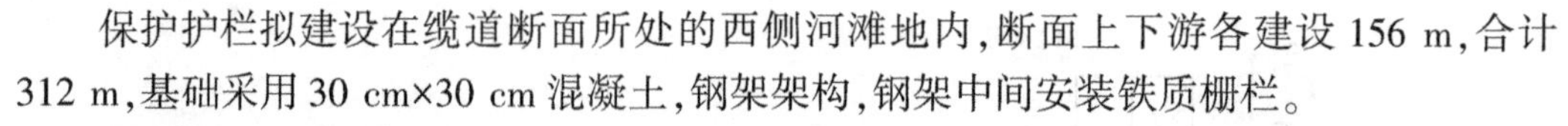

保护护栏拟建设在缆道断面所处的西侧河滩地内,断面上下游各建设 156 m,合计 312 m,基础采用 30 cm×30 cm 混凝土,钢架架构,钢架中间安装铁质栅栏。

断面界桩设计如下:

断面界桩采用石材制作,截面尺寸 200 mm×200 mm,高 2.0 m,埋入地下 0.8 m。断面界桩正、背立面及侧立面雕刻水文标志及有关文字。

断面标志杆典型设计图见图 6-5、图 6-6。

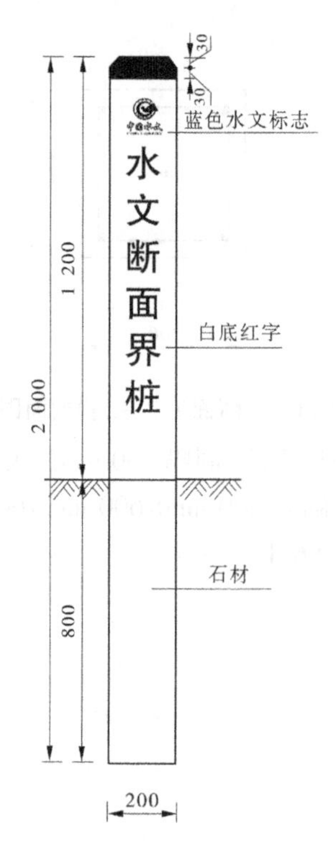

图 6-5　断面界桩正、背立面图

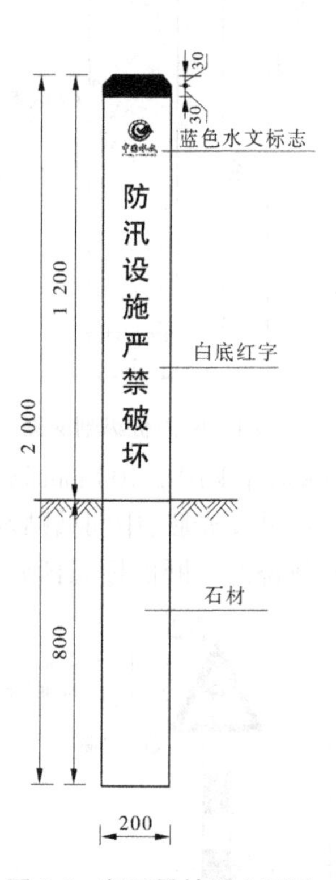

图 6-6　断面界桩侧立面图

根据《水文测量规范》(SL 58—2014)要求:水文站应在不同位置设置 3 个基本水准点,其中 1 个水准点设置明标,2 个设置暗标。基本水准点之间距离宜为 300~500 m,不应超过 700 m。

(1)在测验断面上游 440 m 华山橡胶坝管理所院内新设 1 个基本水准点,选用混凝土柱基本水准标识(暗标)。

(2)在站房东北方向 300 m 处河堤背河侧高处新设 1 个基本水准点,选用混凝土柱基本水尺标识(暗标)。

(3)在站房西侧石护坡基础和中部各新设 1 个校核水准点,选用混凝土柱普通水准标识(明标)。

水准点设计见图 6-7、图 6-8。

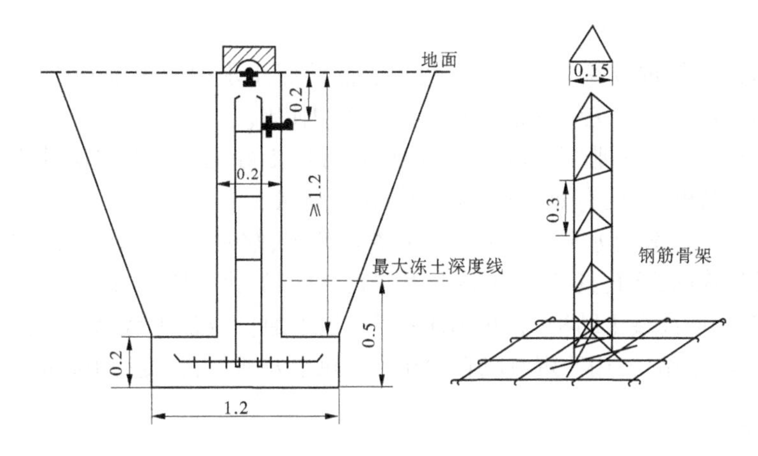

图 6-7　混凝土柱基本水准标识

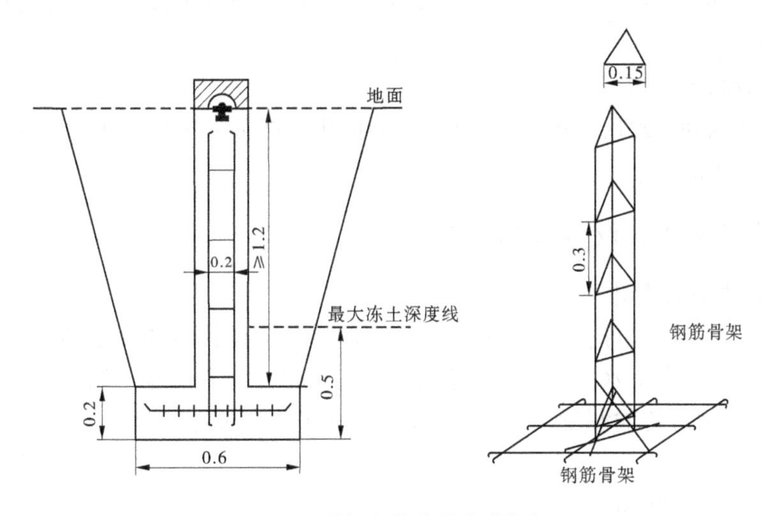

图 6-8　混凝土柱普通水准标识

二、测流收放平台扩大

现有设施收放平台长 6 m,宽 2.2 m,面积 13.2 m^2。向北加宽 2 m 至北院墙,向西加宽 3 m 至测验断面起点距 0.5 m 处。采用钢筋混凝土结构,使用两根混凝土立柱支撑,并设安全护栏。

三、给排水、供电及通信设施

站房建站时由于经费不足,未引入市政供水,仅打水井一口,直接取用地下水,无净水设备;同时卫生间没有建设化粪池,汛期时站房内有明显异味,现准备购置净水设备一套,建设钢筋混凝土化粪池一个,并建设部分地下通信线路。

净水设备具有以下功能：

(1)有效除铅等重金属。过滤介质可以去除溶解于水中的重金属离子，如铅、汞等；能有效除铅60%以上，避免铅的蓄积对人体造成的伤害。

(2)弱碱性水。对血脂具有良好的溶解性，可以更好地分解和排除体内积存的多余脂肪、保持体液酸碱平衡，有效防止和减轻便秘的症状。

(3)去污、除臭、软化水质。能有效去除农药残留，解决水的二次污染问题；可去除臭味，并抑制微生物的繁殖，具有自净、除臭和去污功能；软化水质，防止结石。

化粪池为钢筋混凝土结构，容积为10 m^3。地下通信及供电线路拟在院内地面开槽建设蒸发观测场至站房，用于观测场自动化仪器供电及通信，长度约100 m。

四、附属设施

(一)进站道路建设

测站大门至堤顶道路铺沥青道路，长174 m，宽5 m，厚0.1 m。道路与堤顶连接处需回填以减缓坡度。

(二)站房维修

修复办公楼墙面裂缝，室内重新粉刷，粉刷面积300 m^2；更换窗户配套纱窗15套；更换楼顶防水层12 m^2 等。

五、其他水文测验设备及测绘设备

(一)称重式雨雪量计

称重式雨雪量计可以连续记录接雨杯上的以及存储在其内的降水的质量，并能够记录雪、冰雹及雨雪混合降水。雨量计自备硬盘和系统软件，不仅能存储大量数据，而且可通过通信口实时动态传输测量结果，同时可应应上位计算机的要求，发送、存储或清除数据。

具体参数如下：

(1)收集范围：200 cm^2。

(2)精度：0.1%。

(3)最大雨强：120 mm/min。

(4)分辨率：0.001 mm。

(5)电源：24 V DC/最大15 mA/不加热消耗0.4 A·h/d。

(6)加热供应：12 V/1 A(可选24 V/1 A)/加热消耗最大48 A·h/d。

(7)串行输出：RS485 (9 600 kbps，8N1)/SDI12(1 200 kbps，7E1)。

(8)尺寸：360 mm×540 mm。

(9)信号线缆：3 m。

(10)质量：8.0 kg。

(11)工作温度范围：-40~70 ℃；

(12)保护等级：IP65。

(二)智能流量测船

智能流量测船可搭载多种型号的ADCP探头进行水深、流量测验，具体参数见表6-1。

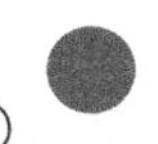

表 6-1 重沟水文站智能流量测船技术参数

船体材料	全碳纤维
船型	单体深 V 型
船体尺寸	1.05 m(长)×0.55 m(宽)×0.35 m(高)
船体自重	15 kg
负载能力	10 kg
最小吃水深度	0.15 m
抗风浪等级	3 级浪,1 m 浪
推进形式	喷泵
航速	工作航速 2.5 m/s 最高航速 5.0 m/s
续航	2 h@2.5 m/s 1 h@5.0 m/s
电池	40 A · h,1 块
通信	遥控通信 2.0 km,基站通信 5.0 km

(三)River Surveryor M9 声学多普勒流速剖面仪

SonTek S5/M9 声学多普勒水流剖面仪采用全新的电子电路、全新的硬件和软件以及全新的数据通信和船体,专为河流流量测验而设计。S5/M9 体积小巧、功能强大、易于操作,是迄今为止世界上先进的一套测流仪器。

具体参数见表 6-2。

表 6-2 重沟水文站声学多普勒流速剖面仪

流速	流速测距范围	0.06~40 m
	流速范围	±20 m/s
	分辨率	0.001 m/s
	单元数量	128
	单元尺寸	0.02~4 m
深度	测量范围	0.2~80 m
	分辨率	0.001 m
	准确度	1%
流量	带底跟踪范围	0.3~40 m
	带 RTK GPS 或 DGPS 的测量范围	0.3~80 m
质量	空气	2.3 kg
	水中	-0.6 kg

续表 6-2

通信方式	RS232 通信,串口 GPS 输入
数据采样频率	最高 70 Hz
工作环境	-5~45 ℃
存储温度	-10~70 ℃
电池	AA 电池(5 号碱性电池)
温度传感器	
分辨率	±0.01 ℃
准确度	±0.1 ℃

软件:具有定点测流功能和定点测流软件,中文测流软件,中文软件操作手册,中文定点测流软件, 输出成果符合《声学多普勒流量测验规范》(SL 337—2006)要求。

(四)高中低流速仪

购置高中低速流速仪,以小流速为例,购置 LS45A 旋杯式流速仪专门用于小流速测验,该流速仪具有起转速度低,灵敏度高等特点,适用于枯水时涉水测流。

1. 低速流速仪具体参数

(1)测速范围:0.015~3.5 m/s。

(2)工作水深:0.05~3 m。

(3)工作温度:-10~+45 ℃。

(4)流速计算:流速测算仪完成直读。

(5)仪器全线相对均方差≤2%。

(6)仪器每转信号数:四个。

(7)信号接收处理:流速测算仪。

2. 中高速流速仪技术参数

(1)旋桨结构:螺旋曲面三叶片,左旋,PC 工程塑料。

(2)旋桨回转直径 D:70 mm。

(3)旋桨水力螺距 b:120 mm。

(4)仪器起转速 v_0:≤0.06 m/s

(5)流速测量范围 v:0.07~7 m/s(试验检定 v_{max}=12 m/s)。

(6)信号部件结构:磁敏干簧管电子开关。

(7)检定曲线误差:v≥0.2 m/s 时,全线均方差 M 不超过±1.5%;v<0.2 m/s 时,平均相对误差 E≤±5%。

(8)开关触点容量:电流≤50 mA,电压≤6 V。

(9)干簧管工作次数:700 万次。

(10)仪器连续工作时间:2 h(含沙量≤10 kg/m^3,水深≤10 m,流速≤5 m/s 时)。

(11)仪器安装测杆规格:CG16-1 型,ϕ 16 mm×1.6 m(可分成 2 节)。

(12)仪器工作水流条件:水深范围:配用测杆时,下限为 0.1 m,上限据测杆长度而

定;水体水温: 0~40 ℃;悬移质含沙量:≤50 kg/m^3。

(五)电波流速仪

电波流速仪为非接触式测流的代表产品,仪器轻便,操作简单,适用于高洪时期的流量监测、水文应急监测等。

(1)测量范围:流速 0.2~15 m/s。

(2)测量角度:俯角:20°~60°。

(3)方位角:0°~30°。

(4)测量时段:最大 5 s/次。

(5)测量精度:均方差≤3%。

(6)测量距离:流速>1 m/s 时,测量距离不小于 20 m。

(7)数据显示:带背光二行 LCD 显示。

(8)输出接口:RS232,RS485,5V-TTL 电平共三种输出方式。

(9)数据存储:能存储至少 500 次测速时间和流速大小。

(10)电波频率:24 GHz。

(11)供电电源:12 V DC。

(六)全站仪

配置新的高精度全站仪可用于大断面测量、缆道垂度校核等工作。

(1)测角精度:1″。

(2)补偿方式:四重轴系补偿,设置精度 0.5″。

(3)棱镜距离测量:

圆棱镜测程(GPR1)3 500 m。

长测距模式(GPR1)>10 000 m。

精度标准:1 mm+1.5×10^{-6}D。

快速:2 mm+1.5×10^{-6}D。

传输接口:RS232、SD 卡、标准 USB、Mini USB、无线蓝牙、WLAN、互联网通信覆盖。

无限摩擦制动,双触发键。

自动量高:测距精度:1 m 高,1.0 mm。

测距范围:0.7~2.7 m。

(七)数字及光学水准仪

配置电子水准仪可用于水尺、水准点等测量。

(1)每千米往返中误差:不大于 0.3 mm。

(2)放大倍率:不小于 32x。

(3)测距范围:1.8~110 m。

(4)测距精度:30 m 以内 15 mm。

(5)测距时间:不大于 2.5 s。

(6)补偿器精度:0.3″。

(7)补偿器工作范围:不小于±9′。

(8)补偿器磁场灵敏度:不大于 1″。

配置主要包括主机、一对铟钢尺(3 m)、尺箱、尺撑、尺垫、木脚架、充电器、连接线、资料传输软件、数据处理软件等必需的设备、配件及备件构成。

(八)激光测距仪

测距仪可用于断面、地形测量和缆道流量测验。

(1)光学放大倍数:≥7 倍。

(2)标准环境下测距范围:0~1 000 m 左右。

(3)高反射条件:2 000 m。

(4)测距精度:300 m 以内±0.3 cm,300 m 以外±1 m。

(5)倾斜度量程:±90 deg。

(6)倾斜度精度:±0.25 deg。

(7)激光源:一级人眼安全。

(九)RTK 测量系统

购置卫星定位系统用于断面、地形测量等。

卫星信号跟踪:GPS;GLONASS;Galileo;BeiDou(北斗卫星系统);SBAS;通道数:不低于 550;基于惯性测量系统 IMU 的倾斜补偿,提升测量效率与可追溯性,倾斜补偿无须校正,免疫磁场干扰。

(1)智能检核技术,初始化置信度:99.99%。

(2)防尘防水防潮:IP68。

(3)手簿内置指南针、陀螺仪。

(4)手簿电池同 GNSS 主机电池通用。

(十)自动蒸发站

在气象观测场安装全自动数字水面蒸发站 1 套。自动蒸发站升级后可实现数据采集控制过程、补水过程、溢流过程全部数字化、自动化。

(1)蒸发量量测范围:不小于 20 mm。

(2)分辨力:0.1 mm。

(3)蒸发量量测精度:蒸发量≤10 mm,测量误差≤±0.3 mm;蒸发量>10 mm,测量误差≤±0.3 mm+1%FS。

(4)输出接口:RS-485。

(5)输出电路:OC 门,30 mA/30 V DC。

(6)传感器工作电流:≤40 mA。

(7)电源电压:12 V DC;(-5%~+25%)。

(8)环境温度:0~+55 ℃。

(9)相对湿度:95%(40 ℃)。

(10)尺寸:ϕ 320 mm×560 mm。

(11)储存温度:-10~+60 ℃。

六、安装在线流量监测系统

在基本水尺断面位置安装二线能坡法流量监测系统和侧扫雷达流量在线监测系统各

1套。根据调研,目前合适的系统型号为FlowScout2000型单波速多普勒流速测量仪,可测量低至0.002 m/s的流速,即能监测到低至1.24 m^3/s的流量过程,又实现24 h不间断实时监测流量过程。

二线能坡法系统组成及主要工作如表6-3所示。

表6-3 重沟水文站二线能坡法系统组成及其技术参数

序号	项目内容	单位	数量	设备型号
1	电源设备			
1.1	太阳能板	块	3	100 W
1.2	免维护蓄电池(100 A·h)	块	2	
1.3	充电控制器	个	1	
1.4	支架	个	3	
2	流量采集设备			
2.1	流速传感器水下支撑系统	套	2	定制,包括安装
2.2	流速传感器	个	2	定制
2.3	流速传感器岸上仪表	套	2	FlowScout2000
2.4	流速信号缆线(传感器至岸上仪表)	m	150	
2.5	钢丝绳	m	100	
2.6	气管	m	150	
2.7	钢丝套管	m	150	
2.8	室内挂壁机箱	个	1	
2.9	空压机	个	1	
3	信息传输设备			
3.1	GPRS无线远传模块	套	2	含一年通信费
4	软件开发与集成			
4.1	在线流量信息查询系统	套	1	
4.2	实时在线流量模型软件	套	1	
4.3	数据接收系统	套	1	

侧扫雷达在线流量监测系统技术参数与性能指标如下。

(一)测量指标

(1)最大探测河面宽度:600 m。

(2)距离分辨率:20 m。

(3)测速范围:0.1~20 m/s。

(4)速度分辨力:≤0.01 m/s。

(5)时间分辨率:最小 10 min,可设置。

(二)主要技术指标

工作中心频率:415 MHz。

脉冲峰值功率:≤30 W。

(三)安装方式

雷达安装在河岸上,垂直于水流方向观测,雷达距离河面 20 m 以上(距水面高度差)。

(四)通信

采用 4G 无线 GPRS 通信。

(五)供电

采用交流 220 V 市电供电,无市电可连续运行约 24 h。

采用太阳能供电,阴雨天可连续运行约 120 h。

(六)可靠性要求

平均无故障时间大于 5 000 h(MTBF)。

(七)工作环境要求

(1)温度:-25~+50 ℃。

(2)相对湿度:10%~95%。

(3)抗风能力:0~60 m/s。

七、升级全自动水文缆道测验系统

升级远程控制全自动水文缆道测验系统,该系统可通过计算机对缆道测流装置进行全自动、半自动、手动测流控制,各种测量方式均可最终生成断面流量报表和断面流速分布曲线图,并能够通过网络进行远程控制。技术参数如下。

(一)绞车控制功能

(1)供电电源:(1±10%)×380 V 或(1±10%)×220 V,50 Hz。

(2)驱动电机:1.5~7.5 kW,普通三相(或单相)交流电机。

(3)行车速度:0~1.0 m/s。

(4)电机变频频率:0~50 Hz。

(5)减速制动时间<0.5 s。

(6)限位控制:河底信号停车控制;测点定位自动停车控制;垂直控制同上满足垂直电机自锁。

(7)变频器配置:可配置一台变频分时拖动水平电机和垂直电机;也可配置两台变频器,分别拖动水平电机和垂直电机,稳定性好于单变频配置。

(二)缆道定位

1.起点距

(1)测距传感器。

(2)计数显示:-99.9~999.9 m,分辨率:0.1 m。

(3)修正系数:0.000~999.0。

(4)显示:大字符 LED 显示。

2. 入水深

(1)光电传感器。

(2)计数显示:-99.99~99.99 m,分辨率:0.01 m。

(3)修正系数:0.000~999.0。

(4)显示:大字符 LED 显示。

八、新增远程视频监控系统及网络系统

(一)视频监控系统

在重沟上比测断面、重沟下比测断面以及基本水尺断面左右岸处新增远程视频监控设备;远程视频监控系统将监控点实时采集的视频流实时地传输给监控中心,便于远程监控。

视频监控系统主要包括摄像头、硬盘录像机、接收终端及辅材等,用于测站业务用房室外、室内安全,具有存储、实时查看、回看等功能。

系统组成及主要工作如表 6-4 所示。

表 6-4 重沟水文站视频监控系统配置

序号	视频监控系统	单位	数量	备注
1	视频监控杆塔及基础	座	3	
2	视频监控供电系统	套	3	
3	视频信息传输系统	对	3	
4	高清视频监控摄像头	台	4	
5	硬盘录像机	台	1	
6	视频信息处理服务器	台	1	

其中,高清视频监控摄像头参数如下:

(1)图像传感器:1/1.8" Progressive Scan CMOS。

(2)最低照度:彩色为 0.000 5 Lux@ (F1.5,AGC ON);黑白为 0.000 1 Lux@ (F1.5,AGC ON) ;0 Lux with IR。

(3)视频压缩:H.265/H.264/MJPEG。

(4)音频压缩:G.711 alaw/G.711 ulaw/G.726/MP2L2/AAC/PCM。

(5)激光照射距离 500 m。

(6)白平衡:自动/手动/自动跟踪白平衡/室外/室内/日光灯白平衡。

(7)增益控制:自动/手动。

(8)信噪比:≥55 dB。

(9)日夜模式:自动 ICR 彩转黑。

(10)数字变倍:16 倍。

(11)镜头焦距:5.6~208 mm,37 倍光学变焦。

(12)变倍速度:大约 4.4″(光学,广角-望远)。

(13)水平视角:59.8°~2.0°(广角-望远)。

(14)近摄距:10~1 500 mm(广角-望远)。

(15)光圈数:F1.5~F4.5。

(16)水平及垂直范围:水平 360°;垂直-20°~-90°。

(17)电源接口:-A:AC 24 V±25%,DC 24 V;-D:DC12 V。

(18)网络接口:RJ45 网口,自适应 10 M/100 M 网络数据。

建设测站网络系统,构建基层测站数据库,将自动测报、资料整编、视频监控、仪器设备管理、智能办公等数据统一管理。实现降水、蒸发、水位、流量、视频监控、仪器维护等实时数据显示,历史数据快速查询,并通过特定端口远程访问等功能。

(二)网络系统

各组成部分参数如下。

1.服务器

(1)RH5885H V3/2 个 Intel 8 核 Xeon E7-4809 V4 处理器(2.1 GHz,8-core,20 MB 缓存, 115 W),最大扩至四路处理器,Intel C602J 芯片组。

(2)集成 iLO4 远程管理, 4×8 GB(32 GB)PC4-2400-R DIMMs (DDR4)内存,最大可扩充至 3 TB 全缓冲 DIMMs (DDR4-2400)内存,2 个内存板,最大支持 8 个内存板,可以配置成镜像,在线备用或者高级 ECC 模式。

(3)内置 Smart Array P830i/2GB FBWC 阵列控制器,标配 5 个 SFF 热插拔硬盘插槽, 3 块 600 GB 12 G SAS 10 K 2.5 in SC ENT HDD,最多扩展到 10 个 SFF 热插拔硬盘插槽,标配 9 个 PCI-E 3.0 插槽,其中 4 个 PCI-E 3.0×8, 5 个 PCI-E 3.0×16。

(4)标配 4 端口千兆 331FLR 以太网卡;可升级为 2 端口×10Gb 以太网卡;或者 2 端口×10GbFlex Fabric 网卡。

(5)标配带 2 个 1 200 W 铂金热插拔电源,可选支持冗余(3+1);标配热插拔冗余风扇(3+1)。

(6)可选外置 DVD-RW,4U 机架式,含导轨和理线架;3 年 7×24 h,4 h 响应。

(7)64 位的服务器操作系统。

2.交换机

(1)包转发率 252 Mp/s。

(2)管理网口 2。

(3)管理串口 1 个 RJ-45 Console 口,1 个 Mini USB Console 口(不能同时工作,Mini USB 优先)。

(4)前面板 48 个 10/100/1000 Base-T 自适应以太网端口 。

(5)业务端口描述 4 个万兆 SFP+口, 2 个 40 G QSFP+口。

(6)MAC 地址表项 64K。

3.路由器

(1)转发性能:15 Mp/s。

(2)模块插槽 8 个。

(3)支持内置冗余电源。

(4)防火墙性能(1 500 字节)5.5 Gb/s。

(5)整机交换容量 80 Gb/s。

(6)整机高度≤2U(88.1 mm)。

(7)实际配置 4 端口千兆路由电口、4 端口千兆路由光口、2 端口千兆光电复用口(所配端口为路由口,可直接配置 IP 地址)。

(8)支持 IPS 安全功能,并可在线升级,可以防范木马、蠕虫、病毒等攻击,并提供第三方功能测试报告。

(9)支持国家密码局规定的 SM1、SM2、SM3、SM4 加密算法,软件支持 SM3、SM4 加密算法。可提供国密密码管理局签署的商用密码产品型号证书。

所有业务板卡支持直接热插拔,不需要配置命令,并提供第三方功能测试报告。

4. UPS 不间断电源

(1)产品功率:8 kW,在线式,单进单出。

(2)整流器类型:IGBT 整流 。

(3)额定电压:220~240 V AC。

(4)输入电压围压:120~276 V AC。

(5)输入频率范围:(40~70 Hz)±0.5 Hz。

(6)输入功率因数 ≥0.99。

(7)额定输出功率: 10 000 VA/8 000 W。

(8)额定输出电压:(1±2%)×220 V AC。

(9)输出频率: (50±0.2)Hz(电池模式)。

(10)输出波形: 纯正弦波。

(11)电池 8 h 延时,配置(12 V、100 A · h)4 组/每组 16 节,A16 电池柜 4 套。

5. 防火墙(含入侵检测及防病毒模块)

(1)配置 2 个 10 GE,8 个 GE 口和 8 个 SFP 口,扩展插槽≥6 个,最大接口数≥40 个千兆业务接口+10 个万兆接口。

(2)最大并发连接 800 万。

(3)防火墙吞吐量 20 Gb/s。

(4)每秒新建连接 30 万。

(5)配置 IPSEC VPN 隧道数 10 000 个。

(6)配置 SSL VPN 授权数 100 个。

(7)配置虚拟防火墙数 500 个。

九、其他附属设施及备用电源更新

(一)雷达测流航拍系统

雷达测流航拍系统可以在缆道测流时进行实时近距离观察,对河道内的复杂水情、水面漂浮物等进行预警;同时可用于地形测量、水情工情监视等。

操控该系统搭载电波流速仪进行站点大断面测量和无人测流,既提高了监测效率,又可以使用航拍器进行巡航拍摄,为水文设施保护、水文行政监察等工作提供技术支撑,可制作水文站的电子相片成果图、实时视频等。

此次配置的航拍器技术指标为:

(1)标准起飞质量,大于 5 kg;最大起飞质量,大于 15 kg;负载质量 0~10 kg。

(2)动力电池:锂电池。

(3)悬停(续航)时间:海拔 2 000 m 以下时最长悬停时间≥40 min,海拔 3 800 m 以上时最长悬停时间≥35 min。

(4)最大抗风能力:六级。

(5)最大飞行高度: 1 000 m(平原)最大工作海拔 5 000 m。

(6)GPS 悬停精度:垂直方向±0. 5 m,水平方向±2. 0 m。

(7)自驾仪参数:支持遥控器 PCM/2. 4 GHz,控制模式:手动模式、姿态模式、GPS 模式。

(8)遥控器控制距离:0~3 km。

(9)失控保护:自动返航降落。

(10)二级保护:LED 报警并自动返航降落。

(11)工作环境温度: -30~60 ℃。

(12)工作环境湿度: 20%~80%。

(13)存储环境温度: -10~50 ℃。

(14)存储环境湿度: 20%~70%。

(15)防护等级:IP65。

(16)软件:支持航拍器数据、航空影像数据。

(17)支持将多个 DOM 拼接,单个 DOM 大小可超过 100 G。

简单、快速的新建工程向导,自动转换坐标。

可一键式输出国际标准格式的正射影像成果。

支持自动输出文本格式质检报告,输出整区质检概况、航飞不合格相片统计等。

支持数据信息编辑,可增删 pos、模拟 pos、指定航带等。

相机参数:径/切向畸变参数($k_1,k_2/p_1,p_2$),像主矩/像主点坐标($f/x_0,y_0$)及仿射变换参数(α/β),可以考虑f_x, f_y。

标定精度达到 1/1 000 以上,实际测量精度达到 1/5 000 以上。

(二)拼接屏建设

建设一套 2 块×2 块×55 英寸的拼接屏,放置于站房管理室,用于更加生动、形象地展示测站历史信息、考证信息及测站沿革等信息。

(三)购置打印一体机一台

目前,站内只有一台打印机,不能满足站内工作要求,拟购置打印一体机一台。

具体参数如下:

(1)最高分辨率:600×600 dpi。

(2)彩色及黑白打印速度:$30\times10^{-6}D$。

(3)处理器:800 MHz。

(4)内存:1 024 MB。

(5)网络功能:支持网络打印。

(四)发电机选用

发电机选用 20 kW 柴油发电机,配备电子调速系统和智能液晶显示屏,能够实时显示工作状态,并根据负载大小自动调整油门。

具体参数如下:

(1)机组型号:HFR20GF。

(2)常用功率:30 kW。

(3)额定功率:20 kW。

(4)备用功率:33 kW。

(5)额定电流:36 A。

(6)燃油消耗:208 g/(kW·h)。

(7)额定电压:230/400 V。

(8)机组尺寸:1 650 mm×650 mm×1 500 mm。

(9)励磁方式:无刷,自励磁。

(10)机组质量:600 kg。

(11)功率因数:0.8(滞后)。

(12)输出相数:单相/三相。

(13)防护等级:IP23。

十、软件及其他设备

(一)开发重沟水文站测站信息管理系统

系统包含远程查看测站视频监控系统、网络系统工作状态,测站业务系统故障判别,测站历史信息及水情信息实时展示查询。

(二)数据库服务软件

购置 SQL Server 数据库管理软件 1 套。

第二节　发展展望

2021 年 10 月,水利部审议通过了《水文现代化建设规划》《全国水文基础设施建设“十四五”规划》,规划对流域水文和区域水文都提出了具体的要求,明确水文是推动新阶段水利高质量发展的重要支撑,要统筹除害与兴利、地表与地下、供给与需求、流域与区域、硬件与软件、生产与科研,做好国家水文站网顶层设计,找准问题短板,有针对性地强化工作措施,加快实现水文现代化。

水利部要求要立足推动新阶段水利高质量发展对水文提出的任务要求,坚持整体布局、优化站网、需求牵引、急用先行,精准水文站点布设,做到洪水来源区、水资源来源区、行政管理边界、重要防御对象、重要用水对象等重要节点全覆盖,更好满足水利各领域业务需求。要充分运用现代科技手段,进一步提升水文数据测验、归集、存储、处理水平,实现预报、预警、预演、预案功能,为全面提升国家水安全保障能力和水利科学管理能力提供有力支撑。

2021 年,水利部印发了《水利部办公厅关于开展新技术应用示范水文站创建工作的通知》(办水文函〔2021〕9 号),要求进行示范水文站创建工作,以站为对象整体推进水文测报自动化,率先打造一批具有示范作用的现代化样板水文站,形成可复制、可推广的经验和做法,引领水文新技术新设备应用和水文测站提档升级,为全面加快水文测报能力现代化建设提供典型案例和参考借鉴。

一、发展现状

重沟水文站是为保证沭河及大官庄枢纽洪水合理调度而建设的国家基本水文站,测验项目有水位、流量、降水和蒸发,目前有专职人员 2 人,在较大水情时增加 3~5 名临时人员协助测量。自运行以来完成了各项测报任务,未发生任何安全事故。历年测验资料经整编,审查合格,纳入《中华人民共和国水文年鉴》5 卷 5 册。

目前,测站水位观测以水尺人工观测为主,浮子式水位计遥测观测为辅,人工观测采用的水尺每年汛前及汛后进行高程校核。流量观测主要采用转子流速仪和走航式 ADCP 进行施测:流量在 300 m^3/s 以下时采用 0.5 转 LS20B 旋桨式流速仪;流量在 300~1 000 m^3/s 时采用 5 转 LB70-2D 旋杯式流速仪;流量在 1 000 m^3/s 以上时采用 20 转 LJ20A 旋桨式流速仪;流量超过 20 m^3/s 时均可使用 ADCP 测流。降水观测采用 20 cm JDZ05 型翻斗式遥测雨量计和 20 cm 标准式雨量器进行对比测量,现为遥测自动采集传输记录雨量,并人工记录标准式雨量器数据进行参考。蒸发观测采用 E601 型蒸发器测量,采用 20 cm 标准式雨量器的数据进行降水量校核,冰期使用 ϕ 20 cm 称重式蒸发器进行测量。

二、主要问题

重沟水文站目前现代化程度较低,信息化和智能化建设存在严重不足。

(一)基础设施方面

一是断面不规整,又阻碍行洪要素。重沟水文站基本水尺断面由页岩、砾石组成,属于天然宽浅河道,且存在多处浅滩,对流速仪和 ADCP 测流都有影响。二是站房设计不合理,测流设备收放平台太小,安全性和便利性上都有所欠缺;站房、观测场升级潜力低,没有足够的空间容纳更多的现代化设备。三是水准基点布置不规范:现有水准基点设置简陋,相互距离较近,难以满足自校要求。四是应急供电无法保证,目前应急供电设备为汽油发电机一台,功率仅有 4 kW,且运行不稳定。五是远程视频监控不足:仅有一台监控球机安装在水位井外侧,只能监控河道内的水情。

(二)监测能力方面

一是水位监测信息化能力不足。水情电报仍需人工发报,资料整编也以水尺观测数据为主,遥测水位计的数据仅为辅助使用,仅有远程数据库,本地无固态存储设备和数据库,受限于通信网络等原因难以记录完整的水位过程。二是流量测验现代化程度较低。测流方法较单一,沭河行洪时河道内漂浮物和悬浮物较多,缆道测流时无法近距离观察水中情况,流速仪容易被悬浮物缠住且无法及时清理,只能使用 ADCP 进行测量。三是桥下

测验安全性差。应急测流方案中的G327国道公路桥车流量大、没有人行道，且桥下游外侧有电线，工作时安全隐患多。四是测流工作效率低。正常洪水测量中使用流速仪测量一次60~90 min，使用ADCP测量一次40~80 min，应急测量使用人工牵引ADCP由于断面宽度大且有路灯杆、纵向电线等阻碍，测量一次80~160 min。沭河属于山洪性河道，洪水时水位陡涨陡落，涨水时一小时水位变幅最大超过1 m，洪峰时间短，洪水过程持续时间最长36 h，最大流量持续时间仅约半小时。现有的流量测验方法难以保证测量的及时性和准确性。五是降水及蒸发固定用法观测现代化能力不足。降水观测仅有远程数据库，无本地数据库，翻斗式雨量计无法测量固态降水，冰期只能使用人工观测发报。

三、发展展望

结合《水文现代化建设规划》《全国水文基础设施建设“十四五”规划》《水利部办公厅关于开展新技术应用示范水文站创建工作的通知》中的有关要求，对重沟水文站的现代化建设进行简要的发展展望。

(1)紧密围绕解决主要问题，紧跟淮河流域水文发展趋势，加强水文科技交流，加快实施相关规划，形成一套以实用为主的测站技术应用体系。

(2)加快人才体系建设。淮委水文局、沂沭泗水文局和重沟水文站合作建设一支熟悉业务、善于管理、勇于开拓创新的水文测验人才队伍，能够吃苦耐劳、作风过硬，能熟练使用现代化水文监测仪器设备，为水文站的管理和发展提供可持续发展的人才保障。

(3)水文设施测验标准能够匹配工程防洪标准。得益于沂沭泗流域东调南下等一批防洪工程建设实施，沂沭泗流域内直管河道防洪标准逐渐提高，目前重沟水文站所处沭河河段工程防洪现状已达50年一遇防洪标准，设计水位61.28 m，设计流量8 150 m^3/s，两岸堤防超高均满足设计要求。而重沟水文站建成已超过10年，初期建设标准受场地高程、电力供应等基础设施制约难以提升，关键测验能力受后期投入不足等制约也未能有效提高。目前，重沟水文站流量测验上限约为6 000 m^3/s，测验能力仍然停留在20~30年一遇洪水标准，一旦水位或流量上涨至超过该标准，观测场地将会进水，供电设备存在较大淹没可能，届时开展相关测验工作难度极大，后期需加大投入进行大规模现代化升级改造，以保障新工况新要求下的水文测验工作顺利进行。

(4)能够实现全要素全时段自动化监测。参考国内外的水文测验发展趋势，高度自动化甚至无人化测验应该作为水文站未来发展的主攻方向之一，结合水文站测验现状，需进行测验手段现代化升级。一是购置安装侧扫雷达在线测流系统、无人船测流系统、雨雪量计、自动蒸发器等全要素自动化监测手段，实现水位、流量、降水量、蒸发量等各项要素采集全部实现自动化以及监测量程全覆盖，在设计测洪标准以内，高中低水水文监测自动化全量程覆盖。

(5)能够保障信息传输更可靠。重沟水文站处于沭河防汛工作最前线，遭遇极端降雨等天气情况时，现有人员数量不足，任务艰难繁重，报送的每一条信息对于防汛调度都具有重要作用，此时信息传输通道就是水文测验工作的生命线，关系测验信息能不能实现对于水利部、淮委和沂沭泗水利管理局的实时报送。而极端天气时，信息传输通道更易于遭受破坏，因此建设具备有线(无线)和卫星双通道双保障的双备份通信信道尤为重要，必须要充分保证信息传输的稳定可靠。

(6)能够进行成果展示可视化。一是具备远程视频监视监控功能,监测成果在站可视,信息展示直观便捷。二是构建基层测站数据库,开发重沟水文站测站信息管理系统,将自动测报、资料整编、视频监控、仪器设备管理、智能办公等数据统一管理。实现降水量、蒸发量、水位、流量、视频监控、仪器维护等实时数据显示,历史数据快速查询,并通过特定端口远程访问等功能。

(7)实现测站管理规范化。一是进行标准化水文站建设,水文站内站牌、标志、标识等齐全醒目,观测场地和仪器设备安装规范,设施设备运行维护良好,站容站貌整洁美观。二是成功创建示范水文站,以站为对象整体推进水文测报自动化,力争成为淮河流域内率先打造的一批具有示范作用的现代化样板水文站。

(8)推进数字映射水文监测场景和数字孪生水文站建设。按照水利部的要求,要在水利行业试点并全面推进数字孪生流域建设。就是以物理流域为单元、时空数据为底座、数学模型为核心、水利知识为驱动,对物理流域全要素和水利治理管理活动全过程的数字化映射、智能化模拟,实现与物理流域同步仿真运行、虚实交互、迭代优化。数字映射水文监测场景和数字孪生水文站建设则是依托数字孪生流域建设的基础,深化数字孪生技术在水文行业的应用。

利用各种智能感知设备,动态监测、实时采集、统一汇聚各种水文信息,实现雨情、水情、墒情、视频、气象等多维数据的一站式综合监管,提升重沟水文站的水文监测体系能力。可预报未来 24 h 及未来十日的水位与流量,可实时演示水文预报模型结果、预警场景等,推进决策智能化。对未来预报场景下的水利工程调度进行模拟仿真,依据预演确定的方案,制定非工程措施。实现实时洪水、历史洪水、频率洪水预演、预案功能,提升服务保障能力,超标洪水与测报预案联动推送,提升测报快速反应能力。利用数字孪生技术对重沟水文站设施设备仿真运行映射,协助排除设备故障,进行水文科普。

数字孪生场景,以点带面,示范引领,逐步在沂沭泗流域推广应用成果。高质量建设重点河段三维数字场景和水文数字孪生平台构建,完善重点区域水文预报模型优化,实现防汛会商预演、水资源管理与调度孪生系统水文功能提升。依托"四预"支撑与数字孪生流域建设成果,推进重沟水文站数字映射水文监测场景和数字孪生水文站建设。

参考文献

[1] 郭其祥,王润海. 沂沭泗河道志[M]. 北京:中国水利水电出版社,1996.
[2] 郑大鹏. 沂沭泗防汛手册[M]. 徐州:中国矿业大学出版社,2019.
[3] 淮委沂沭泗水利管理局. 淮河流域沂沭泗水系实用水文预报方案[R]. 2014.
[4] 屈璞. 沂沭泗水情手册[M]. 北京:中国矿业大学出版社,2019.
[5] 水利部淮河水利委员会. 淮河流域综合规划(2012—2030年)[R],2013.
[6] 水利部淮河水利委员会. 淮河流域防汛抗旱水情手册[R]. 2014.
[7] 王俊. 水文应急实用技术[M]. 北京:中国水利水电出版社,2011.
[8] 章树安,陈松生. ADCP流量测验与误差控制[J]. 东北水利水电,2002(4):4-6,55.
[9] 中华人民共和国水利部. 降水量观测规范:SL 21—2015[S]. 北京:中国水利水电出版社,2015.
[10] 中华人民共和国水利部. 水平蒸发观测规范:SL 630—2013[S]. 北京:中国水利水电出版社,2014.
[11] 中华人民共和国住房和城乡建设部. 水位观测标准:GB/T 50138—2010[S]. 北京:中国计划出版社,2010.
[12] 中华人民共和国住房和城乡建设部. 河流流量测验规范:GB 50179—2015[S]. 北京:中国计划出版社,2016.

参考文献

[1] [illegible][M]. 北京:中国水利水电出版社,1996.
[2] [illegible][M]. 徐州:中国矿业大学出版社,2019.
[3] [illegible],2014.
[4] [illegible][M]. 北京:中国电力出版社,20[illegible].
[5] [illegible](2012—2030年)[R]. 2013.
[6] [illegible][J]. 2014.
[7] [illegible]
[8] [illegible]
[9] [illegible]
[10] [illegible]
[11] [illegible]
[illegible],2010.
[12] [illegible]
[illegible],2015.